KB126772

바다인문학연구총서 009

바다의 외교

신흥지역과 국제관계

이 저서는 2018년 대한민국 교육부와 한국연구재단의 지원을
받아 수행된 연구임(NRF-2018S1A6A3A01081098).

바다의 외교

신흥지역과 국제관계

초판 1쇄 인쇄 2023년 1월 20일
초판 1쇄 발행 2023년 2월 01일

지은이 우양호
펴낸이 윤관백
펴낸곳 선인

등 록 제5-77호(1998.11.4)
주 소 서울시 양천구 남부순환로 48길 1(신월동 163-1) 1층
전 화 02)718-6252/6257
팩 스 02)718-6253
E-mail sunin72@chol.com

정 가 31,000원

ISBN 979-11-6068-779-8 93450

바다인문학연구총서 009

바다의 외교

신흥지역과 국제관계

우 양 호 지음

선인

발간사 —————————————

한국해양대학교 국제해양문제연구소는 2018년부터 2025년까지 한국연구재단의 지원을 받아 인문한국플러스(HK⁺)사업을 수행하고 있다. 그 연구 아젠다가 '바다인문학'이다. 바다인문학은 국제해양문제연구소가 지난 10년간 수행한 인문한국지원사업의 아젠다인 '해항도시 문화교섭연구'를 계승·심화시킨 것으로, 그것의 개요를 간단히 소개하면 다음과 같다.

먼저 바다인문학은 바다와 인간의 관계를 연구한다. 이때의 '바다'는 인간의 의도와 관계없이 작동하는 자체의 운동과 법칙을 보여주는 물리적 바다이다. 이런 맥락에서 바다인문학은 바다의 물리적 운동인 해문(海文)과 인간의 활동인 인문(人文)의 관계에 주목한다. 포유류인 인간은 주로 육지를 근거지로 살아왔기 때문에 바다가 인간의 삶에 미친 영향에 대해 오래 동안 그다지 관심을 갖지 않고 살아왔다. 그러나 최근의 천문·우주학, 지구학, 지질학, 해양학, 기후학, 생물학 등의 연구 성과는 '바다의 무늬'(海文)와 '인간의 무늬'(人文)가 서로 영향을 주고받으며 전개되어 왔다는 것을 보여준다.

바다의 물리적 운동이 인류의 사회경제와 문화에 지대한 영향력을 행사해 왔던 것은 태곳적부터다. 반면 인류가 바다의 물리적 운동을 과학적으로 이해하고 심지어 바다에 영향을 주기 시작한 것은 최근의 일이다. 해문과 인문의 관계는 지구상에 존재하는 생명의 근원으로서의 바다, 지구를 둘러싼 바다와 해양지각의 운동, 태평양진동과 북대서양진동과 같은 바다의 지구기후에 대한 영향, 바닷길을 이용한 사람·상품·문화의 교류와 종(種)의 교환, 바다 공간을 둘러싼 담론 생산과 경쟁, 컨테이너화와 글로벌 소싱으로 상징되는 바다를 매개로 한 지구화, 바다와 인간의 관계 역전과 같은 현상을 통해 역동적으로 전개되어 왔다.

이와 같은 바다와 인간의 관계를 배경으로, 국제해양문제연구소는 크게 두 범주의 집단연구 주제를 기획하고 있다. 인문한국플러스사업 1단계(2018-2021) 기간 중에 '해역 속의 인간과 바다의 관계론적 조우'를, 2단계(2021-2025) 기간 중에 바다와 인간의 관계에서 발생하는 현안해결을 통한 '해역공동체의 형성과 발전 방안'을 연구결과로 생산할 예정이다. 바다인문학의 학문방법론은 학문 간의 상호소통을 단절시켰던 근대 프로젝트의 폐단을 극복하기 위해 전통적인 학제적 연구 전통을 복원한다. 바다인문학에서 '바다'는 물리적 실체로서의 바다라는 의미 이외에 다른 학문 특히 해문과 관련된 연구 성과를 '받아들이다'는 수식어의 의미로, 바다인문학의 연구방법론은 학제적·범학적 연구를 지향한다.

우리의 전통 학문방법론은 천지인(天地人) 3재 사상에서 알 수 있듯이, 인문의 원리가 천문과 지문의 원리와 조화된다고 보았다. 천도(天道), 지도(地道) 그리고 인도(人道)의 상호관계성의 강조는 자연세계와 인간세계의 원리와 학문 간의 학제적 연구와 고찰을 중시하였다. 그런데 동서양을 막론하고 전통적 학문방법론은 바다의 원리인 해문이나 해도(海道)와 인문과의 관계는 간과해 왔다.

지구의 70% 이상이 바다로 둘러싸여 있는데도 말이다. 바다인문학은 천지의 원리뿐만 아니라 바다의 원리를 포함한 천지해인(天地海人)의 원리와 학문적 성과가 상호 소통하며 전개되는 것이 해문과 인문의 관계를 연구하는 학문의 방법론이 되어야 한다고 제안한다. 바다인문학은 전통적 학문 방법론에서 주목하지 않았던 바다와 관련된 학문적 성과를 인문과 결합한다는 점에서 단순한 학제적 연구 전통의 복원을 넘어서는 것으로 전적으로 참신하다.

마지막으로 '바다인문학'은 인문학의 상대적 약점으로 지적되어 온 사회와의 유리에 대응하여 사회의 요구에 좀 더 빠르게 반응한다. 바다인문학은 기존의 연구 성과를 바탕으로 바다와 인간의 관계에서 발생하는 현안에 대한 해법을 제시하는 '문제해결형 인문학'을 지향한다. 국제해양문제연구소가 주목하는 바다와 인간의 관계에서 출현하는 현안은 해양 분쟁의 역사와 전망, 구항재개발 비교연구, 중국의 일대일로와 한국의 북방 및 신남방정책, 표류와 난민, 선원도(船員道)와 해기사도(海技士道), 해항도시 문화유산의 활용 비교연구, 인류세(人類世, Anthropocene) 등이다.

이상에서 간략하게 소개하였듯이 '바다인문학: 문제해결형 인문학'은

바다의 물리적 운동과 관련된 학문들과 인간과 관련된 학문들의 학제적·
범학적 연구를 지향하면서 바다와 인간의 관계를 둘러싼 현안에 대해 해
법을 모색한다. 이런 이유로 바다인문학 연구총서는 크게 두 유형으로 출
간될 것이다. 하나는 1단계 및 2단계의 집단연구 성과의 출간이며, 나머
지 하나는 바다와 인간의 관계에서 발생하는 현안을 다루는 연구 성과의
출간이다. 우리는 이 총서들이 상호연관성을 가지면서 '바다인문학: 문제
해결형 인문학' 연구의 완성도를 높여가길 기대한다. 연구·집필자들께
감사와 부탁의 말씀을 동시에 드린다.

국제해양문제연구소장
정 문 수

머리말 ──────────────────────

우리나라는 해양강국이 맞는가? 3면이 바다로 둘러싸인 나라에 사는 우리 스스로에게 "해양강국 대한민국에 살고 있는가" 라는 질문을 한다면, 선뜻 "그렇다"라는 답변이 나와야 한다. 하지만 현실은 이런 규범이나 기대와 조금 다른 것 같다. 우리나라는 반도국이지만, 전통적인 유교사회였고 농업 중심의 육지국가였다. 해양국가로서의 역사가 일천하고, 해양과 국내문제, 해양과 국제문제의 관계에 대한 국민적 관심이 높지 않다. 바다의 날이 5월 31일이고, 왜 그런가를 정확하게 아는 국민도 많지 않다.

정부의 해양에 대한 교육부, 해양수산부 연구개발(R&D) 예산도 절대 부족하다. 중국과 일본에 대한 해양영토 사수 및 배타적 경제수역(EEZ) 관리 전반도 체계적이지 못하다. 과거 해양수산부의 폐지와 부활에서 보듯이 해양정책을 통합하고 조정하는 컨트롤 타워조차 큰 부침을 겪었다. 지금 우리나라는 정확한 자료나 데이터에 근거한 해양한국의 미래 청사진도 마련되어 있지 않다.

21세기는 해양 외교의 시대이다. 해양을 둘러싼 국가와 외교의 문제는 국민의 삶과 직결되고 있다. 동북아시아의 우리나라와 중국, 일본, 러시아, 북한 등 모든 나라들이 해양을 매개로 하여 서로 만나고 있다. 2차 세계대전 이후 60년 동안 동북아시아 지역에는 특별한 완충지대가 없었다. 한반도 주변의 바다에서 민주주의화 사회주의라는 이념적 양극질서가 직접적으로 대결하는 양상을 나타내었다. 동북아 지역에는 서로 간의 유일한 연결통로인 바다가 폐쇄되고 단절되어, 동북아 해역권은 제대로 된 기능과 역할을 할 수가 없게 되었다.

그러나 최근 해양과 해역을 중심으로 한 동북아시아의 정세와 국제 질서가 전혀 새롭게 변화하고 있다. 환(環)황해경제권 형성, 환(環)동해경제권 형성 등은 아직도 담론 단계이지만, 가능성은 남아 있다. 과거 유엔개발기구(UNDP)가 주도한 동북아해역 협력프로젝트, 초광역경제권 및 초국경통합권 구축과 기타 각종 국지경제권의 구축도 같은 맥락이다. 언젠가 패권경쟁과 냉전이 마감되면 한반도의 북방과 남방의 교류, 국제협력도 모두 해양을 중요한 매개로 할 것이다.

이 책의 제목은 '바다의 외교'이다. 한국해양대학교 · 국제해양문제연구소가 다루는 해양은 국가발전에 필요한 국력의 한 부분이라는 개념을 깔고 있다. 그리고 국제사회가 해양강국이라 인정을 할 때는 외교를 통해 국제사회에 얼마만큼 기여를 하고 이바지했는지가 상당히 중요하다. 국제사회의 이슈와 현안에 대해 깊은 관심을 갖고 민첩하게 대응해야함은 물론이다. 그런 면에서 이 책은 최근 바다를 건너는 대한민국의 국제협력 및 신흥지역 외교와 관련된 현안을 담았다.

책의 발간과 편집에 힘써 주신 도서출판 선인의 윤관백 대표님 이하 직원 여러분께 깊은 감사를 드린다. 작은 결실의 기쁨을 사랑하는 아내, 가족들과도 함께 나누려 한다. 지면에 언급되지 못한 여타 고마운 분들께도 차마 표현할 수 없는 그 이상의 감사를 보내드린다.

한국해양대학교 연구실에서
저자 우양호 씀

Contents

제3장
중앙아시아 카스피해의 국제관계와 협력

제4장
동남아시아 신남방정책의 해양외교적 평가

태평양 외교와 '태평양동맹(PA)'의 결성

Ⅰ. 머리말

21세기 글로벌 외교와 국가간 네트워크는 과거 20세기 국민국가 시대의 질서와는 본질적으로 상이한 특징을 갖는다. 가장 두드러지는 특징의 하나는 '바다와 해역'을 통한 국가간 네트워크가 강화되고 있다는 점이다. 그 중에서도 가장 큰 바다인 '태평양'을 중심으로 형성된 '태평양동맹'은 최근 중남미 지역에서 가장 주목받는 개방적 지역 경제공동체이면서도, '대양(大洋)의 정체성'을 매개로 하는 독특한 해역네트워크로서의 의미를 갖는다.

이 장에서 다루는 내용은 새로운 '해역네트워크'와 '개방형 지역주의'의 결합 현상을 '태평양동맹(Pacific Alliance, PA)'을 사례로 고찰, 분석해보는 것이다. 표면적으로 지난 2012년에 출범한 '태평양동맹'은 중남미의 중견국가인 멕시코, 페루, 콜롬비아, 칠레 4개국의 신생 지역경제연합이다. 하지만 이들의 시선은 중남미 바깥인 북미·아시아·태평양 연안 전체로 향하고 있다.

태평양동맹의 결성과 네트워크의 확대는 일단 국제사회에서 중·소국가들이 개별 국가로 존재하는 것보다 집단으로 결속하는 것이 효과적임을 다시금 말해준다. 특히 태평양동맹과 같은 '경제적 협력을 위한 해역공동체(Economic Union)'의 형성은 국가간 결속이 "육지보다는 바다의 정체성을 찾는 쪽"으로 가고 있음을 말해준다. 나아가 태평양동맹은 "바다를 건넌 동아시아 지역과의 국제관계 강화"를 그 설립목표의 하나로 잡고 있다는 점에서 더욱 주목된다.

태평양을 넘어 중남미는 비록 멀리 떨어진 지역이기는 하지만, 우리나라는 관계를 맺은 지가 오래되었다. 우리나라는 2013년부터 태평양동맹의 옵서버 국가로 활동하고 있다. 중국과 일본도 옵서버 국가로 동아시아·태평양 협력에 지대한 관심을 갖고 있다. 2019년 9월부터 우리나라는 태평양동맹의 준회원국 가입을 위한 협상을 시작했으며, 2030년 이후까지 장기적인 안목으로 외교를 진행 중이다.

이는 우리가 태평양동맹 전체 회원 및 준회원 국가와 '자유무역협정(FTA)'을 체결함을 의미한다. 즉 동북아시아에서 우리나라와 일본, 중국이 관심을 동시에 갖고 있는 태평양동맹은 21세기 국제외교와 글로벌 네트워크의 구축에서 지리적 거리와 심리적 거리가 결코 같지 않다는 점을 암시한다.

태평양동맹과 중남미 지역은 우리에게 아직 생소하지만, 미래에는 국익을 위한 전략적 중요성이 커질 것으로 판단된다. 지금 우리나라는 아시아 국가들 중에서 가장 적극적으로 태평양동맹과의 연결성을 추구하고 있다. 그럼에도 불구하고, 우리나라에서 아직 글로벌 해역네트워크와 태평양, 대서양, 인도양 등에 산재된 여러 지역공동체에 대한 논의는 미진한 실정이다.

향후 태평양동맹과 실질적인 협력의 방향을 수립하려는 우리의 현 상황에 있어서 이런 미진한 논의의 현실은 적지 않은 걸림돌이 될 수 있다. 장기적으로도 우리나라가 태평양과 중남미에 본격적으로 진출하고, 통상과 외교의 거시적 방향을 정하기 위해서 학술적 차원의 논의는 필요할 것이다.

여기서는 '해역(海域)'과 '지역주의(地域主義)'의 관점에 입각하여 중남미 국가들의 새로운 지역공동체인 '태평양동맹'이 태평양의 정체성을 바탕으로 형성된 배경을 살펴보고, 그 주요 경과와 의미를 해석하고자 한다.

이 장에서는 먼저 해역네트워크와 개방형 지역주의의 적절한 결합이 21세기 '태평양동맹'이라는 새로운 공동체를 결성하는데 작용했다는 가정에서 논의를 출발한다. 나아가 중남미 지역통합이 갖는 시의적 특성과 운영논리를 이해하는 동시에, 태평양동맹이 우리나라와 아시아에 갖는 의미를 분석해 본다. 결론에서는 우리나라가 지금 시도하고 있는 '태평양동맹' 네트워크로의 진출과 미래 협력방향에 주는 시사점을 정리해 보고자 한다.

Ⅱ. 해양 외교 이론과 논의의 틀
: '해역네트워크'와 '개방형 지역주의'

1. 해역네트워크 이론과 현상

현대 사회에 대한 기존 학문의 설명은 단순히 인간이 발을 딛고 사는 '육지'를 단절시키는 공간으로서 '바다'를 이해하고 있다. 또한 근대 이후 국민국가 출현으로 견고해진 '국경선(Border Line)'을 토대로 논리가 전개되었다. 설령 바다를 낀 인접 국가 혹은 지역이 있더라도, 이것들이 서로 통합되거나 연결되기 어렵다는 묵시적 전제를 깔고 있었다.

그러나 새로운 인문·사회과학적 담론으로서 '해역네트워크 이론'이나 '모델'은 이러한 기존의 고정관념이나 제한된 가정을 벗어나고자 한다. '해역네트워크(Maritime Network)'란 쉬운 용어를 빌리자면, "바다를 통한 네트워크", "바다의 경계를 넘는 국가나 도시간의 네트워크", "바다를 사이에 둔 서로 다른 국가 및 지역의 연합체", "해역의 정체성(Maritime Identity)을 기반으로 국경을 넘어 뭉친 공동체" 정도로 정의할 수 있다.

하지만 이 해역네트워크 용어 안에는 일단 두 가지 함축된 의미가 있다. 그것은 기존 학계에서 주류 이론으로 대접 받아온 "육지 중심적 이론과 국민국가적 설명"에 대한 반대적 의미로서, 새로운 '해양중심적 관점'과 '탈경계 및 월경 현상'에 관한 것이다. 21세기 해역네트워크는 기존의 '바다'와 '국경'에 대한 사고를 크게 전환시키는 개념이기 때문이다. 그 구체적인 이유와 근거는 다음과 같다.[1]

첫째, 해양의 관점에서 21세기의 바다는 '닫힌 공간'이 아니라, 모두를

---

1 보다 자세한 논의는 정문수 · 류교열 · 박민수 · 현재열(2014), 『해항도시 문화교섭 연구방법론』. 서울: 선인출판.

향해 '열린 공간'이 되고 있다. 단지 인간이 발을 딛고 살지 못하는 바다가 '단절된 공간'이라는 것은 우리가 익숙한 '육지 중심적' 이론에서 주장하는 논리이다. 오늘날 바다와 해역은 국가와 도시를 이어주는 중요한 정체성을 상징하고 있다.[2]

예컨대, 유럽연합(EU)은 발트해, 지중해, 북해 등의 21세기 '신(新) 해역'을 중심으로 견고한 국가 및 도시간 네트워크를 구축한 대표적인 지역이다. 유럽연합 28개 회원국은 이미 30년 전에 국경을 허물어 화폐를 통일하고 이동을 자유롭게 함으로써, 지금의 거대한 단일 네트워크 경제권으로 탄생하는데 성공했다. '동남아시아국가연합(ASEAN)' 10개 나라들도 동남아 해역권 중심의 초국적 네트워크를 구축한 훌륭한 사례로 보인다.

그리고 중남미의 '카리브해공동체(CARICOM)'와 중앙아시아의 '흑해경제협력기구(BSEC)' 등도 각각 '바다와 해역의 정체성'을 기반으로 견고한 해역 네트워크를 구축하고 있다. 더 큰 범위로 보자면, '태평양'과 '대서양'을 중심으로 '아시아태평양경제협력체(APEC)', '환태평양경제동반자협정(TPP)', 그리고 '범대서양무역투자동반자협정(TTIP)' 등과 같은 글로벌 해역네트워크가 형성되어 있다. 이들은 모두 21세기 '신(新) 해역네트워크'의 출현을 확실히 현실세계에서 증명하고 있다.[3]

둘째, 오늘날 해역을 하나의 정치·경제·문화공동체로 구성하려는 시도는 유럽과 아시아, 아메리카 등지에서 점차 증가하고 있다. 그리고 이러한 시도는 국민국가, 정부, 지방자치단체, 시민사회(NGO) 등의 차원에서 활발히 전개되고 있는 특징을 보여준다. 이런 시도의 성과는 정치와 경제 분야의 연합과 동맹을 이끌어낼 뿐만 아니라, 교육, 환경, 문화, 노동 등에서의 부문별 통합이란 형태로 가시화되는 중이다. 바다와 해역의 정체성을 매개

---

2 프랑수아 지푸루(저)·노영순(역)(2014), 『아시아 지중해: 16세기-21세기 아시아 해항도시와 네트워크』, 서울: 선인출판.
3 우양호(2015), "초국적 협력체제로서의 해역(海域)". 『해항도시문화교섭학』. 13: 209-245쪽.

로 한 이러한 탈영토·탈국가적 변화는 주로 자율적이고 개방적인 국제 네트워크 공동체의 성격을 갖고 있다. 인위적이기보다는 필요에 의한 자연스러운 변화에 가까운 것이다.[4]

셋째, 전통과 현대의 연결, 지역과 세계의 연결, 육지와 바다가 결합하여 새롭게 만들어지는 공간이 오늘날 '해역네트워크' 현상으로 규정된다. 근대 국민국가의 '체제와 사상(Nationalism)', '물리적 국경(Border)'을 넘어서 새로 이어가는 권역으로서의 '해역'과 '네트워크'는 그래서 더욱 중요한 의미를 갖는다. 해역권을 중심으로 이런 뭉침 현상이 가능한 것은 대체로 오랜 기간에 걸친 사람의 이동과 언어의 공유, 문화적 소통이 있었기 때문이다.

특히 이런 공유와 소통은 과거 유럽이 그러했고, 동아시아도 그러했다. 오늘날에는 기존의 육지간 연결보다 바다와 해역을 통한 연결이 필요한 시기임이 드러나고 있는 형국이다. 지금 전 세계의 국가나 도시들이 국경과 바다를 건너 서로 연결하는 물리, 경제, 문화적 네트워크는 근대 국경을 중심으로 한 국민국가의 설명방식이 가진 구조적 한계를 극복하고 있다.[5]

넷째, 21세기에 나타나고 있는 글로벌 해역네트워크의 유형은 추구하는 '명분 혹은 이익'이 어떠한가, 참여국가의 '자격과 범위'가 어떠한가에 따라 여러 가지 형태로 구분되고 있다. 태평양과 대서양 등을 중심으로 다수 참여국가들의 '포괄적 명분이나 이익'을 내세우는 유형이 있는가 하면, 비교적 소규모 해역을 중심으로 '개별 국가의 명분이나 이익'을 위한 네트워크 유형도 있다.[6]

또한 정회원국 외에 준회원국 및 옵서버 등의 형태로 다른 글로벌 국가

---

4 도널드 프리먼(저)·노영순(역)(2016), 『태평양: 물리환경과 인간사회의 교섭사』. 서울: 선인출판.

5 미야자키 마사카쓰(저)·이수열·이명권·현재열(역)(2017), 『바다의 세계사』. 서울: 선인출판; 폴 뷔텔(저), 현재열(역)(2017), 『대서양: 바다와인간의 역사』. 서울: 선인출판.

6 Yahuda, M.(2012), *The International Politics of the Asia Pacific*. Routledge, pp.1–67.

들의 자유로운 참여를 보장하는 '개방형 네트워크'가 있는가 하면, 지리적인 위치나 실제적인 기여도 또는 비용부담의 원칙에 따라 연안국 이외의 참여를 제한하는 '폐쇄형 네트워크'도 존재한다. 특히 폐쇄형은 글로벌 국가들에 대한 임시 옵서버, 정식 옵서버, 준회원국 등으로의 단계적인 승격 경로가 전혀 없거나 제한을 두며, 주요 의사결정에 대한 참여경로가 부족하다는 특징이 있다. 이러한 21세기 글로벌 해역네트워크 현상과 유형은 〈표 1〉과 같이 분류를 할 수 있다.[7]

〈표 1〉 21세기 글로벌 해역네트워크 현상과 유형

	개방형 해역네트워크	폐쇄형 해역네트워크
포괄적 명분/이익	환태평양경제동반자협정(TPP) 범대서양무역투자동반자협정(TTIP) 아시아태평양경제협력체(APEC)	아세안(AESAN) 남극조약당사국회의(ATCM)
개별적 명분/이익	발트해연안국가협의회(CBSS) 지중해연합(UFM) 북해협력프로그램(NSP) 흑해경제협력기구(BSEC) 카리브해공동체(CARICOM) 태평양동맹(PA)**	북극해 북극이사회(AC) 걸프협력회의(GCC) 남태평양공동체(SPC) 태평양제도포럼(PIF)

* 자료: 필자 작성, 태평양동맹은 개별국 명분/이익+개방형 네트워크 범주.

결국 이론적 관점에서 판단하자면, 21세기 글로벌 해역네트워크와 다양한 유형들의 출현은 분명 하나의 새로운 현상이다. 근대 국민국가 체제 출현 이후 20세기까지는 이것이 활성화되지 않았으나, 21세기 들어서는 분명 바다와 해역의 정체성에 기반을 둔 월경공동체가 활성화되고 있는 것이다.

나아가 이런 사실은 기존의 국제사회나 국가별 협력관계에서 보지 못

---

7 우양호(2018), "카리브해의 해역네트워크와 도서국가의 지역적 통합". 『해항도시문화교섭학』. 18: 205-232쪽.

했던 특징을 보여주고 있는 점에서, 실제적 의미가 적지 않은 것으로 평가된다. 이제 학계와 전문가들은 국가간 해역네트워크의 구축 원인과 특징을 이론적으로 다루고, 그 내용을 정교하게 정립할 필요가 커진 것이다. 여기에서 다루는 태평양동맹의 사례도 이러한 맥락의 선상에 있다.

2. 개방형 지역주의의 확산

'개방형 지역주의(Open Regionalism)'는 21세기 국가간 연합이나 초국가 네트워크 형성에 있어서 두드러지는 특징 중의 하나이다. '개방형 지역주의' 혹은 '개방형 공동체주의(Open Community Care)'는 국제관계에서 느슨하고 개방적인 상태의 '열린 협력(Open Cooperation)'을 의미하는 것이며, '닫힌 협력(Closed Cooperation)'과는 반대되는 말이다.

개방형 지역주의는 공동체가 개방적이면서도 외부에 대한 명분이나 이익지향(Profit Orientation)을 강화할 필요가 있을 때 나타난다. 반면에 폐쇄적인 상태의 '지역협약(Regional Convention)'은 직접 연관이 있는 특정 국가에게만 가입이 개방된다.[8]

오늘날 글로벌 국제기구나 국가연합에서 '배타적 지역주의', '차별적 지역주의'를 표방하는 경우도 종종 있다. 하지만 상대적으로 '개방형 지역주의'를 지향하는 경우가 더 많이 관찰된다. 오늘날 국가간 '전통적 외교(Diplomacy)'가 아닌 각종 지역기구나 소지역간 협력은 다자간 협력의 새로운 네트워크 형태로 출현했기 때문이다.

그리고 개방형 지역주의는 창립국 위주로 엄격하게 자격이 제한되는 '폐쇄형 논의(Closed Discussion)' 구조를 지양한다. 폐쇄형 지역주의에 기반한 기구들은 대부분 특정 분야의 명분이나 이익에 한정되고 있으며, 국가

---

8 Briceno-Ruiz, J. and Morales, I.(2017), *Post-Hegemonic Regionalism in the Americas: Toward a Pacific-Atlantic Divide?*, Taylor & Francis, pp.1-39.

간 협력의 심화와 효율적인 성과를 내지 못하는 경우가 많기 때문이다.[9]

국가간 네트워크나 지역간 연합체제 형성에서 기존 참여국들간의 이질성이 높고, 무역이나 자본 등의 대외적 의존도가 높으면 폐쇄적 지역주의를 고수하기 어렵다. 중견국이나 소규모 국가들의 연합으로 일정한 '규모의 경제'가 구축되지 못하는 경우도 그러하다.

이럴 경우 역외국가들도 자유롭게 참여시키는 개방형 지역주의를 선택하고, 자율적인 대외경제협의체를 구성할 가능성이 높다. 또한 이러한 네트워크는 주로 '멤버십(Membership)'의 자격이 '정회원(Member)', '준회원(Associate Member)', '옵서버(Observer)', '부문별 대화동반자(Sectoral Dialogues Partner)' 등의 여러 층위나 다양한 영역으로 구성되는 경우가 흔하다.[10]

오늘날 국가간 연합이나 초국경 협력을 위한 '틀(Framework)'은 역동적으로 변화하고 있다. 협력방식이나 틀의 새로운 변화는 회원집단의 내부 구성원의 성격과 선택에 달려 있다. 즉 네트워크의 효과를 높이기 위해 외부의 더 큰 국가, 유익한 파트너들을 전략적으로 끌어들이기 위한 방편과 관련이 있다. 그리하여 국가나 지역간 연계의 명분과 아젠다에 더 많은 이슈들을 포함시키고, 협력과 소통의 범위를 계속 확장시키려는 목적을 갖는다.

개방형 지역주의에 기반한 국가간 연합은 그들만의 핵심적인 이니셔티브를 다루되, 이것을 외부의 강대국이나 국제기구에 관련된 큰 의제로 발전시키는 방법을 사용하기도 한다.[11]

---

9 Phillips, N.(2003), The Rise and Fall of Open Regionalism? Comparative Reflections on Regional Governance in the Southern Cone of Latin America. *Third World Quarterly*, Vol.24, No.2, pp.217–234.

10 Briceno-Ruiz, J.(2017), Latin America Beyond the Continental Divide: Open Regionalism and Post-Hegemonic Regionalism Co-existence in a Changing Region. in *Post-Hegemonic Regionalism in the Americas*. Routledge, pp.87–112.

11 Yi, S. S.(1996), Endogenous Formation of Customs Unions under Imperfect Competition: Open Regionalism is Good. *Journal of International*

개방형 지역주의에 근거한 초국경 협력의 틀은 '지역(Region)'에 대한 보다 광범위한 정의를 사용하는데서 출발한다. 그리고 비협의 당사국이나 회원국, 관련 국제기구들의 참관이나 의견개진이 가능한 '개방형 논의(Open Discussion)' 구조를 선호한다. 나아가 여러 국가나 외부세력들과의 전략적 제휴나 관계 구축을 통해 '견제와 균형(Checks and Balances)'의 방식을 추구하고자 한다.

이러한 다자간 원리에는 국력에 기반을 둔 일부 국가들이 네트워크 안에서 패권을 다투는 현상을 방지하려는 목적이 깔려 있다. 새로운 형태의 국가연합이나 지역블록 안에서 주도권 싸움은 반드시 균열을 초래하기 때문이다.[12]

과거 육지국가들의 지역연합과 달리, 최근 바다를 사이에 둔 해역네트워크나 국가연합은 그 '결속(Cohesion)'을 위한 활동의 양과 질이 중요한 의미를 갖는다. 특히 초국가적 기구나 연합 내에서 개방적이고 유연해진 멤버십의 자세는 소통할 수 있는 가능성을 높여준다. 개방형 네트워크 안에서 다양한 이슈로 뭉친 그룹들은 우선 자신들만의 관심 이슈에 관한 별도의 협력을 진행하며, 소그룹 이니셔티브를 형성하여 성과를 내고 있다.

이와 동시에 세계 모든 국가들에 조건 없이 가입을 독려하고, 자신들의 논의를 개방한다는 혁신적 내용을 담기도 한다. 라틴아메리카와 카리브해, 유럽의 발트해와 지중해, 중앙아시아 흑해 등지의 해역네트워크는 대부분 이와 비슷한 사례를 보여준다.[13]

Economics, Vol. 41, No. (1–2), pp. 153–177.

12 Bulmer-Thomas, V. (1998), The Central American Common Market: From Closed to Open Regionalism. *World Development*, Vol. 26, No. 2, pp. 313–322.

13 Wei, S. J. and Frankel, J. A. (1998), Open Regionalism in a World of Continental Trade Blocs. *Staff Papers*, Vol. 45, No. 3, pp. 440–453; Baquero-Herrera, M. (2005), Open Regionalism in Latin America: An Appraisal. *Law and Business Review of the Americas*, Vol. 11, No. 2, pp. 139–183.

그런 맥락에서 현재 글로벌 해역네트워크 형성에 있어서 개방형 지역주의는 '다층적 지역관계(Multi Layered Interregional Relations)'의 구조로 설명되기도 한다. 단적으로 발트해, 지중해, 북해. 카리브해 등의 소규모 해역에서 나타나는 네트워크의 개방형 지역주의는 그 해역의 협력을 유럽연합과 아메리카 국가들 전체로 확대시키려는 경향이 두드러진다.

이는 해역의 정체성을 매개로 한 공동체 구성 국가들이 서로 밀접한 연계를 갖고 협력하는 물리적 공간은 물론, 그 공간을 초월하여 하나의 새로운 공간의 정체성을 확립하려는 시도를 뜻한다. 나아가 이는 다시 새로운 글로벌 협력과 국가간 네트워크 모델을 이론적으로 제안하는 중요한 근거가 될 수 있다. 결국 논리적으로 개방형 지역주의는 육지보다는 해역 중심의 네트워크와 만날 때, 그 효과가 극대화되는 것으로 평가할 수 있다.

Ⅲ. '태평양동맹(PA)'의 형성과 주요 경과

1. '태평양동맹'의 개관

'태평양동맹(Pacific Alliance, PA)'은 가장 좁은 의미로 보면, 중앙아메리카와 남아메리카 국가들의 경제공동체이다. '태평양동맹(太平洋同盟, 스페인어: Alianza del Pacifico)'은 칠레, 콜롬비아, 멕시코, 페루 등 4개국이 창설국으로 등재되어 있으며, 이들 4개 국가만 정회원 신분으로 참여하고 있다.

이 외에 준회원과 옵서버 등 총 60개가 넘는 다른 태평양 연안국가들도 참여하고 있다. 주목되는 점은 칠레, 콜롬비아, 멕시코, 페루는 '중남미의 4마리 용(4龍)'이라 불리는 '경제중견국'이라는 것이다. 즉 2012년 6월에 창설된 태평양동맹은 중남미 지역에서 떠오르는 신흥국가 연합의 형태로 출발하였다.

태평양동맹은 당초 정치적 배경으로 탄생된 경향이 강했다. 2011년 당시 페루 대통령이었던 '알란 가르시아(Alan Garcia)'는 주변국이었던 칠레, 콜롬비아, 멕시코와 정치·경제적으로 긴밀했던 관계를 공동체 수준으로 끌어올릴 계획을 세웠다. 기존 4개국 사이에 이미 체결되어 있었던 '자유무역협정(FTA)'에 기반하여 페루의 주도로 태평양동맹의 창설 구상이 나온 것이다.

그리하여 2011년 4월 콜롬비아, 칠레, 멕시코, 페루 등 4개국 정상이 이른바 '태평양동맹 설립을 위한 리마선언(Lima Declaration, Presidential Declaration for the Pacific Alliance)'에 전격적으로 합의하여 설립이 본격 추진되었다. 이 선언에는 역내의 경제적 통합, 지역경쟁력 강화를 도모, 아시아·태평양 지역과의 각종 교류와 교역확대를 이루고자 하는 내용이 담겼다.[14]

2012년 6월 6일 칠레의 '안토파가스타(Antofagasta)'에서 개최된 정상회의에 모인 4개국의 대통령은 '태평양동맹기본협정(Acuerdo Marco de la Alianza del Pacifico)'에 서명하였다. 그리고 약 3년 뒤인 2015년 7월에 이 기본협정이 모든 국가에 발효되어 모든 제도적 기반이 완비되었다.

'태평양동맹기본협정(Framework Agreement of the Pacific Alliance)' 제3조는 태평양동맹의 성격과 정체성을 말해주고 있다. 그것은 첫째로 자율적인 합의 아래 중남미 역내 공동체의 통합을 우선적으로 이끌어 내는 것이다. 그리하여 재화, 서비스, 복지, 자본 및 인력의 자유로운 이동을 위한 '경제통합의 장(Area of Deep Economic Integration)'을 마련하는 것이다. 둘째로 사회적 복지의 확대, 사회경제적 불균형 해소, 구성원들의 사회적 포용 등 달성을 목표로 회원국의 경제적 경쟁력, 발전, 성장을 제고하는 것이다. 셋째로 세계 특히 아시아태평양 지역에 중점을 둔 정치적 협력 및 경제무역 통합을 위한 '발판(Platform)'을 모색하는 것이다. 가장 중요한 것은 이 세 번째 내용이다.[15]

---

14 Tvevad, J.(2014), *The Pacific Alliance: Regional Integration or Fragmentation. Policy Briefing, Policy Department, Directorate-General for External Policies*, Bruxelles, pp.1-30.
15 Urrego-Sandoval, C.(2014), *The Pacific Alliance and the Latin American*

근래에 태평양동맹은 아시아·태평양 지역에 초점을 맞추어 정치적 협력과 자유무역 증진을 위해 힘쓰고, 이러한 가치를 전 세계에 전파하는 것을 창설 목적으로 삼고 있다. 하지만 모든 태평양 연안국들에게 무작위로 문호를 개방하는 것은 아니다. 태평양동맹기본협정 제1조에서는 신규 회원국이 여타 회원국들과 하나 이상의 자유무역협정(FTA)을 체결한 경우에 태평양동맹에 가입할 수 있다고 규정하고 있다.

또한 태평양동맹기본협정의 제2조에서는 태평양 연안의 글로벌 국가들이 태평양동맹에 가입하기 위한 규범적 조건으로 3가지를 제시하고 있다. 그것은 민주주의의 가치, 권력의 분립, 인권의 보장 등을 명시하여, 비민주적 독재국가나 인권수준이 낮은 국가는 네트워크에 받아들이길 거부하고 있다. 하지만 자본주의와 시장경제, 민주주의는 세계 대부분의 국가가 수용하고 있어, 큰 문제가 되지 않는다.[16]

태평양동맹을 창설한 중남미 4개국은 역내 연합으로 인해 곧바로 세계 8위의 경제권, 세계 7위권의 수출지역이 되었다. 태평양동맹은 남미와 카리브해에서 역내 지역총생산(GDP)의 38%, 전체 무역의 50%를 차지하고 있을 정도로 비중이 높아졌다. 관광과 비즈니스로 연 4,000만 명 이상이 방문하고 있으며, 중남미 전체 외국인 직접투자의 45%를 끌어들이고 있다.

Divide. Dialogue-King College London Politics Society, No.9, pp.18-19.

16 구체적으로 태평양동맹은 설립목적을 다음과 같이 소개하고 있다(https://alianzapacifico.net/en). 첫째, 태평양동맹은 다음을 위한 전략적 플랫폼 (strategic platform)이다. 서비스·자본·투자·사람 이동의 심층적 통합을 도모 (integration of services, capital, investments, and movement of people). 글로벌 자유무역촉진에 대해 비슷한 견해를 가진 국가들이 구성한 개방적이고 포괄적인 통합체(open and inclusive integration process, formed by countries with alike views on development that are free trade promoters). 잠재력이 높고 사업성이 높은 역동적인 이니셔티브(dynamic initiative with high potential and business projection). 국제경제환경의 도전에 맞설 현대성, 실용성, 정치적 의지를 지향(oriented towards modernity, pragmatism, and political will to face the challenges of the international economic environment). 태평양 해역 아시아에 대한 지향으로 국제협력의 경쟁적 우위 확보(competitive advantages for international business, with a clear orientation towards Pacific Asia).

태평양동맹 4개 국가의 총 인구는 약 2억 2500만 명으로 세계 인구의 5% 수준이며, 1인당 GPD는 평균 18,000달러에 달한다. 특히 인구의 연령이 젊고, 생산성 높은 노동력과 구매력 있는 소비자가 많아, 중남미의 가장 역동적인 지역으로 평가되고 있다. 최근에 태평양동맹은 혁신적 이니셔티브를 촉진하는 효과적인 협업공간으로 변모했다. 사람들의 자유로운 이동성을 기반으로 환경보전 및 기후변화의 공동 대응, 문화진흥, 증권시장의 통합과 공동사무국 개방, 공동박람회·전시회, 학계·학생 교류 등이 이루어지고 있다.[17]

무엇보다도 중남미 태평양 연안 4개국이 태평양동맹을 창설한 이후부터 그 외연을 빠르게 확장하고 있어, 연구자와 전문가들의 주목을 받는다. 초창기에는 남미와 태평양 연안국의 자유무역과 경제통합을 목표로 창설되었으나, 최근까지 그 협력과 교류의 영역을 확대하고 있다. 창설 이후 불과 10년 정도의 기간 동안 그 성과에서 큰 진보를 보이면서 중남미 경제통합의 새로운 지평을 열 것으로 기대를 모으고 있는 것이다. 중남미에서 경제가 가장 안정적인 4개국으로 구성된 태평양동맹은 경제와 사회적 규모만으로 보았을 때, 남미공동시장(메르코수르, MERCOSUR)에 이어 중남미에서 두 번째로 큰 지역공동체이다.[18]

태평양동맹은 비록 늦게 출발했으나, 남미공동시장과 라틴아메리카 전체의 맹주 자리를 두고 선의의 경쟁을 펼치고 있다. 경제동맹으로서 최근 남미공동시장(MERCOSUR), 볼리바르동맹(ALBA)과 같은 기존의 중남미 지역공동체들의 위상이 다소 정체되고 있는 상황에서 태평양동맹은 신선한 자극제가 되

---

17 Herreros, S.(2016), The Pacific Alliance: A Bridge between Latin America and The Asia-Pacific?. in *Trade Regionalism in the Asia-Pacific: Development and Future Challenges*, pp.273-294.

18 Duran Lima, J. E. and Cracau, D.(2016), The Pacific Alliance and its Economic Impact on Regional Trade and Investment: Evaluation and Perspectives. *Serie Comercio Internacional*. No.128, pp.56-65.

고 있다. 무엇보다 태평양의 정체성을 표방하며 참여의 자율성과 개방적 지역주의를 내세우는 태평양동맹은 전 세계의 관심을 받을 것으로 예상된다.[19]

2. '태평양동맹' 경과와 주요 현황

태평양동맹(Pacific Alliance, PA)의 정회원국은 최초 창설 멤버 4개 국가인 칠레, 콜롬비아, 멕시코, 페루이며, 의장국은 이들 국가들만 돌아가며 1년 동안 수임한다. 즉 콜롬비아, 페루, 칠레, 멕시코 순번으로 의장국을 돌아가며 맡고 있다. 매년 7월경에 열리는 '태평양동맹 정상회의'에서 의장국은 순환되고 있으며, 별도 상설사무국 조직은 아직 두지 않았다.

사무국은 4개 국가의 대통령 직속기관 및 외교·통상부처에서 1년씩 전담한다. 가장 특징적인 점은 최근까지 태평양동맹의 옵서버 국가는 계속적으로 증가하고 있다는 것이다. 태평양을 건넌 아시아, 유럽, 북미 등지를 포함한 옵서버 국가는 세계 59개국에 달한다. 이는 불과 몇 년 사이에 3배 이상 증가된 것이며, 매년 새로운 옵서버가 추가로 참여하고 있다.[20]

태평양동맹의 옵서버 국가는 대한민국, 파나마, 코스타리카, 과테말라, 우루과이, 캐나다, 뉴질랜드, 호주, 일본, 스페인, 에콰도르, 엘살바도르, 프랑스, 온두라스, 파라과이, 포르투갈, 도미니카공화국, 파나마, 독일, 중국, 미국, 이탈리아, 네덜란드, 영국, 스위스, 터키, 핀란드, 인도, 이스라엘, 모로코, 싱가포르, 트리니다드토바고, 벨기에, 오스트리아, 덴마크, 조지아, 그리스, 아이티, 헝가리, 인도네시아, 폴란드, 스웨덴, 태국, 체코, 노르웨이, 슬로바키아, 이집트, 우크라이나, 아르헨티나, 루마니아, 크로아티아, 리투아니아, 슬로베니아, 아랍에미리트, 벨라루스, 세르비아, 아

19 Flemes, D. and Castro, R.(2016), Institutional Contestation: Colombia in the Pacific Alliance. *Bulletin of Latin American Research*, Vol.35, No.1, pp.78-92.
20 자세한 내용은 태평양동맹(2021), https://alianzapacifico.net/en 참조.

〈그림 1〉 태평양동맹(Pacific Alliance) 회원 및 참여국가 분포

* 자료: 태평양동맹(2023). https://alianzapacifico.net/en.

르메니아, 아제르바이잔, 필리핀, 카자흐스탄 등이다.

태평양동맹은 네트워크의 상설기구로 5가지 회의체를 갖추고 있다. 그 것은 '정상회의(Presidential Summit)', '각료회의(Council of Ministers)'와 '차관급 회의(Council of Vice-Ministers)', '고위급회의(National Coordinators)', '실무급회의 (Technical Group)' 등이며, 이들은 각각이 층위를 이루어 유기적으로 운영되고 있다. 정상회의는 4개 정회원국 정상이 회의를 개최하며, 최고의 의사결정기구 역할을 수행하고 있다.

각료회의는 4개 정회원국 외교장관 및 통상장관으로 구성되며, 태평양 동맹 차원의 활동을 승인하는 주요의사결정을 담당하고 있다. 차관회의는 4개 정회원국의 외교차관 및 통상차관으로 구성된다. 고위급회의는 4개 정회원국의 고위급 대표로 구성되어, 실무급회의 진전사항을 평가하고, 여타 지역공동체와의 협력을 위한 제안서를 준비한다.

실무급회의는 무역 및 통합, 협력, 광업개발, 통신전략, 혁신, 규제개선, 인적이동, 지적재산권, 중소기업, 대외관계, 서비스와 자본, 재정적 투

명성, 관광 등 총 28개 분야(Chapter)별로 다수의 실무그룹 운영을 담당하고 있다. 이 모든 회의체에는 준회원국과 옵서버가 참여한다.[21]

이들 조직을 중심으로 태평양동맹은 초기 5년 동안 남미 4개국 사이에서 급속한 성과를 내기 시작했다. 일단 2012년 역내 사람들의 자유로운 월경이동을 규정한 '리마선언(Lima Declaration)'의 정신에 따라, 멕시코가 콜롬비아와 페루에 대해 180일내 체류를 조건으로 비자면제를 결정하였다. 2013년에 페루는 칠레, 콜롬비아, 멕시코에 대해 최대 183일간 체류 시 비자면제를 공표하였다.

시장통합의 차원에서는 2011년에 칠레, 콜롬비아, 페루가 '통합증권거래소(MILA, Latin American Integrated Market)'을 설립하였고, 2014년에 멕시코 증권거래소도 여기에 합류하였다. 한마디로 지금의 유럽연합(EU) 수준으로 중남미 권역에서의 무관세와 무비자를 통해 상품과 자본, 노동력 이동이 자유로운 공동체를 만드는 노력을 장기적으로 추진 중이다.[22]

외교적 차원에서는 태평양동맹 4개국의 '하나된 외교'를 표방하고 있다. 예컨대, 가나(칠레, 콜롬비아, 멕시코, 페루), 베트남(콜롬비아, 페루), 모로코(칠레, 콜롬비아), 알제리(칠레, 콜롬비아), 아제르바이잔(칠레, 콜롬비아), OECD 대표부(칠레, 콜롬비아) 등 재외공관을 통합·운영하고 있다.

또한 우리나라 '코트라(KOTRA)'를 비롯해서 이와 같은 태평양동맹 각 회원국의 무역진흥기관도 하나로 연계가 되어 있다. 무역진흥을 목적으로 칠레의 'ProChile', 콜롬비아의 'Proexport Colombia', 멕시코의 'ProMexico', 페루의 'ProPeru' 등이 나섰다. 이들 기관들은 서로 공조하

---

21 Monteagudo, M.(2018), The Pacific Alliance in Search for a Financial Integration: So Close and Yet So Far. *Global Trade and Customs Journal*, Vol.13, No.10, pp. 453-471.

22 Monteagudo, M.(2018), The Pacific Alliance in Search for a Financial Integration: So Close and Yet So Far. *Global Trade and Customs Journal*, Vol.13, No.10, pp. 453-471.

여, 해외에서 태평양동맹 공동의 비즈니스 포럼, 통상무역박람회 등의 다양한 행사를 개최하고 있다.[23]

〈그림 2〉 태평양동맹(Pacific Alliance) 기구 및 조직구조

* 자료: 태평양동맹(2023). https://alianzapacifico.net/en.

대외적으로는 2014년 '태평양동맹무역의정서(Protocolo Adicional al Acuerdo Marco de la Alianza del Pacifico)'가 공동의 최상위 규범으로 만들어졌다. 이는 2016년 5월부터 정회원국과 준회원국 모두에게 발효되었다. 태평양동맹 정회원과 준회원국 사이에 자유무역협정(FTA)에 해당하는 무역의정서 발효에 따라, 회원국 간 교역품목의 92%에 대한 관세가 즉시 철폐되고, 8%에 해당하는 잔여품목에 대한 관세 역시 2024년 이후까지 약 7년에 걸쳐 점진적으로 철폐되는 내용을 담았다. 이에 따라 중남미가 아닌 태평양동맹의

---

23 Ramirez, S.(2013), Regionalism: The Pacific Alliance. *Americas Quarterly*, Vol.7, No.3, pp.101-102.

준회원국은 통상과 무역에서 엄청난 혜택을 보게 되었다.[24]

2018년 제13차 태평양동맹 정상회의에서는 우리나라를 '태평양동맹 준회원국 가입 협상 대상국 지위'로 지정하였다. 그리고 2030년까지 태평양동맹의 미래 발전전략을 담은 '전략 비전 2030'을 수립하여 채택하였다. 여기에는 태평양 연안 아시아 및 북미와의 4대 핵심 협력 분야로 통합의 확대, 태평양지역에 대한 진출 강화, 디지털 연결성의 증대, 금융서비스와 사이버안보 등 전략 분야에서 협력 확대 등이 핵심분야로 설정되었다.

이상과 같이 태평양동맹 4개 정회원국은 자유무역을 통한 경제발전을 지향하지만, 태평양을 건넌 아시아와의 외교협력에도 매우 적극적인 태도를 보이고 있다. 태평양동맹 회원국과 남미 참여국들은 아시아태평양국가와 다방면의 협력을 적극 모색하고 있는 것이다. 이미 4개 국가는 우리나라를 포함한 중국, 일본, 아세안, 인도 등 다수의 아시아 국가와 개별적으로 '자유무역협정(FTA)'을 각각 체결한 상태이다.

동시에 태평양 연안 아시아 국가들 상당수는 태평양동맹의 옵서버 국가 지위를 획득하고 있다. 또한 2030년대 까지 추가적인 자유무역협정을 적극적으로 준비하는 장기 과정에 있다. 그런데 옵서버와 정회원의 중간자적 그룹인 '준회원(Asociado)' 국가들이 여럿 있으며, 이는 태평양동맹의 회원구조(Membership)가 갖는 가장 개방적이고 특징적인 점이다.

태평양동맹의 '준회원국 제도(Estados Asociados)'는 우리가 크게 눈여겨볼 필요가 있다. 명목상으로 준회원국은 태평양동맹 4개 정회원국이 다른 참여국가와 신속한 무역협정 체결을 위해 고안한 신규 시스템이며, 정회원국 이외의 새로운 등급의 정식 준회원국 카테고리를 설정한 것이다. 태평양동맹을 만든 4개 정회원국가는 준회원국 후보로 아시아·태평양 지역

---

24 Pena, F.(2015), Regional Integration in Latin America: The Strategy of Convergence in Diversity and the Relations between MERCOSUR and the Pacific Alliance. in *A New Atlantic Community: The European Union, the US and Latin America*, pp.189-198.

국가 및 남미공동시장(MERCOSUR) 회원국들을 최우선 순위에 두고 있다.

태평양동맹 준회원국 자격의 취득경로는 경로가 2가지이다. 하나는 정회원 4개국의 정식 초청을 받거나, 다른 하나는 관심국가의 개별 신청을 통해 자격획득이 가능하다. 준회원국 선정을 위한 정회원 4개국의 정식 초청은 모두 동의하는 경우에 의장국이 대표로 초청할 수 있으나, 아직 선례가 없다.

이와 반대로 회원 가입을 희망하는 개별국가 신청의 경우 공식 외교문서를 통해 의장국에 준회원국 자격을 신청, 이후 4개 정회원국들과의 교섭과 협상, 전원 동의를 거쳐 승인된다. 교섭과 협상은 상품 및 서비스, 투자시장 개방 및 통합을 목적으로 추진되며, 협상 완료 후 협정이 발효되면 가입 신청국은 즉시 준회원으로 활동이 가능하다. 여기에는 이미 4개 나라가 준회원국이 된 선례가 있다.[25]

제1차 준회원국(Estados Asociados) 가입 교섭국은 2016년 이전에 의사를 표명했던 호주, 캐나다, 뉴질랜드, 싱가포르였다. 이들은 태평양동맹 창설 당시부터 적극적인 자세와 활동의 성의를 보여준 옵서버 국가들이었다. 2017년 6월에 열린 제7회 태평양동맹 정상회의에서 '준회원국'에 대한 개념을 정식으로 발표하고, 호주·뉴질랜드·캐나다·싱가포르는 모두 정식 준회원국으로 첫 승인이 되었다.

그리고 2017년에 준회원국 가입의사를 표명한 우리나라와 에콰도르는 그 다음의 준회원국 협상의 순번이 되었다. 2019년 9월에 시작된 장기 협상과 회원국 심사 및 전원의 동의 절차가 끝나면, 그 다음 연도부터는 준회원국이 될 수 있다.

---

25 태평양동맹(2023), https://alianzapacifico.net/en.

Ⅳ. '태평양동맹(PA)'의 특징과 성공요인

1. 해역의 정체성과 개방형 지역주의

태평양동맹(Pacific Alliance)은 그 명칭에서도 알 수 있듯이, '해역의 정체성(Maritime Identity)'과 동시에 '개방형 지역주의(Open Regionalism)'를 표방하고 있다. 우선 '태평양(太平洋, Pacific Ocean)' 해역은 글로벌 대륙과 국가간 연합을 위한 가교역할을 하고 있다. 태평양은 지구 바다의 약 30%를 차지하는 가장 큰 해역이며, 그 범위만큼이나 보기 드문 다양성을 가진 지역이다.

15세기부터 마젤란 등 유럽의 탐험가들이 태평양을 탐사한 이래, 열강의 식민지와 2차례의 세계대전을 겪었다. 아메리카 대륙과 동아시아는 태평양을 사이에 두고 많은 교류와 부침의 역사를 안고 있다. 하지만 아메리카에서 주로 쓰는 라틴어로 태평양은 'Mare Pacificum(평화로운 바다)'라는 의미로, 태평양동맹을 만든 4개국은 오늘날 이런 용어의 유래에 근거하여 글로벌 교류를 위한 '자유와 평화의 공간'으로 해석하고 있다. 이는 기존 남미국가들이 생각지 않았던, 일종의 발상의 전환이다.[26]

기존의 남미에서 브라질, 아르헨티나, 우루과이, 파라과이, 베네수엘라로 구성된 네트워크인 '남미공동시장(MERCOSUR)'은 공통적으로 대서양 연안국들의 연합이다. 하지만 이들은 바다의 이미지와 정체성을 전혀 염두에 두지 않았다. 1991년에 만들어져 30년이 지난 최초의 남미국가 네트워크, 남미공동시장은 '대서양(Atlantic Ocean)'을 곁에 끼고 있으나, 그들이 가진 해역의 정체성을 전혀 표방하지 않는다.

오히려 라틴아메리카 대륙 안에서 '육지(陸地)와 육역(陸域)'을 중심으로 다른 외부국가의 가입이나 강대국의 간섭을 배제하는 다소 폐쇄적인 경제

---

26 브라이언 블루엣 외(저)·김희순·강문근·김형주(역)(2013), 『라틴아메리카와 카리브해: 주제별 분석과 지역적 접근』, 서울: 까치글방.

공동체의 성격을 갖고 있다. 이는 오래된 공동체임에도 불구하고, 남미공동시장이 최근으로 올수록 그 성과나 외연의 확대에 한계를 보이는 이유 중의 하나로 평가된다.[27]

이와 달리 칠레, 콜롬비아, 멕시코, 페루는 이런 태평양을 둘러싸고 있는 '환태평양 국가들(Pacific Rim Nations)'을 중심으로 새로운 협력 틀을 제안하고 있다. 기존의 '아시아태평양경제협력체(APEC)'보다는 결속력이 한층 높으면서, 개별 국가들의 실제적 이익을 추구하려 한다. 특히 태평양에 직접 닿아 있는 21세기 동아시아 국가 및 가까운 북아메리카 국가와의 경제교역을 중요하게 보고 있다.

이는 태평양의 정체성을 기반으로 태평양동맹 핵심 4개국이 글로벌 국가들과의 다면적 관계구축 및 외연의 확대로 나타나고 있다. 예컨대, 칠레와 멕시코는 태평양을 중심으로 가장 많은 자유무역협정(FTA)을 체결한 국가가 되었다. 페루와 콜롬비아도 역시 최근 자유무역협정에 적극적인 자세를 가지고 있다. 태평양동맹 창설 4개국 모두 미국과 북미시장에도 자유무역협정이 체결되어 있으며, 아시아 국가들과의 관계도 중남미에서 가장 긴밀한 편이다.

다른 한편으로 태평양동맹이 표방하는 '개방형 지역주의(Open Regionalism)'는 특정 국가에 대해 참여 초기에는 다소 개방적이고 느슨한 네트워크에서 부담 없이 출발하도록 한다. 지리적 근접성이나 정치·경제적 이해관계를 따져 자격을 엄격하게 제한하지 않는 특징을 갖는다.

민주주의를 표방하고 인권수준이 있는 나라라면, 어디나 태평양동맹에 '옵서버' 지위로 가입할 수 있다. 태평양동맹은 참여국들의 다양성을 보장하면서도, 동시에 시간이 지날수록 강하고 끈끈한 연결성을 추구하는 특징을 보여주고 있다.

---

27 Hsiang, A. C.(2016), Power Transition: The US vs. China in Latin America. *Journal of China and International Relations*, Vol.10, No.1, pp.44-72.

단적인 예를 들면, 태평양동맹에서 옵서버 국가보다 혜택과 권한이 한층 격상된 '준회원(Asociado)' 국가가 되기는 쉽지 않다. 일정 기간 옵서버로서 특출한 자질과 성과를 보여야 한다. 하지만 준회원이 되기만 하면, 한꺼번에 중남미 지역에 대한 교역과 시장개척의 효과를 누릴 수 있다.

칠레, 콜롬비아, 멕시코, 페루가 생각하고 있는 준회원 국가는 2012년 창설 당시에는 없었다. 2017년부터 '준회원(Asociado)'을 전격 신설하여, 그 기여도와 활동성과에 따라 몇몇 국가들을 안쪽으로 계속 끌어들이고 있다. 이는 태평양동맹이 글로벌 개방형 공동체로 점차 진화되고 있음을 뜻한다. 국가들의 문호는 특히 태평양을 건넌 아시아 국가들에게 우선순위를 두고 있다는 점도 개방형 지역주의의 표상이 될 수 있다.

비슷한 맥락에서 태평양동맹은 글로벌 시장 및 세계 경제의 환경적 변화에 공동으로 대응을 하기 위한 목적을 가진 공동체라는 점에서 차별화된다. 남미공동시장(MERCOSUR)이나 볼리바르동맹(ALBA)과 같은 과거의 지역블록들은 회원국간의 단편적인 교류의 확대와 역내의 산업개발, 무역투자에 중점을 두는 성격이 강했다.[28]

하지만 태평양동맹은 이런 과거의 답습으로는 21세기 글로벌 경제블록 간의 경쟁에서 성과를 거두기 어렵다고 판단하고, 지역주의의 변형된 모습을 추구하였다. 그래서 태평양동맹은 "태평양 연안국 전체의 열린 공동체 (Open Community for the Whole of the Pacific Rim)"를 표방함으로 인해, 글로벌 국가들의 참여나 거부감도 적은 편이다. 이는 21세기 들어 가장 단기간에 그 외연을 확장한 해역네트워크로 태평양동맹을 높게 평가할 수 있는 중요한 이유가 된다.

최근 태평양동맹은 회원국 간 시장개방 및 역내 통합 외에도 세계시장

---

28 Herreros, S.(2016), The Pacific Alliance: A Bridge between Latin America and The Asia-Pacific?, in *Trade Regionalism in the Asia-Pacific: Development and Future Challenges*, pp.273-294.

진출을 위한 태평양 연안국의 공동마케팅을 강화하고 있다. 국제적 경제현안과 이슈에 대한 공동대응, 유럽연합(EU)과 북미자유무역협정(NAFTA), 동남아시아국가연합(ASEAN) 등 글로벌 주요 지역연합체와의 협력관계 진행 등에 있어서도 일반적인 경제블록과는 뚜렷한 차이를 보여주고 있다.

근래 세계적으로 자국우선주의와 보호무역주의가 확산되는 가운데, 태평양동맹은 그 존재와 행보만으로 전 세계에 자유무역의 가치와 개방적 연합의 중요성에 대한 강력한 메시지를 전달하였다는 데 의의가 있다.

2. 신흥 성장국가 주도의 차세대 네트워크

태평양동맹은 중남미 지역을 근거지로 유럽의 '유럽연합(EU)'이나 동아시아의 '아세안(ASEAN)'과 같이 글로벌 경제블록의 위상을 갖추어 나가고 있다. 태평양동맹이 성공적으로 연착륙하고 있는 비결은 핵심국가인 칠레, 콜롬비아, 멕시코, 페루의 '역동성'과 '성장가능성' 때문이다.

태평양동맹이 다른 글로벌 경제블록과 가장 차별화 되는 특징도 있다. 그것은 중남미에서 경제적 리더로 부상하는 신흥국들이 주도하고 있다는 점이다. 경제적으로 견실한 중남미의 신흥 4개국이 선도하는 차세대 네트워크라는 점은 최근 태평양동맹의 성공요인으로 크게 작용하고 있다. 그에 관한 보다 구체적인 설명은 이러하다.

우선 2012년 창설된 태평양동맹은 그 출현과 동시에 이미 세계 8번째 규모의 경제블록으로서의 위상을 갖추었다. 창설멤버인 칠레, 콜롬비아, 멕시코, 페루는 중남미와 카리브해 지역이 기록한 국내총생산(GDP)의 40% 이상을 차지하고 있다.

또한 태평양동맹을 구축한 4개 정회원국의 GDP 성장률은 2020년대 연평균 3% 이상을 기록했으며, 다른 중남미와 카리브해국가들의 평균 성장률인 2% 수준을 상회하고 있다. 특히 칠레, 페루, 콜롬비아는 2000년대 중반부터 본격적인 신흥 성장국가의 궤도에 진입했다. 2008년 글로벌 금융위기 이후부터 약 10여 년 기간에는 평균 경제성장률이 4%~5%에 달할 정도로 가파른 성장세를 보였다.[29]

중남미의 패권을 쥐었던 브라질, 아르헨티나 위주의 과거 구도에 비해, 태평양동맹을 만든 4개국은 상대적으로 작은 나라들의 연합인 것은 분명하다. 남미 권역에서 좁은 내수시장과 농업 위주 산업의 구조적 특성으로 인해 대외수출과 무역의존도가 높다는 점은 태평양동맹의 맹점이다.

반대로 경제적 협소성과 시장구조의 유사성은 새로운 경제블록을 구축하려는 동력이 되었다. 즉 태평양동맹 창설을 주도한 4개 국가 사이에는 전체와의 교역과 수출시장 확대가 미래 성장을 담보하는 필수적 요인이라는 공통된 인식이 자리하고 있다. 이들 국가들은 공통적으로 정치와 경제, 사회가 비교적 안정기에 접어들었다. 그리고 이를 기반으로 본격적인 산업개발, 외국인투자유치, 국가 인프라 구축과 현대화 등이 진행되고 있다.[30]

태평양동맹의 정회원국인 칠레, 콜롬비아, 멕시코, 페루와 아시아의 준회원국은 외환투기 및 외부의 금융시장 충격으로부터 자국 경제와 네트워크를 보호하기 위해 높은 수준의 '외환보유고(Foreign Exchange Reserve)'를 유지하고 있는 것도 특징이다. 태평양동맹의 4개 정회원국은 중남미·카리브해 국가의 '국가신용등급(Sovereign Credit Ratings)'에서 최상위권에 들어 있으며, 기업여건 및 투자환경에서도 중남미 전체에서 꾸준한 상위권을 기록하고 있다.[31]

이런 역량을 바탕으로 2019년 태평양동맹은 미래의 경제지표를 2030년

29 태평양동맹(2023), https://alianzapacifico.net/en.
30 Garzon, J. F.(2015), *Latin American Regionalism in a Multipolar world*. Robert Schuman Centre for Advanced Studies Research Paper RSCAS, No.23, pp.1-20.
31 Kotschwar, B. and Schott, J. J.(2013), The Next Big Thing? The Trans-Pacific Partnership & Latin America. *Americas Quarterly*, Vol.7, No.2, pp.80-87.

까지 구체적으로 설정하였다. 그것은 라틴아메리카 전체에서 국내총생산(GDP)의 40% 달성, 해외투자자금의 47% 이상 유치, 수출시장 50% 점유 달성, 무관세 및 자유무역협정(FTA) 확대 등의 내용이다.

그리고 태평양동맹은 준회원국 및 옵서버 국가들과의 협력전략 구상을 위한 4대 우선분야(과학기술 및 혁신, 무역원활화, 중소기업 육성, 인력이동 및 교육)를 선정하여, 중점적인 협력사업을 추진하고 있다. 이런 구상과 지표는 중남미를 넘어 아시아와 북미지역을 끌어들일 유인책이며, 동시에 아시아 선진국들과의 협력을 해야만 가능해질 것으로 태평양동맹은 판단하고 있다.[32]

〈그림 3〉 태평양동맹(Pacific Alliance)의 미래 경제지표

* 자료: 코트라해외시장뉴스(2022). https://news.kotra.or.kr.

3. 경제블록의 광역화를 통한 선의의 경쟁

태평양동맹은 그 시작과 동시에 기존의 '남미공동시장'과 자연스러운 경쟁관계가 되었다. 먼저 해역과 개방주의에 근거한 태평양동맹의 철학을

---

32 한국무역협회(2023), http://kita.net; 대한무역투자진흥공사(2023), http://www.kotra.or.kr.

이해하기 위해서는 그들이 '반면교사(反面教師)'로 삼았던 남미공동시장을 들여다볼 수밖에 없다. 전통적으로 중남미 지역의 경제패권은 인구와 국토가 큰 나라들의 차지였기 때문이다.

중남미에서 인구와 경제규모 1위인 브라질을 중심으로 2위인 아르헨티나, 그리고 우루과이, 파라과이 등의 주요 국가들은 1991년에 그들 간에 맺은 '아순시온(Asuncion) 협약'을 근거로 '남미공동시장(Mercado Comun del Sur, MERCOSUR)'을 만들었다. 이는 최초의 남미지역기구이자, 라틴아메리카의 첫 블록화를 알리는 월경공동체라는 점에서 세계의 많은 주목을 받았다.[33]

1995년에는 남미공동시장이 정식으로 발효되었다. 역내 자유무역시장과 관세동맹으로서 발족할 당시, 브라질과 아르헨티나 등은 의사결정권을 거의 독점하였다. 여기에 상대적으로 인구와 경제규모가 열세였던 인근의 칠레, 콜롬비아, 페루, 볼리비아 등은 참여나 협상에서 소외된 감이 없지 않았다. 아직도 남미공동시장은 이들 남미의 비회원국들에 대한 '대외공동관세(TEC)' 제도를 채택함으로서 경제통합의 단계 가운데, 비교적 헐거운 관세동맹의 형태를 취하고 있다. 남미공동시장은 같은 남미지역이라도 자기 회원이 아닌 국가들에게는 멀리 있는 다른 대륙의 국가들과 똑같이 취급한다.[34]

1995년 남미공동시장이 발족된 직후, 몇 년간은 남미권 서부의 역내교역이 증가하고 회원국간 투자도 늘어나는 긍정적 효과가 있었다. 하지만 1999년 남미공동시장 회원국 내의 리더역할을 했던 브라질에 경제위기가 발생했다. 이어 브라질의 독자적인 외환정책과 자국 통화를 평가절하는 등의 사건으로 많은 분쟁이 일어났다.

신자유주의 경제정책의 선두주자였던 브라질에 문제가 생기고 주변국

---

33 남미공동시장(2023), https://www.mercosur.int/en.
34 남미공동시장(MERCOSUR)의 정회원국은 5개 나라이다. 아르헨티나, 브라질, 파라과이, 우루과이, 베네수엘라이다. 준회원국은 7개 나라이며, 칠레, 페루, 에콰도르, 수리남, 콜롬비아, 가이아나, 볼리비아이다. 옵서버는 멕시코 1개 나라이다.

들에게 피해가 번지자, 남미 여러 나라에서는 좌파성향의 정권이 속속 출범하였다. 그리고 남미공동시장에는 정치와 이념문제로 더 큰 균열이 생기기 시작했다.[35]

2003년 이후부터 남미공동시장은 경제위기를 극복하고 정치적 안정을 되찾기 시작하여, 네트워크 연합의 재활성화를 시도하였다. 그러나 2008년부터는 다시 글로벌 금융위기가 다시 덮쳤고, 인구와 경제규모가 상대적으로 적은 남미공동시장 회원국들은 다시 집중적인 피해를 입었다. 위기 때마다 '유럽연합(EU)'이나 '아세안(ASEAN)'의 경우처럼, 크고 부강한 나라와 그렇지 못한 나라 사이의 역내 협력과 배려는 부족하였다. 남미공동시장은 정치적으로도 핵심국가의 좌파정권들이 강력한 보호무역주의를 주창하며, 스스로를 고립시킨 감이 없지 않았다.

아직도 회원국간 권리와 이익의 비대칭 문제, 브라질과 아르헨티나의 배타적인 보호주의로 인한 불균형은 남미공동시장의 가장 큰 취약점으로 남아 있다. 2017년에는 민주주의 질서를 따르지 않은 베네수엘라의 회원국 자격이 일시적으로 정지되는 등 최근으로 올수록 정치이데올로기 성격도 강해지면서, 남미공동시장은 세력이 점차 약화되고 있다. 결과적으로 남미공동시장은 모든 관세를 철폐하여 명실상부한 자유무역지대를 만들었다. 하지만 오랜 세월이 지나도록 가시적인 성과나 대외적 결속력은 보여주지 못하고 있는 것이다.[36]

이에 반하여 2012년 태평양동맹의 창설은 이러한 남미공동시장의 역사적 오류를 교훈 삼아, 중남미 지역경제의 새로운 패권을 노리는 경제블

35 Downey, C.(2014), MERCOSUR: A Cautionary Tale. *The International Business & Economics Research Journal*, Vol.13, No.5, pp1177-1186.

36 De Gouvea, R., Kapelianis, D., Montoya, M. J. R. and Vora, G.(2014), An Export Portfolio Assessment of Regional Free Trade Agreements: A Mercosur and Pacific Alliance Perspective. *Modern Economy*, Vol.5, No.5, pp.614-624.

록의 성격을 갖고 있다. 가장 특징적인 점은 태평양동맹이 기존 남미공동시장과는 모든 면에서 정반대의 노선을 추구하고 있다는 것이다.

태평양동맹은 태평양 연안국 전체를 상대로 철저하게 상호 경제적 이익을 위해 결성된 동맹체 연합이며, 포괄적 자유무역과 시장개방 및 상호 호혜를 기본원칙으로 삼고 있다. 즉 서비스, 자본, 상품의 자유로운 교류를 토대로 회원국들간의 경제·사회적 측면의 동반성장을 도모한다. 경제 발전, 국가경쟁력 강화 외에도 사회복지와 인권 및 문화분야의 발전을 크게 표방하는 점도 차별화 된다. 좌파나 우파 등의 정치적 이데올로기 성향은 약한 편이며, 지나친 이념 논쟁을 지양한다. 다만 포괄적 성격의 '민주주의'와 '인권주의'를 연합의 근간으로 삼는다.

실질적으로 태평양동맹의 칠레, 콜롬비아, 멕시코, 페루 등은 최근 10년 동안 중도주의·중도우파정권이 우세한 국가들이다. 남미공동시장 국가들이 좌파나 중도좌파의 정치성향을 가진 반면, 태평양동맹은 그렇지 않은 특징이 있다. 최근 칠레, 콜롬비아, 멕시코는 중도우파 정권이 들어서 있고, 페루는 중도좌파 정권이지만 우파의 실용주의적 경제노선을 갖고 있다.

그래서 남미공동시장의 반미·좌파이념이 강한 몇몇 나라들과 달리, 태평양동맹은 시장 친화적이고 친기업적 성향을 갖고 있다. 시장자본주의가 강한 미국과 북미·아시아 지역과도 친분을 유지하고 있다. 남미공동시장이 미국의 패권주의적 자유무역에 반대하고 중남미의 자주적인 경제 주권을 강조하지만, 태평양동맹은 다소 친미주의적인 성향을 띠면서도 중립적인 개방주의를 외치고 있다.[37]

최근 5년 간 태평양동맹은 경제·정치적으로 기존의 남미공동시장과 뚜렷한 경쟁구도를 구축한 것으로 보인다. 남미 1위 국가인 '브라질'이 버티

37 Carranza, M. E.(2017), South American Free Trade Area or Free Trade Area of the Americas?: Open Regionalism and the Future of Regional Economic Integration in South America. in *Open Regionalism and the Future of Regional Economic Integration in South America*. Routledge, pp.25-59.

고 있는 남미공동시장과 중미의 강자인 '멕시코'가 있는 태평양동맹은 그 구도 자체만으로도 긴장감이 배어 있다. 그동안 배타적이었던 남미공동시장이 2012년에 베네수엘라를 회원국으로 받아들이고, 이후 태평양동맹을 본격적으로 견제하기 시작한 것도 이와 같은 맥락으로 보인다.

향후 중남미에서 태평양동맹과 남미공동시장 사이의 상호 경쟁이나 대결은 불가피할 것으로 보인다. 하지만 이는 역설적으로 중남미 전체의 경제블록의 광역화를 통한 선의의 경쟁으로 이어질 가능성도 말해준다. 적어도 중남미 전체에서 선의의 경쟁과 협력의 광역화로 이어질 가능성이 더 높아 보인다. 그 이유는 근래에 태평양동맹과 남미공동시장의 연계 및 상호 협력적 논의가 진행되었기 때문이다.

일례로 2019년 브라질과 칠레는 남미공동시장과 태평양동맹, 두 네트워크의 거대한 시장통합을 논의하였다. 2020년에는 '자이르 보우소나루(Jair Messias Bolsonaro)' 브라질 대통령과 '세바스티안 피녜라(Miguel Juan Sebastian Pinera Echenique)' 칠레 대통령은 정상회담을 열어 남미공동시장과 태평양동맹 사이의 상호 교류 및 연계 활성화에 뜻을 같이했다.

이후 남미공동시장과 태평양동맹의 '오피니언 리더'격인 브라질과 칠레는 미래에 남미공동시장과 태평양동맹을 하나로 묶어 거대한 '라틴아메리카 자유무역지대'를 구축할 필요가 있다는 데 공감하고, 두 블록의 연계협상을 위한 의향서에 일단 서명을 했다. 이로써 2022년 이후 중남미 지역의 남미공동시장과 태평양동맹, 양대 경제블록을 통합하려는 더 '큰 그림'이 본격화될 것으로 예상된다. 그러면 우리는 태평양동맹을 지렛대로 남미공동시장까지 진출하는 향후 장기 전략을 새로 짜야 하며, 라틴아메리카 전체 국가의 상시적 교류가 가능하게 만드는 그림을 그려야 한다.

이른바 '통상'이나 '무역'으로 이어지는 시장의 규모와 산업적 다양성 측면에서 태평양동맹이 남미공동시장에 비해 아직 열세에 있다. 하지만 주요 정책 아젠다 및 회원국간의 자율적 공조, 개방적인 대외 이미지 및 국제적 신뢰도 면에서는 태평양동맹이 더 우세한 것으로 평가된다. 남미공동시장도 '모래알 같은 결속력', '정치연합으로 변질된 경제블록'라는 비판과 '미완(未完)의 관세동맹'이라는 오명(汚名)을 벗어 던지기 위해서 확실한 탈출구를 찾고 있다.

최근에 남미공동시장이 내린 결론은 아마도 태평양동맹이 갖고 있는 신선하고 개방적 이미지의 도움을 받으려는 것으로 보인다. 미래 태평양동맹과 남미공동시장이 합작할 가능성은 크게 열려 있으며, 이들의 연합은 글로벌 경제와 국제사회 구도에 적지 않은 파장이 될 것은 분명하다.

4. 우리나라 및 대(對) 아시아 관계와 의미

과거 우리나라 외교와 대외협력이 미국, 유럽(EU), 아시아 지역에 치중되고, 주요 강대국들에게만 집중되어 있었음은 누구도 부인할 수 없다. 그런 점에서 중남미에서 시작된 태평양동맹의 결성은 동아시아 국가와 우리나라에게 각별한 의미가 있다.

중남미 태평양 연안 4개국 멕시코, 칠레, 콜롬비아, 페루가 모여 발족한 태평양동맹은 빠른 진보를 보이며 중남미 경제통합의 새로운 지평을 열 것으로 기대되고 있다. 앞서 논의된 바와 같이 태평양동맹은 그 자체만으로 여러 가지 의미 부여가 충분히 가능하다. 여기에 더해 우리나라 및 아시아와의 관계적 측면에서 태평양동맹의 의미는 다음과 같이 논의된다.

첫째, 아시아 및 북미지역과 태평양을 가로지르는 거대한 경제와 문화 협력 기반을 마련하는 창립목적을 가졌다는 점이 우리에게 가장 큰 의미를 갖는다. 남미공동시장(MERCOSUR) 등 기존의 중남미를 대표하던 연합체들의 대외적 영향력이 저하되고 있는 상황에서, 개방적 지역주의를 표방하는 태평양동맹은 우리나라의 주목을 끌고 있다. 또한 우리나라 및 아시아 국가들과 태평양동맹의 관계 구축 및 향후 효과적 측면에 있어서도 남다른 의의를 가지고 있다. 그러기에 우리나라, 중국, 일본, 싱가포르 등 동아시아 주요 선진국들은 태평양동맹과의 협상과 활동에 다른 국가들보다 적극적일 수밖에 없다.

둘째, 태평양동맹을 결성한 정회원 국가와의 외교관계에 있어서 우리나라는 칠레와 각별한 우방관계를 맺고 있다. 칠레는 남미 국가 중에서 처음으로 우리나라 정부를 외교적으로 승인했고, 6.25 한국전쟁에도 파병을 하는 등 많은 도움을 주었다.[38]

〈그림 4〉 태평양동맹(Pacific Alliance)의 동아시아 진출

지난 2004년 4월에 우리나라가 전 세계 국가들 중에서 가장 먼저 '자유무역협정(FTA)'을 체결한 나라도 바로 칠레이다. 우리나라와 페루는 2011년 8월에, 콜롬비아는 2013년 2월에 자유무역협정(FTA)을 체결하였다. 멕시코는 2008년까지 협상을 하였으나, 우리나라에 대한 무역적자가 커서 지금

---

38 대한민국외교부(2023), http://www.mofa.go.kr.

까지 연기되고 있는 상황이다. 하지만 멕시코와 우리나라는 태평양동맹의 정회원과 준회원국 사이가 되면, 이는 일거에 해결될 것으로 기대된다.[39]

셋째, 태평양동맹은 우리나라와 교역 및 투자 관계에 있어서 이미 상당한 수준에 도달해 있다. 태평양동맹과의 무역량은 연간 약 260억 달러 수준으로, 중남미 전체 교역의 60% 수준에 달한다. 수출과 수입에서 멕시코가 가장 많은 160억불 수준이며, 칠레가 50억불, 페루가 30억불, 콜롬비아가 20억불 수준이다. 태평양동맹은 지리적 원거리에도 불구하고 우리나라 전체 수출의 약 3~4%를 차지한다. 이는 중국, 미국, 일본, 싱가포르, 홍콩, 베트남에 이어 7위를 기록하여, 수출 순위에서 적지 않은 규모이다.[40]

더 중요한 것은 무역수지가 최근까지 계속 흑자를 기록하여 왔다는 것이다. 태평양동맹에 대한 우리나라 대외투자액도 연간 10억불에서 계속 증가하는 추세에 있다. 태평양동맹으로부터 우리나라는 동제품, 동광, 기타금속광물 등 원자재를 주로 수입하고 있으며, 최근 원유 등 에너지수입도 장기적으로 보면 지속적 증가를 보이고 있다.[41]

넷째, 국내에 잘 알려져 있지 않지만 우리나라는 2013년부터 태평양동맹 4개국과 FTA 및 경제협력을 통해 교류를 확대해 왔다. 우리나라는 2013년 6월에 태평양동맹 제8차 각료회의에서 옵서버 가입이 승인되었다. 이후 정식 옵서버 국가로서 태평양동맹 정상회담 및 장관회담에 참석을 지속해왔다.

또한 태평양동맹의 진전동향을 파악하고 동아시아 주요국으로 아시아의 관심사항에 대한 의견을 적극적으로 표명하였다. 2018년 12월에는 '지속 가능한 개발협력 사업 발굴'을 주제로 우리나라와 '한-태평양동맹 협력 포럼'을 페루에서 개최하였다. 우리나라는 태평양동맹의 개발협력 현황 및

39 대한민국산업통상부(2023), http://www.motie.go.kr.
40 한국무역협회(2023), http://kita.net.
41 대한무역투자진흥공사(2023), http://www.kotra.or.kr.

구체적 사례, 태평양동맹 측의 협력관심 분야 및 협력실천방안 등을 추진하는 수준까지 도달해 있다.

이미 우리나라는 눈에 띄는 태평양동맹의 옵서버로 활동했으며, 태평양동맹 결성 초기부터 옵서버로 기여한 명분을 인정받아 2018년 말부터는 '준회원국(Asociado, Associate Member)'으로 가입을 적극적으로 추진한 바 있다. 최근 칠레, 콜롬비아, 페루와 '정상회담'을 포함한 '한−태평양동맹(PA) 재무장관 회의(Korea-Pacific Alliance Finance Ministries' Meeting)'도 꾸준히 열고 있다.[42]

우리나라가 태평양동맹 준회원국으로 최종 가입이 성사되면, 즉시 태평양동맹 4개 회원국과 기존에 체결한 자유무역협정이 개선되는 효과를 누린다. 물론 기존의 국가별로 체결된 협정도 역시 효력이 계속 유지된다. 무역이나 통상관계 당사자나 기업들은 국가별로 체결된 무역협정과 태평양동맹의 무역협정을 비교하여 자신에게 유리한 내용과 조건을 선택하여 혜택을 누릴 수 있다. 특히 우리나라의 중남미 최대 수출국 멕시코와는 신규로 자유무역협정(FTA)을 체결하는 부수효과가 있다.

특히 멕시코는 우리나라 10대 수출국 중의 하나이지만, 아직도 자유무역협정을 체결하지 못했다. 이는 우리나라 정부의 탓이 컸다. 그동안 우리나라 기업은 멕시코 현지시장에서 멕시코와 자유무역협정을 이미 맺은 미국, 유럽연합(EU), 일본과의 경쟁에 큰 어려움을 겪어왔다.

1990년 당시, 멕시코가 먼저 우리나라에 자유무역협정을 제안했으나, 정부는 멕시코에 냉소적인 반응을 보인 실책을 했다. 불과 몇 년 후에는 입장이 바뀌어 우리가 다시 원하는 상황이 됐으나, 2008년 협상을 끝으로 장기적 소강상태에 머물러 있다. 우리나라가 태평양동맹 준회원국이 되면, 멕시코 시장 진출의 기회를 다시 확보하는 의미가 적지 않다.

---

42 태평양동맹(2023), https://alianzapacifico.net/en.

거시적으로 우리나라가 태평양동맹 준회원국이 되면, 동아시아 지역의 옵서버 국가인 중국, 일본, 호주보다 한발 앞서 태평양동맹 네트워크에 깊숙하게 진출하는 상징적 의미도 있다. 물론 중국과 일본도 태평양동맹의 준회원국이 되려고 노력했으며, 가까운 미래에 긴밀한 연관을 맺을 것이다.

그렇게 되면 태평양을 사이에 두고 동아시아와 중남미, 양 지역을 대표하는 경제허브가 서로 연결되면서 거대한 글로벌 자유무역 네트워크가 구축되는 의미도 적지 않다. 이는 우리나라와 미국, 캐나다 등 북미지역과의 기존 무역과 통상 네트워크와는 그 성격이 크게 다른 것이다. 동북아시아 경제강국인 한·중·일 간의 연결성은 태평양동맹도 탐을 내는 부분이다. 그래서 미래의 태평양동맹이 갖는 청사진은 더욱 희망적인 쪽으로 판단이 된다.

최근 미국은 정치적 이견으로 인해 남미공동시장에 대한 관심을 당분간 접고, 중남미에 가졌던 과거의 영향력 회복을 위하여 태평양동맹과의 협력 강화에 집중하고 있다. 반대로 중국은 기존 관계가 깊었던 남미공동시장 이외에, 태평양동맹과 유대를 함께 유지하는 '병진노선(Two-Track Strategy)'을 쓰고 있다. 물론 미국과 중국은 우리나라 외교·경제에도 가장 비중 있는 국가들이다. 따라서 태평양동맹에 대한 우리의 노선에는 강대국의 전략적 이해관계가 함께 고려되어야 할 것이다.

V. 맺음말

지난 2012년 '태평양' 연안의 정체성을 매개로 한 중남미 국가들의 글로벌 공동체 구축 시도는 3면이 바다로 둘러싸인 우리나라와 동아시아 연안국들에게 충분한 교훈을 제공한다. 한마디로 태평양동맹(PA)은 "21세기 해역네트워크와 개방형 지역주의가 결합한 참신한 형태의 연합기구"로 정의된다. 기존의 느슨해진 '환태평양경제동반자협정(TPP)'과 달리, 태평양 연안국들이 개방적이면서도 높은 결속력을 추구하고 있으며, 개별 국가들의 실제적 이익을 추구하는 새로운 차세대 해역네트워크이다.

태평양동맹은 유럽의 유럽연합(EU), 아시아의 동남아시아국가연합(ASEAN) 수준에 버금가는 튼실한 아메리카의 연합블록으로 성장할 가능성을 주목받고 있다. 이른바 '포스트 유럽연합(Post EU)', '포스트 아세안(Post ASEAN)' 모델을 추구하며, 국제사회에서도 새로운 입지와 영향력을 다져가고 있는 것이다. 향후에는 태평양동맹 창설 10주년 성과를 대대적으로 결산하며, 미래 태평양 네트워크의 비전과 전략을 새로이 설계할 것이다.

최근 부상하는 태평양동맹의 의미와 중요성을 감안하여, 우리나라는 아시아 국가 중에 선도적으로 참여와 협력의 대상으로 삼아 왔다. 지리적 거리에도 불구하고 최근 우리나라 정부는 태평양동맹과의 적극적 협력과 멤버로서의 신분 격상에 많은 공을 들이고 있다. 실상 우리나라의 외교나 대외관계에서 이렇게 단기간에 급속한 진전과 긴밀한 관계를 맺은 지역기구, 국가연합이 있는지 의문이 생길 정도로 전향적인 상황이다.

그 이유는 앞서 여러 차례 밝힌 바와 같이 태평양동맹이 "중남미 신흥 국가를 중심으로 해역의 모든 국가에게 개방적이고, 생산적이며, 역동적인 네트워크"였기 때문이다. 그리고 우리에게도 개별 국가보다는 중남미 태평양공동체 연합을 통한 일괄적 외교·통상분야 접근이 보다 효과적인 것은 당연하다. 그런 점에서 우리나라는 태평양동맹과 함께 미래를 꿈꾸고, 이를 현실화하는 글로벌 플랫폼이 되기 위해 노력해 왔다.[43]

근래에 우리나라는 성장잠재력과 개방성을 지닌 태평양동맹 국가를 중심으로 중남미 지역과 연결성을 강화하는 정책을 시작했다. 그 골자로는 첫째, 한국과 태평양동맹을 연결하는 중심축으로서의 역할 강화, 둘

---

43 자세한 사항은 대한민국기획재정부(2023), http://www.moef.go.kr 참조.

째, 실질적인 경제협력을 논의하고 유의한 성과가 나오는 장(場)의 구축, 셋째, 인적·기술적 교류를 확대하고 다양한 경제정책에 대한 경험을 공유하는 것이다.

실무적으로는 사이버 보안, 핀테크, 인프라펀드, PPP, 재난채권 등에 대한 협력 논의가 활발히 전개되고 있다. 중점협력분야로 ICT, 인프라, 기후금융, 인적자원개발, 경제정책·지식경험공유(KSP) 등 5개 분야를 선정하였다. 특히 한국의 과거 경제성장 노하우와 정책경험을 다른 국가와 함께 공유하는 경제정책·지식공유사업(KSP)은 매우 긍정적인 평가를 받고 있다. 2012부터 우리나라는 태평양동맹 국가들과 총 43건, 304억원 가량의 KSP사업의 성과들이 나와 있다.

그래서 우리나라는 국익을 위해 앞으로 태평양동맹과 긴밀한 참여와 질 높은 협력을 진행해 나가야 할 것이다. 적어도 태평양 중남미 지역에 대해 우리는 국가 개별로 나누어 볼 것이 아니라, 하나의 거대한 연합지역 및 단일시장으로 바라보는 시각이 필요할 것이다.

단기적으로는 경제와 문화면에서 비교 우위에 입각한 협력을 창출해야 할 것이다. 태평양동맹의 주축인 중남미 국가들은 '천연자원'과 '농업'이 발달했고, 우리는 '제조업'과 'IT기술'에 강점이 있으므로 양자 협력은 일단 보완효과가 클 것으로 기대된다. 또한 태평양동맹의 주축 4개 국가의 성장추세와 소비구매력은 우리 제조업과 수출시장에도 긍정적 영향을 미칠 것이 확실하다.

이에 단기적으로 우리나라는 태평양동맹의 주요 현안인 자원안보, 정보통신기술, 해양수산문제 등에서 다양한 협력방안을 만들어 나갈 것으로 보인다. 지리적 원거리가 장애라면, 무역보다 현지에 대한 직접투자가 상대적 이점이 있을 것이다.

또한 중남미의 '한류(韓流) 열풍과 콘텐츠'를 기반으로 한 문화교류, 인재개발과 교육부문에서도 협력을 확대하는 것이 좋을 것이다. 중장기적으로 우리는 태평양동맹 전체와 외교적으로도 '전략적 동반자(Strategic Cooperative Partnership)'나 '포괄적 동반자(Comprehensive Partnership)'의 관계로 발전시켜 나갈 필요가 있다.

단지 이런 과정에서 앞으로 몇 가지 주목하거나 주의할 점들은 있으며, 이 부분에 대한 언급으로 결론을 마무리하고자 한다. 먼저 '해역의 정체성을 기반으로 뭉친 개방형 지역연합'인 태평양동맹은 기존의 남미공동시장과 정치·경제적 경쟁구도를 그려가고 있으며, 그 뒤에는 최강대국인 '미국'과 '중국'의 관계도 깊이 얽혀 있다. 이 점에 대한 우리 정부의 착안과 대응은 대단히 중요하다. 예컨대, 태평양동맹은 옵서버 국가로 중국을 승인했을 정도로 관계가 그리 나쁜 편은 아니다. 하지만 기본적으로 미국에 훨씬 더 우호적인 국가들의 모임이다.

반면에 남미공동시장은 상대적으로 좌파정권의 반미적 성향이 강하며, 미국의 라이벌 격인 중국과 상당히 우호적인 관계를 유지하고 있다. 특히 브라질과 아르헨티나는 중국의 외교적 지지와 막대한 경제투자를 받고 있다. 이들은 우리나라의 주요 수출 및 협력 대상국이므로, 대화와 협력의 채널은 계속 유지할 필요성이 있다. 따라서 태평양동맹과 남미공동시장의 관계, 미국과 중국의 개입관계는 향후 우리나라 정부와 기업들의 전략적 자세를 요구하는 가장 큰 이유가 된다.

물론 이런 논의를 시작점으로 더 많은 담론이 나와, 향후의 이런 문제들이 학계와 실무적 차원에서 본격적으로 논의되길 기대한다. 그리고 국내에는 아직 생소한 '태평양동맹'이 '환태평양과 아메리카 협력의 유력한 동반자'로 해양한국을 지향하는 우리에게 새롭게 인식되기를 희망한다.

Ⅰ. 머리말

카리브해는 서구의 자본주의와 유럽의 열강이 과거에 자행한 민낯의 역사를 간직하고 있다. 중세시대로부터 약 500년이 지난 지금에도 주권국가로 독립하지 못한 식민지령 상태의 섬들이 그대로 존재한다. 정치적으로 카리브해의 현대(現代)는 제국주의의 지배체제에서 독자적인 노선을 추구하려는 '실험장'으로서의 의미가 있다. 경제적으로도 쿠바 등의 '사회주의 계획경제'와 '자본주의 시장경제'가 나라별로 뒤섞여 다양한 현상을 겪고 있다.

오늘날 카리브 해역의 도서국가들은 단순히 식민체제 대(對) 독립국가, 사회주의 대(對) 민주주의의 구도로 설명될 수 없는 복잡한 요인들을 가지고 있다. 이런 가운데 가장 흥미로운 점은 이미 약 반세기 전에 카리브해라는 해역공간을 중심으로 도서국가들 사이의 초국적 협력이 시작된 것이다. 그리고 국경을 넘는 새로운 '초국경 지역공동체(Cross Border Regional Community)'는 성공적으로 유지되어오고 있다.[1]

이른바 '카리브공동체(Caribbean Community)' 혹은 '카리콤(CARICOM)'이라고 불리는 이 초국경 해역네트워크는 최근 국제사회의 주목을 받고 있다. 일단 지리적으로 카리브해를 둘러싼 연안지역은 북미와 중남미시장 및 중추국가들의 중간지점에 위치하고 있다. 카리브해 도서와 연안국들은 최근 식민지였던 과거의 기억을 떨치고 영국과 프랑스, 네덜란드 등 유럽 주요 국가의 전략적인 지원을 받고 있는 지역이기도 하다.

카리브해가 유럽에서 전폭적인 지원을 받고 있는 이유는 예전부터 그 지역적 중요성이 컸음에도 불구하고 상대적으로 다른 신흥지역에 비해 저

---

1 Bravo, K. E.(2005), CARICOM, The Myth of Sovereignty, and Aspirational Economic Integration, *North Carolina Journal of International Law*, Vol. 31, No. 1, pp. 145-206.

평가 되어 왔던 지역이기 때문이다. 상대적으로 소규모 도서국가들이 밀집해 있고, 열악한 자연조건 등으로 오랫동안 성장이 지체되었던 카리브 해역과 연안지역은 최근 발전이 유망한 지역으로 새롭게 평가되고 있는 것이다. 앞으로도 이 지역은 자원과 경제, 그리고 환경적 측면에서 지속 가능한 성장이 기대되고 있다.

카리브해에 식민지배의 경험을 가진 영국, 프랑스, 네덜란드 등 유럽 주요국가 외에 미국과 아시아 강대국들의 관심도 뜨겁다. 미국의 오바마, 트럼프, 바이든 행정부를 비롯해 중국의 시진핑 정권, 일본의 아베 총리와 기시다 내각 등이 카리브공동체와의 유대관계 형성을 위해 노력한 바 있다. 이들 모두 대통령과 총리가 카리브해를 직접 방문했고, 정상회담 및 외교채널 구축에 여념이 없다.

우리나라도 2011년부터 카리브공동체와 외교적으로 정례적인 소통을 하고 있다. 이런 현상의 이유로는 무엇보다 카리브해의 잠재력과 중요성이 국제적으로 인정받기 때문일 것이다. 카리브해와 그 연안지역은 우리에게 아직 생소하지만 향후 공동체를 중심으로 그 중요성이 점차 커질 것으로 확실시된다. 그런 점에서 여기서는 우선 해역(海域)의 관점에서 카리브해 소규모 도서국가들 사이의 초국경 공동체가 형성된 배경에는 뭔가 분명한 원인과 공통분모가 있을 것이라는 전제를 하고자 한다.[2]

우리나라에게 카리브공동체는 국제무대에서 중요한 지지의 기반이자, 안정적인 무역흑자를 기록하고 있는 생소한 시장(Blue Ocean)으로서 의미가 있다. 또한 각종 인프라(SOC)와 에너지, 정보통신기술(ICT) 분야 등의 개발 수요가 높아 우리나라와의 협력적 잠재력도 적지 않다. 따라서 카리브해 지역과의 협력과 공조 강화는 우리나라의 신시장 개척과 외교적 기반을 확대하는 차원에서도 도움이 될 것이다.

---

2 우양호(2015b), "초국적 협력체제로서의 '해역(海域)': '흑해(黑海)' 연안의 경험". 『해항도시문화교섭학』. 13: 209-246쪽.

이 장에서는 현대적 관점에 입각하여 카리브해가 가진 여러 지리적 조건과 정치·경제·문화적 특성들이 해역공동체를 결성하는데 작용했을 것이라는 가정에서 논의를 출발시키고자 한다. 오늘날 급변하는 세계 각 지역의 국제정세와 상황들은 카리브해의 네트워킹을 더욱 결속시키고 있기 때문이다.

그리고 아직 국내에는 생소한 카리브해에서의 해역네트워크 구축 사례에 대해 구체적으로 살펴봄으로써, 그 배경과 최근의 경과를 소개하고자 한다. 나아가 도서국가들간의 지역통합이 갖는 특성과 운영논리를 이해하는 동시에, 이것이 우리나라의 카리브해 진출과 발전적 미래에 어떠한 시사점을 주는가를 알아보고자 한다.

Ⅱ. 카리브해의 지역 개관 및 상황

1. 지리 및 경제적 개관

카리브해는 지형적으로 약 7,000개 이상의 섬과 암초로 이루어져 있다. 섬들은 지리적으로 크게 '대앤틸리스 제도(Greater Antilles)'와 '소앤틸리스 제도(Lesser Antilles)'로 나뉘며, 양자를 모두 아울러 '카리브 제도(영어: Caribbean, 네덜란드어: Caraiben, 독일어: Karibik, 프랑스어: Caraibes, 스페인어: Caribe, 포르투갈어: Caraibas)'라고 부른다.

카리브해는 '다도해(多島海)'이므로, 이 해역에 떠있는 수많은 섬들을 통칭하여 '카리브 제도' 혹은 '카리브해 제도'라고 부르는 것이다. 이 섬들은 쿠바, 자메이카, 도미니카공화국 등 다양한 나라들의 영토이다.[3]

---

3 강석영(1992), "카리브해 도서국들의 구조와 특성". 『중남미연구』. 8(1), 7-37쪽.

카리브해에는 유엔(UN) 총회에서 투표권을 행사하는 주권국가 16개국을 포함하여 미국, 영국, 프랑스, 네덜란드의 해외 영토가 포함된다. 즉 카리브해에는 대략 23개에 달하는 섬이 있고, 17개는 독립국가이지만 과거 식민지 열강의 속령 상태인 7개의 섬도 있다. 이들 카리브해 지역의 모든 국가 및 속령 도서들의 면적은 총 235,000㎢ 정도로 한반도보다 조금 더 큰 수준이다.

인구의 총합은 약 4,500만 명으로 우리나라 인구보다 약간 적다. 그래서 학자에 따라서는 카리브해 전역을 '카리브 지역(Caribbean Region)'이라 부르기도 한다. 카리브해는 국제사회에서 정치·외교·경제적으로 '카리브 지역'이라는 하나의 정체성(Identity)을 가지고 활동하기 때문이다.[4]

오늘날 카리브해는 천혜의 자연환경을 기반으로 관광산업을 부흥시켜 경제적 성장을 지속해오고 있다. 자연적 한계에도 불구하고 카리브해 소도서국들은 관광레저와 금융산업 등이 발달해 있으며, 많은 선박들을 보유하고 있다. 그래서 카리브해의 소도서국들은 태평양 소도서국들에 비해 경제적으로 안정된 편에 속한다.

유엔(UN) 자료에 따르면, 실제 지난 10년 간 카리브해 소도서국들의 경제성장은 전 세계의 다른 소도서국들에 비해 높다. 전체가 연 평균 약 3.8% 수준의 지역총생산(GDP) 증가를 보였다. 트리니다드토바고와 벨리즈, 도미니카공화국은 약 6~8% 수준의 높은 성장을 기록했다. 그러한

---

4 라틴아메리카(Latin America)라는 용어는 프랑스 학자들이 만들었다. 카리브해 식민지였던 아이티를 잃고 1803년 미국에 루이지애나마저 매각한 프랑스가 19세기 중반에 지어냈다. 이 지역에 새로운 제국을 건설하려고 프랑스가 노력하던 때에 만들어진 것이다. 근래에는 미국과 캐나다 등 북미를 제외한 모든 아메리카 지역을 아우르는 의미로 라틴아메리카라는 용어를 사용한다. 하지만 문화적으로 남미대륙과 카리브해가 있는 중앙아메리카는 일정한 차이가 있다. 자세한 내용은 다음을 참조하기 바란다. 브라이언, W. 블루엣, 올린, M. 블루엣.(김희순·강문근·김형주 옮김)(2013), 『라틴아메리카와 카리브해: 주제별 분석과 지역적 접근(원제: Latin America and The Caribbean: A Systematic and Regional Survey)』. 까치글방: 1-616쪽.

〈그림 5〉 카리브해의 지리적 개관

근거는 역시 천연자원 개발과 3차 관광산업 위주의 고부가가치 경제구
조이다.

물론 섬나라 별로 빈부격차와 양극화도 적지 않다. 국제사회는 1인당
국민총소득(GNI)에서 카리브해의 아이티, 벨리즈, 가이아나 등을 약 3,000
달러 미만의 중저소득국가(Lower-Middle Income Countries)로 분류하였다. 반
대로 바하마(25,800달러)와 트리니다드토바고(26,000달러) 등은 최상위소득국
가(High Income Countries)로 평가했다. 소위 국제적인 '최빈국(最貧國)'과 '최부
국(最富國)'이 서로 같은 해역에 이웃으로 공존해 있는 것이다.[5]

원래 카리브해에서는 도서국이라는 지형적 약점으로 인해 협소한 경작
지와 함께 자연재해가 심하다. 이런 사정 때문에 안정적인 경제구조를 갖
기가 매우 어렵다. 이 지역은 최근 기후변화에 따른 자연재해 증가 및 환
경악화에 가장 취약한 지역으로 알려져 있다. 자연재해 중에서는 특히 매

---

5 유엔(UN)라틴아메리카 · 카리브해경제위원회(Economic Commission for Latin
America and the Caribbean)(2023), http://www.cepal.org.

년 6월부터 11월까지 허리케인에 취약한 위치에 놓여 있다. 카리브해 도
서국들은 자신들이 겪고 있는 자연재해의 강도가 계속 심해지는 이유를 근
래 기후변화에서 비롯된 것으로 보고 있다.[6]

또한 대외무역에 있어 특징은 유럽연합(EU), 미국, 캐나다에 집중되고
있다는 것이다. 경제의존과 수출 편중도가 70%를 상회하면서, 선진국의
경제위기는 바로 카리브해에 직접적인 영향을 미치고 있다. 관광과 금융
위주인 산업은 지난 2008년 글로벌 경제위기로 인해 카리브해에 심각한
손실을 안겼다.

또한 식량공급을 전적으로 해외에 의존하기 때문에 국제식량가격의 변
동에 직접적인 영향을 받는 것도 지역적 난관 중의 하나이다.[7] 현실적으로
국제해양보호구역(MPAs: Marine Protected Areas)이 카리브해 전역으로 확대되
어 있어, 섬나라들의 식량자급을 위한 수산업도 지속적으로 침체되어 있다.[8]

2. 카리브해의 사회적 현황

사회·문화적으로 카리브해 지역의 기원 자체는 '식민지 이산(離散)과 이주
(移住)'의 역사를 대변한다. 카리브해의 섬들은 대부분 신대륙 발견 이후, 제
국주의 국가들이 식민지 확보 경쟁을 벌이며 장악한 곳이다. 즉 오늘날 카

---

6 Toba, N.(2009), Potential Economic Impacts of Climate Change in the
  Caribbean Community. Assessing the Potential Consequences of Climate
  Destabilization in Latin America. in W. Vergara(ed.) *Assessing the Potential
  Consequences of Climate Destabilization in Latin America*, World Bank,
  Washington, D. C., Working Paper. 32, pp.1-30.
7 Lowitt, K., Saint Ville, A., Keddy, C. S., Phillip, L. E. and Hickey, G.
  M.(2016), Challenges and Opportunities for More Integrated Regional Food
  Security Policy in the Caribbean Community. *Regional Studies & Regional
  Science*, Vol. 3. No.1, pp.368-378.
8 Chakalall, B., Mahon, R., McConney, P., Nurse, L. and Oderson, D.(2007),
  Governance of Fisheries and Other Living Marine Resources in the Wider
  Caribbean. *Fisheries Research*, Vol. 87, No.1, pp.92-99.

리브해의 섬나라들은 모두 과거 노예들의 이주지였다. 서아프리카 흑인 노예들은 대서양을 따라 대략 900만 이상이 카리브해로 온 것으로 추정된다.

그래서 카리브해 대부분의 섬들은 어두운 역사에서 파생된 부작용과 문제들을 공유하고 있다. 오랫동안 영국과 프랑스 등 서구열강의 식민통치를 받은 카리브해 섬들은 오랜 기간 억압과 수탈을 당했으나, 근대 이후 자력으로 독립을 쟁취해 냈다. 하지만 속령 체제의 존속에서 보듯이, 일부 지역은 여전히 과거의 열강에 그대로 종속된 상태를 선호하고 있기도 하다.[9]

20세기 초까지 카리브해에는 프랑스령, 영국령, 덴마크령, 네덜란드령, 스페인령 서인도 제도가 만들어져 있었다. 특히 영국은 제해권(制海權)과 해상에서의 영향력을 장악했다. 하지만 제2차 세계대전으로 영국은 독일과 대서양 전투를 치르면서 구축함이 부족해졌다. 이에 미국에게 섬을 할양하고 잉여 구축함들을 영국이 넘겨받으면서 카리브해의 제해권은 미국에게 완전히 넘어갔다.

덴마크 등은 미국에게 자신들의 식민지를 팔기도 했고, 미국령 버진아일랜드가 되었다. 게다가 카리브해의 독립운동으로 인해 영국령 13개의 섬들도 9개의 주권국가로 해체되었다. 그 이후부터 카리브해는 위치적으로 가까운 미국의 영향력이 명확해졌다. 적어도 유럽열강의 손에서는 벗어나 평화가 유지되고 있는 것이다.[10]

20세기 중반 카리브해의 해방과 독립은 우연이 아니다. 일단 설탕과 노예무역의 수익률이 떨어지기 시작한 뒤에야 카리브해의 노예폐지는 현실화되었다. 이익이 줄어들자, 열강의 관심도 떨어진 것이다. 다만 200년이 넘게 식민지를 운영했던 유럽 열강들이 얼마를 벌었는지에 대해서는 의견이 분분하다.

---

9 브라이언, W. 블루엣, 올린, M. 블루엣.(2013),『전게서』: 1-616쪽.
10 김달관(2005), "카리브해에서 인종과 정치의 혼종성".『국제지역연구』. 9(1), 25-49쪽.

노예무역이 이동에 드는 비용이 많아 수익성이 낮았다는 주장도 있고, 내국보다 높은 이윤을 보장했다는 의견도 있다. 하지만 카리브해 식민지배가 이윤을 남겼다는 점은 확실하다. 그래서 카리브해 도서국가들은 과거 유럽열강들에 대해 원주민 학살, 노예제에 대한 사과와 보상을 유엔(UN)을 통해 끈질기게 요구하고 있다. 하지만 영국과 프랑스 등은 여기에 대한 확실한 청산과 정리를 하지 못하고 있다. 이는 우리나라의 과거 일제 강제동원 위안부 문제와 매우 비슷한 것으로 보인다.

결과적으로 카리브해 대부분의 섬나라들은 식민지배 시절부터 비롯된 경제적·사회적 모순에 지금도 시달리고 있다. 20세기 초에 대부분의 카리브해 국가들은 해방을 맞았지만, 황폐해진 땅 위에 아무것도 없이 내던져진 상황이었다. 몇 백년에 걸친 이주와 착취는 카리브해 지역에 피해와 절망을 남겼으나, 회복과 희망의 가능성은 심지 않았다.

절반 이상의 카리브해 도서국가들은 독재와 폭력, 자연재난과 빈곤이 결합된 고통을 겪고 있다. 하지만 이는 카리브해 도서국가들이 초국경 공동체를 만들고, 월경적 협력관계가 성공적으로 유지되는데 큰 작용을 했다. 적어도 아픈 역사적 경험과 열악한 상황은 공통의 가치관과 이익의 전제를 가진 카리브해 국가들이 강한 네트워크 관계를 지탱할 수 있는 동질성을 확보해준 것으로 보인다.

Ⅲ. 카리브해 초국경 네트워크의 형성과 특징

1. 카리브공동체(CARICOM)의 구축과 현황

카리브공동체(Caribbean Community, 약칭: 카리콤 CARICOM)는 카리브해를 기점으로 해역에 접해 있는 국가들의 초국경 네트워크이다. 카리브공동체는

1973년 8월에 바베이도스, 자메이카, 가이아나, 트리니다드토바고 등 4개 도서국가들 사이에서 '카리콤(CARICOM) 설립협정(Treaty of Chaguaramas)'이 체결되면서 정식으로 출범하였다. 이는 1965년에 이미 출범한 카리브 자유무역연합(CARIFTA)을 전신으로 하고 있다.

카리브공동체는 카리브해 지역의 경제통합을 목표로 출범한 지 40년이 넘은 다자간 초국경 협의체로서, 오늘날 해역의 도서국가들간 협력의 구심점 역할을 수행하고 있다. 2001년부터는 조약을 개정하여 카리콤 단일경제시장(CSME: CARICOM Single Market and Economy) 구축 및 공동사법재판소도 운영하고 있다. 카리브공동체는 15개 정회원(14개국 1개 속령), 5개 준회원(5개 속령), 8개 참관회원으로 구성되어 있다.[11]

카리브공동체의 설립은 카리콤 단일시장(CARICOM Single Market)과 공유시장(Common Market) 형성을 위한 경제적 이유가 가장 컸다. 즉 최초의 목적은 시장권역의 통합과 역내 협력의 증진, 대외정책의 상호 조율 등이었다. 이후에 해역의 조화롭고 균형 잡힌 발전을 위한 회원국간 통상관계를 강화하고 있으며, 경제활동의 지속적 확대·통합 및 이로 인한 혜택의 공정

---

11 카리브공동체의 구성원과 가입시기는 다음과 같다. 첫째, 15개 정회원국은 다음과 같다. 앤티가바부다(Antigua and Barbuda: 1974년 7월), 바하마(Bahamas: 1983년 7월), 바베이도스(Barbados: 1973년 8월), 벨리즈(Belize: 1974년 5월), 도미니카연방(Dominica: 1974년 5월), 그레나다(Grenada: 1974년 5월), 가이아나(Guyana: 1973년 8월), 아이티(Haiti: 1998년 7월 준회원국, 2002년 7월 정회원국), 자메이카(Jamaica: 1973년 8월), 몬트세랫(Montserrat: 영국령, 1974년 5월), 세인트키츠네비스(Saint Kitts and Nevis: 1974년 7월), 세인트루시아(Saint Lucia: 1974년 5월), 세인트빈센트그레나딘(Saint Vincent and the Grenadines: 1974년 5월), 수리남(Suriname: 1995년 7월), 트리니다드토바고(Trinidad and Tobago: 1973년 8월). 둘째, 5개 준회원국은 다음과 같다. 버진아일랜드(British Virgin Islands: 영국령, 1991년 7월), 터크스케이커스제도(Turks and Caicos Islands: 영국령, 1991년 7월), 앵귈라(Anguilla: 영국령, 1999년 7월), 케이맨제도(Cayman Islands: 영국령, 2002년 5월), 버뮤다(Bermuda: 영국령, 2003년 7월). 셋째, 8개 참관국(옵서버)은 다음과 같다. 콜롬비아(Colombia), 도미니카공화국(Dominican Republic), 멕시코(Mexico), 베네수엘라(Venezuela), 푸에르토리코(Puerto Rico: 미국령), 아루바(Aruba: 네덜란드령), 퀴라소(Curacao: 네덜란드령), 신트마르턴(Sint Maarten: 네덜란드령).

한 공유를 강조하고 있다. 또한 역외국가에 대한 회원국의 경제적 독립 성취, 회원국 국민을 위한 공동의 공적 서비스를 도모하고 있다.

최근에는 카리브해 국민간 이해 제고 및 사회적·문화적·기술적 발전 성취 등을 포함한 기능적 협력을 확대하고 있다. 최근의 가장 핵심적인 관심사는 해상무역과 운송, 관광, 자연재해에 대한 대비 등이며, 국제사회에 대한 공동의 협력지대를 구축하는 것이다. 카리브해에서 공동체 도서국가에 포함된 나라의 시민이라면, 적어도 카리브공동체 전역에서 자유롭게 이동과 여행을 하고 사업도 할 수 있다.[12]

〈그림 6〉 카리브공동체(CARICOM)의 회원국 분포

* 자료: 카리브공동체(Caribbean Community), http://www.caricom.org.

---

12 카리브공동체(CARICOM: Caribbean Community)의 홈페이지(2023), http://www.caricom.org.

카리브공동체는 주요 협력기구로서 정상회의, 각료회의, 의회, 사무국과 사안별 위원회 등을 구성해 놓고 있다. 정상회의(Conference of Heads of Government)는 최고 정책수립 기관으로 공동체 주요 사안이나 핵심정책을 각 도서국가의 정상들이 직접 모여 결정한다. 각료회의 혹은 각료이사회(Community Council of Ministers)는 정상회의에서 결정된 사항을 집행하기 위한 예산 등 제반 행정사항에 대한 장관급 결정기구이다.

카리브공동체의회(ACCP: Assembly of Caribbean Community Parliamentarians)는 각 회원국 자치의회에서 선출 또는 임명된 정치대표(의원)들로 구성된다. 여기서는 카리브공동체 내의 주요 현안이나 긴급한 문제에 대해 회원국간 의견을 정치적으로 조율하는 역할을 한다. 사무국(CARICOM Secretariat)은 이 모든 기구들에 대한 행정적, 실무적 지원을 한다.

주목할 것은 카리브공동체의 주요 산하기관이다. 주요 기관으로 법률 부문의 카리브사법재판소(CCJ: Caribbean Court of Justice), 행정부문의 카리브행정발전센터(CCDA: Caribbean Centre for Development Administration), 경제부문의 카리브개발은행(CDB: Caribbean Development Bank), 환경부문의 카리브기후변화센터(CCCCC: Caribbean Community Climate Change Centre), 재해재난부문의 카리브재해재난비상관리청(CDERA: Caribbean Disaster Emergency Response Agency) 등이 있다. 이들 기구는 모두 카리브공동체의 가장 중요한 현안이 되는 부문이며, 최근 회원국들간 협력활동이 가장 왕성하게 진행되는 조직들이다.[13]

카리브공동체의 기타 협력기구로서는 조세행정기구(COTA: Caribbean Organization of Tax Administrators), 기상기구(CMO: Caribbean Meteorological Organization), 교육평가위원회(CXC: Caribbean Examinations Councils), 어업기구(CRFM: Caribbean Regional Fisheries Mechanism), 통신기구(CTU: Caribbean

---

13 Newstead, C.(2009), Regional Governmentality: Neoliberalization and the Caribbean Community Single Market and Economy. Singapore *Journal of Tropical Geography*, Vol. 30, No.2, pp.158-173.

Telecommunications Union), 식량공사(CFC: Caribbean Food Corporation), 표준기구 (CROSQ: Caribbean Regional Organization for Standards and Quality), 농업개발연구 소(CARDI: Caribbean Agricultural Research and Development Institute), 환경보건연 구소(CEHI: Caribbean Environmental Health Institute) 등이 있다.

〈그림 7〉 카리브공동체(CARICOM) 내부의 조직구조와 관계

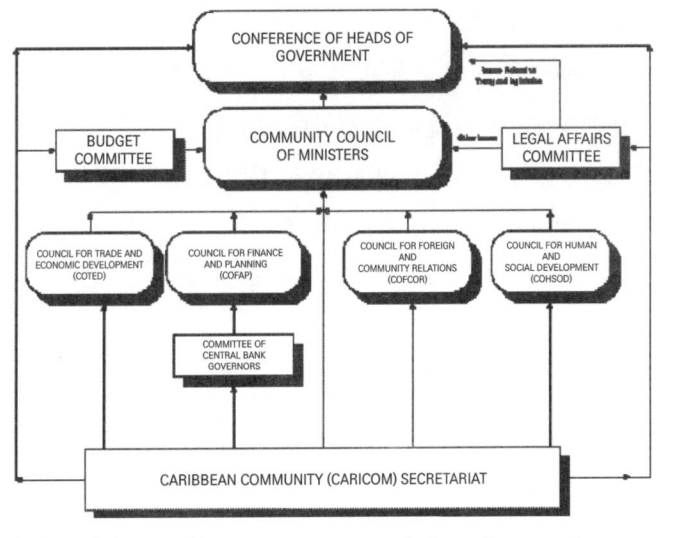

* 자료: 카리브공동체(Caribbean Community), http://www.caricom.org.

또한 카리브해 안에서의 소규모 지역기구로 카리브국가연합(ACS: Association of Caribbean States)과 동카리브국가기구(OECS: Organization of Eastern Caribbean States)가 서로 다층적, 중복적으로 운영되고 있는 것이 특 징적이다.[14]

---

14 카리브공동체(CARICOM: Caribbean Community)의 홈페이지(2023), http:// www.caricom.org.

2. 네트워크 구축의 배경과 조건

카리브공동체(CARICOM)는 최근 국제사회와 외교무대에서 남다른 결속력을 보여주고 있다. 카리브공동체는 유엔(UN)에서 투표권을 행사하는 주권국가, 이른바 '소도서국(SIDS: Small Islands Developing States)' 지위에 있는 16개국을 갖고 있다. 이외에도 미국, 영국, 프랑스, 네덜란드의 해외 속령(Dependencies)을 두루 포함한다. 물론 이들 카리브해의 도서국가를 모두 합쳐도 전체 인구나 경제적 규모 면에서는 크지 않다.

하지만 정치적으로 유엔(UN)의 총 193개 회원국 중에서 카리브해의 16개 국가는 전체 투표권의 8.3%를 차지하는 중요한 네트워크이다. 그래서 카리브공동체는 세계 강대국들의 지대한 관심을 받고 있으며, 인권과 기후 등의 국제사회 현안에 대해서도 적극 나서고 있다. 카리브공동체가 가진 네트워크의 배경과 조건은 다음과 같이 설명된다.

첫째, 물리적으로 대부분의 카리브해 국가들은 섬 지역으로 육로를 통한 외국과의 교류가 불가능하다는 한계가 있다. 그래서 이동과 교통에 불리한 자연조건은 서로 가장 가까운 도서국가들끼리 뭉칠 수 있는 계기를 만들었다. 카리브공동체에서 육로를 이용하여 월경이 가능한 국가는 거의 없다. 주변의 멕시코, 중남미 국가들과 같이 수출산업이 발달하지 못한 근본적 요인은 자연조건과 접근성 문제였다. 물리적 제약에 더해진 도로, 공항, 항만 등 운송 인프라의 부재는 미국과 유럽지역에 인접한 위치적 장점과 저렴한 인건비 등의 경쟁력을 무력화시켰다. 각 국가의 국내 교통 인프라는 더욱 열악하다. 섬들간 페리선과 국내선 항공을 운행하고는 있지만, 수상교통에 비해 요금이 비싸고 편리하지 않다는 단점이 있다.

반대로 카리브해의 도서국가들에게 있어 해양영토는 서로에게 무척 중요하다. 카리브공동체는 육지 면적보다 훨씬 넓은 해양영토를 보유하고 있다. 카리브해 경제에서 큰 비중을 차지하는 관광산업은 섬 해변과 산호초

등 바다가 제공하는 해양자원에 전적으로 의존한다. 섬 사이의 바닷길은
정기적인 물류선적과 운송업의 핵심이다. 그래서 일찍부터 해양경계의 획
정과 갈등예방은 공동의 협의체를 통해 스스로 해결할 수밖에 없었다.[15]

둘째, 열악한 교통환경으로 인한 경제·산업적 지체는 카리브해 도서국
가들의 연합에 많은 영향을 미쳤다. 도서지역이 가진 운수와 물류의 제한
은 해역 내의 무역을 제약했으며, 지금도 경제발전을 저해하는 중요한 요
인이 되고 있다. 카리브해 섬나라들은 원래 인구가 적고 경제총량이 적었
다. 산업도 단순하고 경제구조가 단일하여 발전격차가 큰 편이다.

〈그림 8〉 카리브공동체(CARICOM)의 엠블럼과 참가국 확대

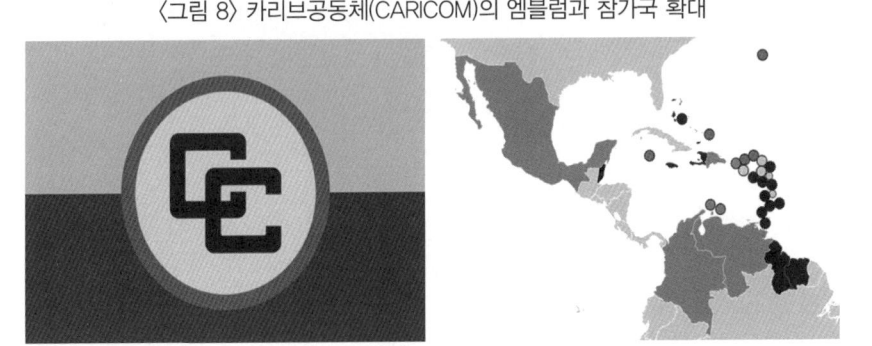

* 자료: 카리브공동체(Caribbean Community), http://www.caricom.org.

카리브해는 도미니카공화국, 자메이카, 트리니다드토바고 정도를 제외

---

15 섬 안에서의 도로는 열대우림기후와 산악지형, 부서지기 쉬운 화산암 지반 등의
   지형성 특징으로 인한 기술적, 비용적 어려움이 있어 연결망이 협소하다. 카리브
   해 연안 전체를 살펴봐도 유일하게 철도를 이용하는 국가는 쿠바 정도이다. 바하
   마, 세인트빈센트그레나딘, 세인트키츠네비스, 앤티가바부다, 트리니다드토바고와
   같은 국가들은 여러 섬들로 이루어져 있어 섬과 섬 사이의 교류가 고속선 등을 통
   해 이루어지지만 제한적이다. 이는 Menon, P. K.(1996), Regional Integration:
   A Case Study of the Caribbean Community(CARICOM). Convention of the
   International Studies Association, pp.1-67; Pomeroy, R. S., McConney,
   P. and Mahon, R.(2004), Comparative Analysis of Coastal Resource Co-
   management in the Caribbean. Ocean & Coastal Management, Vol. 47,
   No.9, pp.429-447 등을 참조.

하고는 경제규모가 매우 열악하다. 즉 연합된 지역공동체를 형성하지 않으면 규모의 경제를 실현하기가 거의 불가능하다. 널리 알려진 바와 같이 관광산업, 역외금융업 중심이거나 광물, 농수산물 수출에 의존하는 경제구조 탓에 외부 충격에도 취약하다. 주요 에너지원인 석유에 대한 수입 의존도가 높고, 전기 등의 생산비용도 높아 에너지 자립도도 낮다.

카리브해 도서지역은 에너지 비용이 세계에서 가장 높은 지역 중의 하나이며, 청정에너지 개발 및 에너지효율 제고가 절실하다. 그래서 개별 국가들은 단독으로 무역협상을 하거나, 대외경쟁에서 우세를 차지하기가 무척 어렵다. 이런 이유 때문에 도서국가들 간의 월경협력은 카리브해 지역 전반의 발전을 도모하는 거의 유일한 선택지가 되었다.[16]

셋째, 카리브해의 도서국들은 공통적으로 자연재해, 수질오염, 산림파괴 등으로 인해 상당한 어려움을 겪어 왔다. 이는 비단 한 국가의 힘으로 해결될 수 없었기에, 카리브재해재난비상관리청(CDERA) 및 카리브기후변화센터(CCCCC) 등과 같은 공동의 초국경 대응기구를 구성하도록 만들었다. 물론 소도서국들은 저마다 재해와 재난의 우선순위에서 차이가 있기는 하다. 하지만 섬의 지리적 위치와 기후로 인한 환경의 부침은 그 인식과 문제를 공유케 하고 있다.

구체적으로 카리브해 소도서국들의 가장 큰 환경적 문제는 빈번한 자연재해(허리케인, 폭우, 산사태, 홍수, 산사태, 지진, 화산), 기후변화로 인한 해수면 상승 등이 있다. 특히 기후변화에 대한 공동대응 및 이와 관련된 협력의 수요는 거의 모든 카리브해 국가들에서 발견되었으며, 면적이 적은 소도서국에게는 절실한 과제가 되어 왔다.[17]

---

16 보다 구체적인 참조사항이 있는 곳은 유엔(UN) 환경계획의 카리브환경프로그램 (UNEP The Caribbean Environment Program)(2023), http://www.cep.unep.org.
17 이 밖에 카리브해의 환경문제로는 생물다양성 관리, 산호초 백화현상, 자연담수자원 부족, 토양 소실 등이 있다. 인위적인 문제로는 부적절한 개발 관행으로 인한 환경자본 감소, 무계획적 개발 및 무단점거, 개발관행 관리와 폐기물 처리 미숙, 내수

넷째, 카리브해 지역은 정치적 질서와 행정적 체제가 서로 유사하여, 상호의 이해도가 높은 편이다. 이는 공동체 네트워크 형성의 제도적 기폭제가 되었다. 카리브공동체의 회원국가들은 대부분 식민지 독립 이후에 열강의 내정간섭과 쿠데타, 정치적 폭력을 겪기도 했다. 그럼에도 제도적으로는 민주주의와 정부의 역할이 어느 정도 확립된 지역으로 평가된다. 일단 영국 식민지배의 영향으로 많은 카리브해 국가들이 영국의 정치체제를 모방해 의회민주주의를 채택하였다. 대통령제인 가이아나, 아이티, 수리남을 제외하면 모두 의원내각제를 채택하고 있다.

권위주의 국가로 분류된 앞의 소수 정도를 제외하고는 국제사회에서 자유국가(Free Nations)로 좋은 평가를 받고 있다. 특히 이들은 선거과정 및 다원성과 시민의 자유, 개방성 등의 부문에서는 높은 점수를 받고 있다. 정치에 더해 행정적으로도 초국경 공동체 구축은 서로 비슷한 정부기관 운영의 효율성을 높일 수 있다는 점에서 긍정적이었다.[18]

다섯째, 영어가 공용어인 13개국 중심의 카리브공동체는 문명적 동질성으로 인해 그 결속을 강화할 수 있었다. 식민지 시대 동안 유럽열강들은 흑인노예를 카리브해로 강제 이송시켜 연안과 섬의 플랜테이션 농장에 몰아넣고 공동작업을 하도록 했다. 이런 역사적 상황에서 식민 종주국의 언어였던 영어, 프랑스어, 포르투갈어, 네덜란드어의 자취가 남았다.

하지만 20세기 이후 미국의 영향력을 받으면서, 영어가 공용어로 확산

의 수로와 연안역 오염, 농약 및 비처리오수로 인한 토질저하, 실질적 개발계획 부재 등이 산적해 있다. 이에 관해 Scobie, M.(2016), Policy Coherence in Climate Governance in Caribbean Small Island Developing States. *Environmental Science & Policy*, Vol.58, No.1, pp.16-28 참조.

18 카리브해 도서국가는 인구격차가 매우 크다. 인구 10만명 이하 나라부터 1,000만명 이상까지 다양하다. 그런데 국가는 크기에 상관 없이 입법부, 사법부, 행정부를 갖추어야 한다. 특히 행정부의 경우에는 최소한의 지역별, 업무분야별 조직이 필요하다. 그래서 카리브해 대부분의 도서국가는 공공부문의 비효율이 심각한 수준이다. 이를 초국경적 연합을 통해 공동의 행정기관과 사법부, 공공은행을 만들어 해결하고 있는 것이다. 카리브사법재판소(CCJ), 카리브행정발전센터(CCDA), 카리브개발은행(CDB) 등이 대표적인 예이다.

되었다. 카리브해 현지민의 약 70% 이상은 영어를 구사하며, 이는 대외 경쟁력으로 작동하고 있다. 다만 영어권과 스페인어권의 차이를 극복하려는 노력은 계속 이어지고 있다. 그렇지만 언어는 확실히 카리브해 섬들간 제도적 동질성을 높이고 협력의 반경을 넓히는 데 보이지 않는 영향을 주었다.

이상의 논의를 전반적으로 정리해 보자. 우선 카리브공동체의 도서 국가 구성원들은 국제사회의 현실에서 '군소도서개발국(SIDS: Small Island Developing States)'으로 정의된다. 쉽게 말해 유엔(UN)과 선진국들이 말하는 '지속 가능한 개발(Sustainable Development)'과 관련된 제반 문제를 안고 있는 작은 섬나라들이다.

이들은 영토가 작지만 계속 증가하는 인구, 자연자원의 제약, 대륙에서 멀리 있는 위치적 제약, 빈번한 자연재해, 높은 대외 의존도, 외부의 경제 충격에 대한 취약성, 국제 무역의 보호주의 추세 등과 같은 공통의 문제를 안고 있다.

또한 해역간의 통신, 에너지, 수송 등 기반시설의 취약성, 산업과 에너지 비용이 많이 든다는 점, 불공정한 국제무역의 악조건도 감수해 왔다. 이는 지난 수십 년 동안 카리브해에서 성장의 기회를 박탈시켰다. 하지만 역설적이게도 개별 도서국가들에게는 이것들이 발전의 제약요소였지만, 초국경 협력과 공동체 구성에는 긍정적인 환경을 조성한 것으로 풀이된다.[19]

3. 협력의 특징과 최근의 경과

카리브공동체의 네트워크에서 그 협력이 갖는 특징은 크게 두 가지로 요약된다. 그 하나는 '내부적 협력의 다층성과 자율성 허용'이다. 다른 하

---

19 유엔(UN)지속가능개발지식플랫폼(UN Sustainable Development Knowledge platform)(2018), https://sustainabledevelopment.un.org.

나는 '외부의 강대국과 국제사회에 대한 강력한 공조'이다. 이러한 협력의 특징과 최근의 경과에 대한 구체적인 논의는 다음과 같다.

우선 카리브공동체의 네트워크는 내부적으로 다층적 지역관계(Multi Layered Interregional Relations)를 형성하고 있다. 공동체의 멤버십(Membership) 운영에 있어서 자격이 정회원(Full Members), 준회원(Associate Members), 참관국(Observers)으로 구분되어 있는 것이 그 증거이다. 이러한 다층적 구조 안에서 해역을 중심으로 도서국가들의 결속을 강화시킨 후, 하나의 단일한 공동공간을 형성하고 있다.

또한 소국(小國)의 특성을 감안하여 정부 주도의 하향식(Top-Down) 방식을 취하고 있는 것도 특징이다. 규모가 작은 섬들의 산업과 민간부문은 네트워크에 다소 느슨하게 참여하는 분위기로 보인다. 이는 도서와 넓은 해역의 특성상 유럽연합(EU)처럼 일상적 교류와 강한 결속은 할 수 없는 환경이 반영된 것으로 풀이된다.

카리브공동체 구성원의 지역적 배열도 이른바 '닫힌 협력(Closed Cooperation)'에서 '열린 협력(Open Cooperation)'으로 변화해 왔다. 즉 공동체 안에 중복적인 네트워크와 소규모 지역적 연합을 허용하고 있다. 카리브국가연합(ACS: Association of Caribbean States)과 동카리브국가기구(OECS: Organization of Eastern Caribbean States)가 그러한 예이다.

카리브국가연합(ACS)은 카리브공동체를 모태로 1995년에 설립된 네트워크이다. 25개 정회원국 외에 11개 준회원, 29개의 참관국을 가입시켜 외형상으로는 카리브공동체보다 더 큰 연합이다. 이들은 '대카리브협력지대(Greater Caribbean Zone of Cooperation)'를 만들어 해역공간의 정체성을 보다 정확하게 획정했다. 무역과 운송, 자연재해 등에서 협력하며, 카리브해 국가들의 지속 가능한 발전을 지원한다. 하지만 기존 카리브공동체와 기능이 많이 겹친다는 지적에서 자유롭지 못한 상황이다.[20]

---

20 카리브국가연합(ACS: Association of Caribbean States)(2023), http://www.

동카리브해국가기구(OECS)는 섬과 바다환경에 대한 특수한 지속가능성을 확보하기 위한 모임으로 1981년에 발족되었다. 카리브해 동쪽에 있는 6개 국가와 2개 속령이 회원인데, 과거 영국 연방 군소도서 개발도상국이라는 역사적·지리적·경제적 동질성에 기초한다. 이들은 동카리브 바다의 환경관리계획(EMS: Environmental Management Strategy)을 개발, 각 국가전략 및 지역정책으로 연계시키기 위해 노력하고 있다.

특히 단일통화인 동카리브달러(Eastern Caribbean Dollar: XCD)를 사용하여, 강력한 단일경제권(Economic Union)을 형성하고 있다. 동카리브 회원국 별도의 지역공동경제권(Subregional community)은 인적개발 및 경제성장을 도모하면서 환경 분야에 대한 지속가능한 개발을 추구하고 있는 것이다.[21]

한편, 카리브공동체의 구축과 협력은 유엔(UN) 등의 국제사회에서 회원들의 영향력을 크게 높이기 위한 목적도 있었다. 자신들의 문제를 갖고서 국제정치에 참여하려는 소도서국들의 열성이 높았기 때문이다. 가장 눈에 띄는 것은 과거 '식민지 및 노예제 역사에 대한 청산과 배상요구'의 문제이다. 식민시대의 유산, 이른바 "학살 및 노예제도 운영 등의 배상에 관한 후속조치 합의"는 지난 20년 동안 카리브공동체의 꾸준한 공식 안건이다.

카리브공동체는 국제사회에서 과거 유럽 열강들이 그들의 역사적 잘못을 바로 잡기 위해 반드시 사과와 배상에 나서야함을 요구하고 있다. 특히 18세기부터 19세기 초까지 가장 심했던 "카리브 노예제도 피해자를 위한 정의 실현 및 배상"을 추진하기 위해 공동체는 하나의 목소리를 내고 있다. 소위 '카리콤지역배상위원회(Caricom Regional Commission on Reparations)'를 강력한 초국가적 상설기구로 운영하고 있는 것이다. 이 위원회를 기점으로 카리브 공동체 각 회원국에서는 별도로 하위의 '국가배상위원회

---

acs-aec.org.

21 동카리브국가기구(OECS: Organization of Eastern Caribbean States)(2023), http://www.oecs.org.

(National Committee)'를 갖고 있다.[22]

최근 카리브공동체 정치인들은 역사학자와 경제학자들의 도움을 받아 과거 영국, 프랑스, 네덜란드가 저지른 노예매매와 집단학살 등에 대한 배상 액수를 결정한바 있다. 이미 영국은 1834년 노예제도를 폐지할 때 카리브해 노예주인들에게 당시 2,100만 파운드(현재가치로 약 350조원)를 배상금으로 지불했었다.

이를 근거로 카리브공동체 국가들은 2013년부터 국제적 배상소송에 함께 나섰다. 만약 몇 년 동안 소송이 성공적이지 못할 경우, 장기적으로 유엔(UN) 최고 사법기관인 국제사법재판소(ICJ)에서 이 문제를 끝까지 해결할 작정이다. 역사적 범죄에 대한 배상금은 카리브공동체 사회와 국민들 모두의 이익을 위한 발전에 쓰여질 계획도 세워 놓았다.[23]

최근 자신의 몸값을 높이기 위해 카리브해공동체는 외교적 다각화도 모색하고 있다. 카리브해는 근대 이후 미국과 영국의 독점적 영향이 강했던 지역이다. 과도한 이들의 영향력과 그 문제점으로 인하여 도서국가들은 최근 회의감이 높아졌다. 이에 새로운 대안으로 중국과 일본 등의 아시아

---

22 2014년부터 이 위원회는 '카리브 노예제 배상 프로그램'을 채택, 운영하고 있다. 이미 카리브공동체에서는 인종청소, 노예제도, 노예무역, 인종차별 희생자에 대한 배상적 정의(reparatory justice) 실현을 위한 10개 실천방안(10-point plan)을 통과시켰다. 과거 유럽식민국가에게 요구하는 구체적 내용으로는 공식사과(full formal apology), 배상 및 희망자 재정착지원(reparation and resettlement), 원주민 개발프로그램(indigenous peoples development program), 문화재단 설립(cultural institutions), 공공보건문제 해결(public health crisis), 아프리카계 후손을 위한 교육프로그램 제공(African knowledge program), 노예제도 트라우마 극복을 위한 심리치료(psychological rehabilitation), 기술전수(technical transfer), 카리브해 국가들의 부채탕감(debt cancellation) 등이 있다. 자세한 내용은 Heath-Brown, N.(2015), *Caribbean Community(CARICOM). The Statesman's Yearbook 2016: The Politics, Cultures and Economies of the World*, Palgrave Macmillan, pp.63-94를 참조.

23 Caserta, S. and Madsen, M. R.(2016), Caribbean Community-Revised Treaty of Chaguaramas-Freedom of Movement under Community Law-Indirect and Direct Effect of International Law-LGBT Rights. *The American Journal of International Law*, Vol. 110, No.3, pp.533-540.

권을 외교적 동반자로 매우 의미 있게 받아들이고 있다.

물론 우리나라도 여기에 포함된다. 다수의 카리브해 국가들은 미국, 영국과의 오래된 종속관계를 축소시키는 수단으로 그에 버금가는 중국, 일본과의 관계를 강화하고 있는 것이다. 특히 국제사회에서 미국의 대항마로 급부상한 중국과 카리브공동체 사이의 무역과 투자규모는 급격하게 증가하고 있다. 1990년대 이후 중국과 카리브해 지역의 협력은 대부분 원조, 차관, 투자를 기초로 하고 있다. 또한 경제력을 바탕으로 한 중국의 외교경쟁은 경제외교에서 문화외교로 나아가고 있다. 이 지역의 중국계 거주자와 화교들은 친선관계를 발전시키는데 큰 도움이 되고 있다.

일례로 중국은 최근 소프트파워의 확산 차원에서 카리브해에서 가장 권위 있는 '서인도제도대학(UWI: University of West Indies)'에 공자학원(孔子學院, Confucius Institute)을 설립하여 중국 및 동아시아 문화를 급속히 확산시키고 있다. 서인도제도대학은 카리브공동체가 함께 운영하는 초국경 종합대학(Cross-Border University)이다. 트리니다드토바고에 본교가 있으며, 자메이카와 바베이도스에도 캠퍼스가 있다.

이 대학은 카리브해 국가들의 공동발전을 위한 초국적 인재양성을 목표로 1962년에 설립되었다. 그리고 명실상부하게 카리브해 지역에서 가장 규모가 크고 유서 깊은 고등교육기관이다. 서인도제도대학은 카리브 공동체 통합의 상징적 존재이다. 주로 영어권 18개 카리브해 국가를 중심으로 운영되며, 대학 및 대학원 과정의 고등교육을 공동으로 제공한다. 대략 5만 여명의 학생이 재학하고 있으며, 1만 여명의 졸업생을 매년 배출하고 있다.[24]

---

24 역대 졸업생 중에는 카리브해 여러 나라의 정치·경제부문에서 두각을 나타낸 리더가 많고, 국제적으로 저명한 학자들도 다수이다. 또한 지역의 현안에 부합하는 연구와 정책개발 및 혁신을 지원함으로써 카리브해 전체의 발전에 기여하고 있다. 2017년부터는 우리나라 외교부의 노력으로 이 대학 안에 한국어 강좌도 개설되었다. 우리나라 몇몇 대학과 학생교류도 진행되었으며, '한류(韓流)' 문화도 최근 확산되고 있다. 자세한 정보는 서인도제도대학(University of West Indies)(2023), http://

IV. 카리브해 국제협력의 발전방향과 과제

1. 다층적 협력관계의 결속력 강화

카리브공동체에서는 규모의 경제를 실현하고 국제사회에서의 영향력을 높이기 위한 초국경적 통합이 오래 전부터 추진되었다. 그러나 회원국 사이의 지리환경, 경제수준, 이해관계 차이 등으로 인해 질적인 결속력을 높이는 과정은 지체되었다. 적어도 일체화로 가는 속도에서는 전 세계의 다른 초국경 블록에 비해 상대적으로 진척이 매우 느리다. 즉 유럽연합(EU)이나 동남아시아연합(ASEAN)과 같은 높은 수준의 실질적인 공동체 구축에는 시간이 많이 걸리고 있는 것이다.[25]

그러한 이유를 근본적으로 들여다보면 다음과 같이 설명된다. 먼저 앞서 논의한 바와 같이 카리브공동체(CARICOM) 안에는 정책 조율, 협력 강화 등 기본 목적이 같은 기구가 다층적 구조로 허용되어 있다. 즉 소도서 회원국들의 구성을 다르게 하여 다소 중복적으로 설립되어 있는 양상을 보인다. 예컨대, 카리브국가연합(ACS)과 동카리브국가기구(OECS)가 대표적인 예이다. 카리브국가연합(ACS)은 멕시코, 중미 국가들 및 카리콤(CARICOM)에 포함되지 않은 도미니카공화국, 쿠바를 포함하는 기구로 정치적 협력에 초점을 맞추고 있다.

그러나 이들 소기구들 안에서는 카리브해 소도서국들과 중남미 주요국들 사이의 의견 차이로 협력의 실질적 성과가 저조한 상황이다. 회원국이 카리브해 동쪽 국가들로 축소된 동카리브국가기구(OECS)도 결속력은 강하나, 경제수준 차이로 시너지 효과가 잘 나지 않고 있다.

---

www.uwi.edu 참조.

25 Hall, K. O.(2003), *Re-inventing CARICOM: The Road to a New Integration*, A Documentary Record. Ian Randle Publishers, pp.11-301.

유럽연합(EU)처럼 단일시장으로서의 협력도 고착상태에 있으며, 카리브
사법재판소(CCJ)를 최고법원으로 인정하는 회원국도 적다. 이에 기능적 중
복에 대한 회의론이 대두되어, 최근 카리브공동체와 동카리브국가기구 사
이의 통합을 위한 노력이 진행되고 있다. 효율성 때문에 다층적 구조를 일
원화하려는 시도가 최근 힘을 얻고 있는 것이다.[26]

최근 카리브공동체는 동질적 특성을 가진 여러 국가의 연합이라는 주
장도 있지만, 오히려 다양한 역사·문화적 경험을 가진 국가들의 조화로운
연합이라는 반론도 있다. 즉 '동질성(Homogeneity)'을 유일한 전제로 하지말
고, 오히려 섬들 사이의 '이질성 극복(Overcome Differences)'을 전제로 공동
체를 운영해야 한다는 새로운 시각이 확산되고 있다.

〈그림 9〉 카리브공동체 회원국가들의 다층적 네트워크

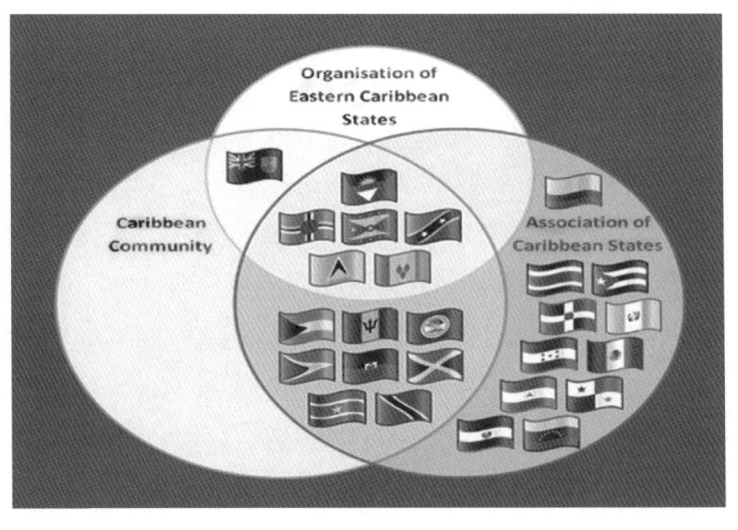

* 자료: 카리브공동체(Caribbean Community), http://www.caricom.org.

---

26 Grenade, W. C.(2005), An Overview of Regional Governance Arrangements
within the Caribbean Community(CARICOM). in *The European Union
and Regional Integration: A Comparative Perspective and Lessons for the
Americas*, University of Miami, Miami-Florida European Union Center of
Excellence, pp.167-184.

실질적으로는 분열된 협력관계를 효과적으로 통합하고, 소규모 도서국가의 의견을 균형적으로 반영할 수 있는 방향으로 다층제를 줄여 나갈 필요성이 커졌다. 그 이유로 기존 규모의 경제 실현과 리스크 완화 등의 경제적 이슈 이외에도 재해대응, 운송협력, 환경보전 등 다양한 분야에서의 협력수요가 급증했기 때문이다. 따라서 다층적 협력관계의 결속력을 질적으로 강화하고, 민주성과 다양성보다는 협력의 효율성과 성과에 더 집중하는 것이 향후 카리브공동체에 남겨진 과제일 것이다.

2. 소득과 발전의 지역격차 완화

카리브공동체는 도서국가들 사이에서도 국민의 소득수준이나 경제발전의 격차가 적지 않다. 도시와 농·어촌의 격차도 큰 편이고 인종과 민족의 다양성으로 사회가 이질적으로 구성되었는데 국제사회와 전문가들 사이의 이견은 없다. 각종 소득과 사회 불균형으로 야기되는 교육과 인재개발의 격차도 상당한 수준이다. 이러한 모든 부문의 발전격차를 극복하는 것은 카리브공동체가 시급히 풀어야 할 숙제인 것이다.[27]

우선 카리브공동체의 평균 국민소득은 약 5,600달러 수준으로 남미의 절반 수준이다. 경제수준이 중간 정도로 중소득국은 되는 셈이며, 열악한 수준은 아니다. 카리브해의 식수, 전력, 교육, 보건 등 각종 사회적 개발지표도 개발도상국가 정도는 된다. 그런데 문제는 일부 국가들의 격차가 심각하다는 점이다. 예컨대, 공동체에서 가장 못사는 나라는 아이티로 국민소득이 1,000달러 미만이다. 가이아나도 카리브해 평균에 못 미치는 빈곤국에 속한다.

---

27 Economic Commission for Latin America and the Caribbean. (2017),
Economic Survey of Latin America and the Caribbean 2016: The 2030
Agenda for Sustainable Development and the Challenges of Financing for
Development, UN ECLAC, pp. 1–231.

도미니카공화국은 빈부격차가 크고 빈곤율이 높기로 유명하다. 게다가 이들 중산국과 빈곤국 사이의 경제력 격차가 지난 20년 사이에 더욱 커졌으며, 빈곤국의 실질소득은 오히려 줄어들었다. 경제적 격차가 벌어져 있는 상황에서 도미니카공화국과 아이티는 서로 국경을 맞대고 있는 탓에 아이티 쪽에서의 불법 밀입국이 많아 갈등이 계속되고 있다.

그럼에도 불구하고 빈곤과 소득불균형을 개선하기 위한 국제사회의 지원은 주로 역내 최빈국인 아이티 정도에만 집중되어 왔다. 실제로 그 외의 국가들은 구체적인 현황이나 통계조차 제대로 제공되지 않는 상황이다. 그래서 카리브공동체 전체에서 빈곤과 소득불균형에 대한 거시적이고 장기적인 대책은 아직 요원하다.[28]

산업과 소득, 경제적 격차 외에 인종과 민족 갈등도 카리브해의 통합을 완성시키기 어렵게 하는 요인이 되고 있다. 그것은 주로 역사적 배경에 기인한다. 과거 식민지 종주국들은 카리브해에서 초기 플랜테이션을 운영하기 위해 아프리카 흑인노예를 이주시켰다. 하지만 19세기 노예제도가 폐지된 이후에는 인도와 중국 등으로부터 노동자를 공급했다. 이러한 역사적 배경으로 인해 카리브 지역에는 아프리카계 흑인과 인도계, 동아시아인 등이 공존하는 다인종 사회(Multiethnic Society)가 만들어졌다.

가이아나, 수리남, 트리니다드토바고가 대표적인 곳이다. 의원내각제가 카리브해 정치체제의 대부분을 차지하기 때문에 민족집단의 이익을 대변하는 정당들은 서로의 이익을 위해 경쟁과 갈등을 반복하고 있다. 민주정치의 틀 안에서 다양한 민족과 인종의 의견이 협상과 조율을 거치면 상관이 없다. 하지만 그렇지 않다면 정치불안과 혼란으로 치달을 상시적 가능성도 배제할 수 없다.[29]

---

28 Braithwaite, S.(2017), What Do Demand and Supply Shocks Say About Caribbean Monetary Integration?, *The World Economy*, Vol.40, No.5, pp.949-962.

29 Harding, A. and Hoffman, J.(2003), *Trade between Caribbean*

전반적으로 카리브해 소도서국들은 산업인프라가 부족해서 경제성장의 변동성도 심하다. 이는 앞에서 충분히 논의했지만, 특히 고질적인 사회적 불평등과 빈부격차를 더욱 심화시킬 개연성이 높다. 또한 도시와 농촌간의 격차, 섬과 섬간의 격차 및 인종간 격차 등 다양한 불균형 요인이 상존하는 지역이 카리브해이다. 공통적으로 높은 정부부채와 재정취약성으로 인해 사회개발 부문에 대한 투자가 소극적이라는 점은 포용적 성장을 어렵게 하는 요인이다. 이에 초국적 협력을 통해 사회경제적 인프라 및 기회에 대한 접근성을 보다 적극적으로 확대하고 보장할 필요가 있다.

최근 국제사회에서 카리브공동체에 권고한 정책은 생산적 개발정책, 교육과 직업훈련 분야의 투자를 확대하는 것이다. 일단 도서국가에서의 3차 관광산업과 1차 농업의 산업간 소득격차, 도시와 농·어촌의 지역격차를 줄이는 것이 중요하다.

우선적으로는 공공정책이 관광과 도시지역에 치우치지 않고 농·어촌지역에 할당되는 것이 필요하다. 카리브해 도서국가들에 외인투자와 무역만으로는 이 같은 섬과 지역간 빈부격차를 해소하기 어렵기 때문이다. 즉 소모적인 투자와 외자유치만 하지말고, 보편화된 기술과 지식을 각 도서지역의 조건에 맞게 효율적으로 활용해야 한다고 전문가들은 권고하고 있다.[30]

3. 국제사회에서의 전략적 관계 형성

카리브해에 대한 강대국들의 관심과 간섭은 어제오늘의 일이 아니다. 우선 미국은 이웃한 카리브해 지역에 자유와 민주주의를 확립한다는 명분

Community(CARICOM) and Central American Common Market(CACM) Countries: The Role to Play for Ports and Shipping Services(Vol. 52), United Nations Publications, pp.56-98.

30 Grenade, W. C.(2011), Regionalism and Sub-regionalism in the Caribbean: Challenges and Prospects: Any Insights from Europe?, Robert Schuman Paper Series, Vo.11. No.4, pp.1-20.

으로 각 도서국가들의 내정에 깊이 관여해 왔다. 대다수의 카리브해 섬나라들은 강대국이자 최대 원조국인 미국의 방침에 어느 정도 동조해 왔다. 카리브공동체에 있어서도 미국은 가장 중요한 외교적 파트너이자, 최대 무역국 및 원조국이다. 물론 이런 배경에는 미국이 19세기 초부터 유럽의 중앙아메리카에 대한 간섭을 적극 견제해 온 이유가 크다.

카리브해에서 영향력을 확대하고자 한 미국은 정치·군사적으로 많은 일을 했다. 경제적으로는 인접지역의 장점을 살려 자유무역지대(FTA)를 만들었고, 막대한 공적개발원조(ODA)를 제공하고 있다. 따라서 향후에도 카리브공동체의 최우선 파트너가 미국이라는 점에는 큰 이견이 없다.[31]

영국도 카리브해의 12개 속령 영토(British Overseas Territories)를 기반으로 전통적인 강세를 띄는 국가이다. 식민지였던 역사를 이유로 카리브공동체와 유대관계를 유지하고 있는 것이다. 이는 프랑스와는 대조되는 부분이다. 20세기에도 영국은 문화적·언어적 유대를 바탕으로 카리브해에 일찍 진출했다. 특히 민간부문의 협력이 두드러지는데, 주로 관광업과 호텔업, 건축업, 금융업 등이 활발하다. 최근에는 매 2년 주기로 개최되는 영국-카리브 장관급 포럼을 통해 카리브 국가들 및 영국의 해외 영토와 긴밀한 협력을 추구하고 있다. 2016년 영국은 3억 6천만 파운드(약 5,200억원) 규모의 카리브 인프라 투자를 약속하는 등 정례적인 채널을 통해 협력을 진행

---

31 1898년 미국-스페인 전쟁(Spanish-American War), 즉 미서전쟁(美西戰爭)에서 승리한 미국은 카리브해 패권국가로서의 공고한 입지를 확보했다. 이후 미국은 약 100년 동안 쿠바에 대한 독립전쟁 지원과 군정, 아이티 점령과 내정간섭, 도미니카 공화국의 군정 등을 실시했다. 2016년 이후 미국은 카리브해 국가들의 베네수엘라 석유에 대한 의존도를 낮추기 위해 에너지 협력을 적극 추진하고 있다. 베네수엘라 경제가 2010년 이후 인플레이션으로 어려워짐에 따라 원유 공급조건이 높아져 장기적으로 카리브해 국가들에 상당한 경제적 부담이 되고 있기 때문이다. 이른바 '페트로카리베(Petrocaribe: 카리브해 도서국가들이 베네수엘라와 2005년부터 맺어온 석유공급동맹)'에도 불구하고, 카리브해의 석유에너지는 그만큼 부침이 심하다. 이에 지리적으로 인접한 미국은 적어도 2030년까지 북미의 셰일가스(Shale Gas) 개발과 에너지 공급을 무기로 카리브해에서의 영향력을 다시 확대해 나갈 것으로 예상된다.

하고 있다. 그러나 영국은 식민지 시절의 노예제 및 원주민 학살의 배상문제가 여전히 얽혀 있어 명암이 교차하고 있는 상태이다.[32]

카리브해 국제협력의 강화에 있어, 최근 중국의 행보가 심상치 않다. 중국은 카리브해와 1970년대에 수교를 하고 비교적 늦게 출발했다. 그렇지만 2000년대 이후 가장 왕성한 관심과 활동을 보이고 있다. 정치, 경제, 문화, 안보의 4가지 부문에서 원조와 협력을 표방하는 중국은 2011년에 30억 위안(약 5,400억원)의 원조성 차관을 카리브공동체에 안겨 줬다.

중국은 카리브개발은행(CDB)의 외부회원으로 약 6% 정도의 지분도 갖고 있으며, 막대한 인프라개발원조(ODA)도 제공하고 있다. 그래서 경제적이고 실리적인 투자라기보다는 카리브해에서 기존 패권국가를 견제하고 정치·외교적 위상 제고에 주안점을 두는 것 같다. 이러한 중국의 영향력 확대는 장기적으로 미국과 유럽의 입장에서는 새로운 도전이 될 수 있다.

중국의 카리브해 협력은 원래 대만과의 외교경쟁 때문에 시작되었다. 하지만 대만과 외교가 개선되고 국력 차이가 벌어지자, 이제 미국과 본격적인 경쟁을 하는 것으로 풀이된다. 그래서 기존 미국과 영국 등은 근래에 소홀했던 카리브해에 보다 적극적으로 다가가기 위해 다양한 시도를 고민하고 있다. 중국의 가세로 과거와 같이 카리브해 영향력 경쟁에서 일방적인 승리를 거두는 일은 점점 더 어려워질 수밖에 없기 때문이다.[33]

미국과 중국이라는 두 강대국은 카리브공동체와 적극적인 군사협력관계를 맺고 있으며, 이 지역에서 서로의 영향력 확대를 경계하는 모습을 보여준다. 최근에는 러시아도 군사협력을 통해 카리브해 헤게모니 경쟁에 관심을 보이고 있다. 다만 중국은 내정불간섭 원칙을 통해 내정간섭을 자주

---

32 Greenidge, K., Drakes, L. and Craigwell, R.(2010), The External Public Debt in the Caribbean Community. *Journal of Policy Modeling*, Vol.32, No.3, pp.418-431.

33 보다 자세한 내용은 카리브개발은행(CDB: Caribbean Development Bank) (2023), http://www.caribank.org.

했던 미국과 차별화된 모습을 보여주려 노력하고 있다. 미국과의 경쟁과 대립이 아님을 설명하면서, 카리브해 모든 지역을 조건 없이 포용하려는 중국의 작전은 일단 공동체 안에서 상당한 호응을 얻고 있다. 상대적으로 소극적이지만 일본도 카리브공동체를 초청하고, 총리와 장관이 직접 방문하는 등의 꾸준한 교류를 유지하고 있다. 이는 카리브공동체에 대한 국제사회의 변화를 상징적으로 보여주는 것이라 할 수 있다.[34]

유엔(UN), 세계무역기구(WTO) 등의 주요 국제기구에서 16표를 보유한 카리브공동체는 결코 무시할 수 있는 대상이 아니다. 그래서 국제사회는 기존 미국과 영국 등 패권국가들이 독점하던 카리브공동체의 빈틈을 공략하면서, 그 현안과 수요를 수시로 체크하고 있다. 카리브해 공동체 통합과 네트워크 형성은 기존 강대국들이 소도서국들을 하나씩 겨냥해서 손쉽게 공략하려는 시도를 더욱 어렵게 만들고 있다는 점에서 긍정적이다. 다만 지정학적 중요성과 국제무대에서의 역할이 증대되면서 최근의 관계도 다양한 형태로 전개되는 것은 자연스러운 일이다.

카리브공동체 역시 이들의 관계 속에서 향후 더욱 정비되고 준비된 관계의 설정이 필요하다. 예컨대, 일단 강대국들 사이에서 등거리 외교 (Equidistance Diplomacy)를 견지하는 것을 목표로 해야 한다. 전략적 동반자 (Strategic Cooperative Partnership), 포괄적 동반자(comprehensive partnership) 관계 등으로 강대국의 관심을 네트워크와 지역발전의 기제로 활용해야 한다. 물론 국익을 위해 우리나라도 앞으로 이에 대한 보다 적극적인 관심과 참여를 해야 할 것이다.

---

34 Braveboy-Wagner, J.(2007), *Small States in Global Affairs: The Foreign Policies of the Caribbean Community(CARICOM)*, Springer, pp.25-234.

V. 맺음말

이 장에서는 신흥 도서국들이 만든 해역공동체로서 카리브공동체 (CARICOM)의 특성과 우리가 받을 수 있는 외교적 시사점을 정리하여 맺음 말에 갈음하고자 한다.

첫째, 이 장에서 소개한 카리브해의 네트워크 사례에서 알 수 있는 사실은 비교적 분명해 보인다. 그것은 물리적으로 왕래가 편리하거나 경제적으로 선진화되어 있지 않은 해역에서도 국경을 초월한 협력과 지역통합이 충분히 가능하다는 것이다. 일단 도서국가라는 조건으로 육로가 전혀 없이 원거리로 연안이 서로 떨어져 있는 카리브해는 자연적, 지리적 조건이 그리 양호하지 않다. 카리브해를 둘러싼 모든 도서국가는 자연조건, 국토와 인구의 크기, 인종 구성, 경제발전 정도 등에서도 차이가 많다. 과거에 식민지 역사와 노예제의 상처도 공유하고 있다. 하지만 이 장에서 다룬 '카리브해 연안(Caribbean Sea Region)'에는 이미 반세기 이전부터 해역과 역사적 정체성을 기반으로 국경을 넘은 네트워크가 형성되어 있다. 그리고 카리브 공동체는 최근 국제사회에서의 위상 제고와 강대국의 관심 등으로 많은 변화를 겪고 있었다. 이는 개별 '도서국가'가 아니라, '해역네트워크'였기 때문에 가능했다. 즉 바다를 건넌 공간적 통합은 궁극적으로 사회·문화적 통합을 이루게 한다는 해역네트워크의 명제를 다시 한번 증명해 주고 있다.[35]

둘째, 국경을 넘은 네트워크의 배경에서 카리브공동체는 지역이 가진 장점의 극대화보다는 단점을 극복하기 위해 통합했다는 것이 특징이었다. 즉 바다를 낀 섬 지역이라는 물리적 한계, 이동과 교통에 불리한 조건, 그

---

35 우양호(2012a), 월경한 해항도시간 권역에서의 국제교류와 성공조건: 부산과 후쿠오카의 초국경 경제권 사례. 『지방정부연구』. 16(3): 31-50쪽. 우양호(2015), 흑해(黑海) 연안의 초국적 경제협력모델과 정부간 네트워크: 동북아시아 해역(海域)에 주는 교훈과 함의. 『지방정부연구』. 19(1): 19-43쪽.

로 인한 경제·산업적 지체, 빈번한 자연재해는 약소국들을 서로 뭉치게 만들었다. 초국경 공동체를 형성하지 않으면 강대국들과 마주하는 국제사회에서 규모의 정치, 규모의 경제가 불가능했다. 초국경 카리브 해역공동체의 구축은 스스로의 생존과 발전을 도모하는 거의 유일한 선택지였던 것이다. 물론 과거 식민지 경험과 언어권의 유사성, 정치적 질서와 행정적 체제의 동질성도 공동체 통합에 긍정적으로 작용하고 있었다.

셋째, 카리브공동체가 더욱 성공적인 네트워크로 발전하기 위해 남겨진 과제들도 발견할 수 있었다. 그것은 다층적 협력관계로 실질적인 공동체가 되기에는 시간이 많이 걸리고 있다는 점, 소득과 경제적 격차 및 인종과 민족갈등의 상존, 섬들간의 지역격차 등이었다. 기존 미국이나 유럽 일부 국가들과의 협소한 원조 및 협력관계도 확대시킬 필요가 있다. 따라서 앞으로는 공동체의 결속력을 강화하고, 민주성과 다양성보다는 협력의 효율성과 성과에 집중해야 함을 시사했다. 국제사회와 강대국들의 관심에 대한 카리브공동체 특유의 준비된 관계 설정도 풀어야 할 숙제였다.

넷째, 최근 국제사회의 협력과 신흥시장 개척 등에 힘을 쏟고 있는 우리나라에게 과연 어디에 새로운 관심을 두어야 할지 그 해답은 분명해 진다. 즉 카리브공동체의 해역네트워크는 앞으로 우리가 전략적으로 소통해야 할 필연적 대상이 될 것으로 예상된다. 이미 외교부의 주도로 우리나라는 2006년 카리브공동체와 상호협력협정(MOU)을 체결했다. 협정에서는 상호 이해의 증진, 협의 강화, 통상 및 투자흐름 확대 및 다양화, 투자 및 관광 진흥, 시장 접근성 개선, 기업·과학·기술 및 인적교류 증진 등을 약속했다.

2011년부터 매년 '한국-카리콤 고위급 포럼'을 정례적으로 개최하고 있으며, 카리브공동체의 다수 고위급 인사들을 초청하고 협력을 논의했다. 주요 의제는 환경과 에너지, 관광부문이다. 민간차원의 경제협력과 인적교류 역시 소폭 증가하고 있으며, 이들의 네트워킹 기회를 제공했다는 점에서는 긍정적이다. 하지만 양자간 의제가 아직 빈곤하고 후속조치가 미흡한 것도 사실이다. 우리나라의 카리브해에 대한 접근은 '국제사회에서의 지지에 비례한 원조와 지원'이라는 단선적 구조였다고 해도 과언이 아니다.

결론적으로 카리브해의 공동체 구축은 3면이 바다로 둘러싸인 우리나라와 동북아시아의 장래 발전에 충분한 교훈을 제공한다. 그래서 우리나라는 카리브해 국가들의 유사성을 바탕으로 상호협력을 계속 확인하는 한편, 카리브해의 주요 현안인 기후변화와 식량안보, 해양문제, 정보통신기술 등에서 다양한 협력방안을 만들어야 한다. 카리브해 관광투자를 특화시킨 미국과 스페인, 물류기지와 항만을 확보한 네덜란드 등과 같이 비교우위에 입각한 협력을 창출하는 것이 바람직하다.

인프라(SOC)와 문화협력에 집중하는 중국과 같이 핵심목표와 외교수단을 총체적으로 동원하는 접근도 필요하다. 지리적 거리로 인해 무역보다는 현지의 직접투자가 실리적으로 좋을 것이며, 장기적으로 교육과 인재개발에 협력하여 이미지를 제고시키는 전략도 고려할 가치가 있을 것이다.

협력의 방식으로는 카리브공동체의 군소 도서국가를 아우르는 보다 포괄적인 협력이 요구된다. 개별 도서국가 보다는 카리브공동체가 가진 지역 프로그램을 통한 일괄적 접근이 효과적이기 때문이다. 강대국들과 같이 공동체 내의 핵심조직인 카리브개발은행과 동카리브국가기구에 우리나라가 참여하여 다자협력을 확산시키는 것도 좋은 방안이 될 수 있다. 이상의 토대로 카리브해가 국제협력의 동반자로 우리에게 새롭게 인식되고, 향후 해외시장 개척과 공동번영의 지평을 열어 가는 계기가 되기를 기대한다.

Ⅰ. 머리말

중앙아시아 쪽에 위치한 '카스피해(Caspian Sea)'는 우리에게 낯선 바다이다. 지도에서 보면 이 바다는 유라시아 대륙에서도 러시아 서쪽 변방의 깊숙한 곳에 위치하고 있다. 인접한 '흑해(黑海)'의 경우는 '에게해(Aegean sea)'나 '지중해(Mediterranean Sea)' 등의 바다와 연결이 되지만, 카스피해는 그렇지도 않아 완전히 고립된 '내해(內海)'의 특성을 갖는다.

그래서 카스피해는 20세기 이후 세계에서 가장 큰 '내륙해(內陸海)'이자, '내륙호(內陸湖)'로서의 지리적인 정의가 동시에 내려졌다. 카스피해는 여러 나라들에 둘러싸여 있었음에도, 별다른 관심을 받지 못했다. 그러다가 20세기에 들어 이 해역에서 에너지, 광물, 수산 등의 여러 자원들이 발견되고, 경제적 가치가 올라가면서 쟁탈과 선점의 경쟁이 시작되었다. "카스피해가 바다인가?, 아닌가?"의 국제적 논쟁도 이 시기부터 시작되었다.

카스피해는 국제관계 상에서 원래부터 '바다'였는가? 아니면 '바다'로 정의되거나 합의된 바다인가? 이것은 이 장에서 다루는 주제에 관한 질문이다. 지금까지 카스피해를 둘러싼 국제적 상황으로 보면 후자에 더 가깝다. 아직도 많은 이들은 카스피해를 '거대한 호수(湖水)'로 생각한다. 지리적으로 폐쇄적이며, 염도가 낮다는 표면적 이유도 있다. 그러나 이미 '바다'라는 의미의 이름을 가진 '카스피해(海)'가 국제적으로 '바다'가 아니라는 주장에 직면했던 원인은 매우 간단하다. 그것은 연안국들 사이의 '영유권' 문제 때문이었다. 러시아, 이란, 카자흐스탄, 아제르바이잔, 투르크메니스탄 등 카스피해 연안 5개국은 지난 1991년부터 2018년까지 카스피해의 영유권을 두고서, 상호간 분쟁과 갈등을 겪었다.

카스피해는 러시아 등의 연안 5개국이 각자의 영유권을 주장했던 상황들 외에도 여러 가지 문제를 안고 있다. 다수의 연안국과 이해관계가 복잡한 탓에 카스피해는 이른바 "중동과 중앙아시아 사이의 지중해"로 불리지만, 완전히 고립된 해역의 특성으로 인해 강에서 유입되는 수량이 부족하다.

오래 전부터 수질과 수자원 문제가 나타나고 있으며, 환경적으로 생물들의 서식여건도 악화되고 있다. 유전이나 가스개발로 인한 환경오염의 문제나, 국경을 넘는 인프라 개발과 건설 문제 등도 적지 않다. 카스피해를 둘러싼 여러 유형의 국제적 갈등이 나타나고 있으므로, 우리도 여기에 대한 보다 구체적인 정보나 현황, 학술적 논의가 필요한 상황이다.

카스피해와 주변 지역은 우리에게 아직 생소하지만, 경제와 산업 차원에서 국익을 위한 전략적 중요성도 적지 않을 것으로 판단된다. 카스피해 연안에 인접한 국가들이 여러 곳이며, 저마다의 이해관계가 많을 뿐더러, 어느 한 나라의 소유도 아니기 때문이다.

특히 카스피해에서 나는 각종 해저자원과 에너지자원, 물류 및 통상루트 등은 우리나라의 경제와 산업에도 일정 부분 연관성을 갖고 있다. 장기적으로 카스피해 연안국들과의 안정적인 협력과 교류를 위해서, 적어도 현 시점에서 핵심적 화두인 '영유권 분할'에 대한 학술적 차원에서의 기초적 관심은 필요할 것으로 보인다.

이런 배경에 따라 이 장에서는 카스피해 연안에 대한 지역적 개관과 최근까지의 영유권 문제가 발생한 원인 및 경과를 고찰해보고자 한다. 특히 영유권 문제와 관련된 연안국들의 입장을 상세히 살펴보고, 최근 상황의 변화를 심층적으로 분석한다. 그리고 최근 영유권 문제가 잠정적으로 해결되기까지 작동한 협상의 기제를 진단해 보고, 남겨진 문제나 향후의 전망을 밝혀보려 한다. 궁극적으로는 이러한 과정을 통해 우리나라가 전략적인 협력지역으로 인식하는 카스피해 지역에 대한 대응과 협력의 방향에 대해서도 논의를 할 수 있을 것이다.

II. 중앙아시아 카스피해 지역 개관과 주요 현황

1. 지역소개와 지리적 개관

중앙아시아의 카스피해는 바다의 면적이 약 37만㎢ 정도 되며, 이는 한반도 전체 면적의 약 2배정도 되는 크기이다. 남쪽과 북쪽 끝단의 길이는 약 1천 2백㎞, 해안선은 약 7천㎞에 이르는 규모로, 내해(內海)로서는 세계 최대의 크기이다. 최대 수심은 약 1,025m, 평균수심은 약 184m 정도여서 큰 선박들이 무난하게 다닐 수 있다. 지도를 기준으로 북쪽의 수심은 얕은 반면, 남쪽으로 내려올수록 상대적으로 수심이 깊어진다.[1]

카스피해는 일단 지리적으로 러시아, 카자흐스탄, 아제르바이잔, 투르크메니스탄, 이란 등 5개 국가들에 둘러싸여 있다. 세계 최대의 '내수면(Inland Body of Water)', '내륙해(內陸海)' 모양의 바다인 카스피해는 너무 넓어서 국경적 특성을 기준으로 북부, 중부, 남부로 구분된다. 즉 러시아와 카자흐스탄이 인접하고 있는 북부, 아제르바이잔과 투르크메니스탄이 마주보고 있는 중부, 이란이 위치한 남부 해역으로 구분된다. 정확하게는 러시아 남서부, 아제르바이잔, 투르크메니스탄, 카자흐스탄, 이란 북부 총 5개 국가의 연안이 카스피해를 둘러싸고 있는 형국이다.

카스피해는 영어(Caspian Sea), 러시아어(Каспийское море), 터키어(Hazar Denizi) 외에도 아제르바이잔어, 아르메니아어, 카자흐어, 조지아어 명칭이 별도로 있다. 카스피해의 주요 항구도시로는 러시아의 마하치칼라(Makhachkala)와 아스트라한(Astrakha), 아제르바이잔의 바쿠(Baku), 카자흐스탄의 아트라우(Atyrau)와 악타우(Aktau), 투르크메니스탄의 투르크멘바시(Turkmenbasy) 등이 있다.[2]

---

1 위키미디어(2023), http://wikimedia.org/Caspianseamap.png.
2 지정학정보서비스(2023), https://www.gisreportsonline.com.

〈그림 10〉 중앙아시아 카스피해의 위치와 지리적 개관

* 출처: 위키미디어(wikimedia.org/Caspianseamap.png)

　카스피해는 4면이 육지로 완전하게 둘러싸인 관계로 주변에서 강물이 지속적으로 유입되고 있다. 조금 더 유럽 쪽으로 치우친 흑해는 대서양 수계와 연결되어 있지만, 카스피해는 완전히 고립되어 있다. 중앙아시아 약 130여 개의 강이 카스피해로 흘러들고 있지만, 유입되는 수량이 풍부하지는 않다.

　카스피해의 염도(Practical Salinity Scale)는 약 1.2% 수준으로, 보통 해수가

가진 염도 3.5% 수준보다는 낮은 염분을 포함하고 있다. 바다의 염도가 지속적으로 감소하는 이유로, 카스피해 연안의 일부에서는 호수와 유사한 '담수(淡水) 생태계'가 나타나기도 한다. 수량이 풍부하지 않고, 인간의 무분별한 개발이 이루어짐에 따라 최근으로 올수록 자연환경이나 수중 생물의 서식 여건은 조금씩 나빠지고 있다.[3]

카스피해는 세계적인 철갑상어와 '캐비어(Caviar)'의 주산지로도 유명하다. 1970년대부터 세계 1위를 지켜오고 있으며, 전 세계 생산량의 90%를 공급하는 카스피해의 캐비어는 최근 10년 동안 생산량이 급감하고 있는 실정이다. 1980년대 이후부터 철갑상어의 남획과 1990년대의 유전개발 급증에 따라, 자원감소와 환경오염이 심해졌기 때문이다. 카스피해에서 서식하고 있는 토착 바다생물과 고유어종의 수도 계속 감소하고 있다. 개발로 인한 오염과 불법포획으로 철갑상어 외에 청어, 물개, 바다표범은 최근 10년 동안 80% 이상이 급감한 것으로 보고되고 있다.

특히 유전지대가 몰린 카스피해 북부해안은 원유시추 과정에서 버려진 폐유와 개발에 따른 오염이 심각한 수준이다. 하지만 카스피해의 불명확한 국제법적 성격과 자원산업의 막대한 이윤으로 인하여, 실제적인 환경규제나 생태보호는 잘 이루어지지 않고 있다. 최근 이러한 '월경 오염(Transboundary Pollution)'에 대응하기 위해서도 카스피해는 바다인가, 아닌가의 법적 지위에 대한 국제적 정의가 필요하게 되었다.[4]

2. 자원의 발견과 연안국의 경쟁

카스피해는 유라시아 대륙 서남부의 중심에 위치하여, 실제로 유럽과

---

3 Bahgat, G.(2004), The Caspian Sea: Potentials and Prospects. *Governance*, Vol.17, No.1, pp.115-126.
4 Frappi, C. and Garibov, A.(2014), *The Caspian Sea Chessboard: Geo-Political, Geo-Strategic And Geo-Economic Analysis*. EGEA Spa, pp.1-67.

아시아의 지리적 경계에 있었다. 동양과 서양의 문명적 교차점에 있었기 때문에, 역사적으로 유라시아 대륙에서의 패권경쟁에 반드시 필요한 지역이기도 했다. 하지만 근대 이후 카스피해는 20세기 말까지 지정학적으로 비교적 안정된 상태를 유지했다. '지정학적 안정지대'로서의 카스피해는 아시아와 유럽의 변방지역으로 간주되었으며, 20세기 초까지 강대국이나 세계인들의 이목을 끌지 못했다.

과거 냉전시기, 소련과 이란은 1921년의 '소비에트-페르시아 우호협력조약', 1940년의 '카스피해 상업과 항해에 관한 협정'을 통하여 카스피해 전체를 상하 2등분으로 나누고 공동으로 관리했다. 그 경계는 오늘날 아제르바이잔의 지역인 '아스타라(Astara)'와 투르크메니스탄의 '가산-쿨리(Gasan-Kuli)'를 가로로 잇는 선이었다. 이로써 소련 연방은 카스피해 북부와 중부에 이르는 약 85%를, 이란은 남부의 약 15% 정도를 관할하게 되었다. 그리고 내부적으로 소련 연방의 '석유산업부(Ministry of Oil Industry)'는 1960년대에 연방 소유의 카스피해를 자체적으로 분할하여 카자흐스탄, 아제르바이잔 등의 위성국가들이 각자 관할하도록 정한 바가 있었다.[5]

특히 소련과 이란은 1940년 협정에 따라, 연안에서 10해리까지의 영해를 제외한 카스피해 공해 지역에서의 자유로운 어업과 항행의 자유를 서로 인정하였다. 물론 카스피해 연안에서 소련 연방이나 이란 이외 타 국가의 선박은 통행이 절대 금지되었다.

카스피해 '영공(領空)'도 비슷한 조건부 방식으로 소련과 이란이 나누었다. 따라서 카스피해는 1990년까지 약 70년 이상 소련과 이란이 함께 공유해온 '바다가 아닌 수역'의 성격이었다. 국력이 거대했던 소련과 이란 소유의 카스피해에 대하여, 오랜 세월 다른 국가들은 관심을 두거나 접근을 하지 않았다. 그러나 "조용하고 평화로운 바다"로 남았던 카스피해에 동요

---

5 Zimnitskaya, H. and Von Geldern, J.(2011), Is the Caspian Sea a Sea; And Why Does it Matter?, *Journal of Eurasian Studies*, Vol.2, No.1, pp.1-14.

가 온 사건은 1991년에 일어난 '소련 연방의 붕괴'와 '냉전 체제의 종식'이 었다.

카스피해 연안지역은 소련 연방이 붕괴된 1990년대 초를 기점으로 국제질서와 외교관계 상의 큰 변화를 겪었다. 1991년 소련의 해체로 인하여, 카스피해 연안에는 새로운 신생독립국들이 속속 들어서게 되었다. 소련 연방에서 독립한 중앙아시아의 카자흐스탄, 아제르바이잔, 투르크메니스탄은 카스피해 연안에서 '민족국가(Nation-State)'를 표방하고 나섰다. 그리고 국제질서 상에서 일시적으로 진공상태에 놓인 이 지역에 미국과 유럽이 슬그머니 손을 뻗쳤고, 오늘날의 복잡한 지정학적 이해관계가 생기기 시작했다.

그러던 중에 카스피해가 세계의 이목을 끌게 된 결정적 사건은 '자원의 발견'이었다. 석유, 천연가스, 광물 등 에너지 자원을 비롯한 각종 자원이 카스피해 연안에서 속속 발견되고, 상업적 생산이 시작되면서 이 바다는 연안국과 글로벌 기업들의 급격한 관심을 받게 되었다.[6]

실제 카스피해는 세계에서 손꼽히는 '에너지 자원의 보고(寶庫)'로 평가된다. 카스피해는 전 세계 10위권 이내에 드는 석유와 천연가스 매장 지역으로 알려져 있다. 특히 카스피해의 석유 매장량은 세계 7위권의 규모로, 아제르바이잔 연안의 '바쿠(Baku)' 유전은 세계적으로 유명하다.

근래 우리나라를 포함한 미국, 영국, 일본 등의 글로벌 에너지기업들이 카스피해 곳곳에서 유전을 개발했거나 장기적 개발을 진행하고 있다. 자원 개발을 위해 막대한 글로벌 투자와 협력이 진행되고 있는 것이다. 게다가 에너지 자원의 가치가 희소해짐에 따라, 이 자원을 더 많이 차지하기 위해 카스피해의 연안국들은 영유권 문제를 적극적으로 생각하기 시작했다. 물론 이 중심에는 경제적으로 낙후되었던 옛 소련 연방의 위성국가, 신생 독

6 강삼구(2008), "신 거대게임: 카스피해 에너지자원을 둘러싼 강대국간 지정학적 경쟁". 『전남대학교 세계한상문화연구단 국내학술대회논문집』. 133-151쪽.

립국들이 있었다.

1990년대 초에 소련 연방에서 독립한 카스피해 연안의 신생독립국이었던 카자흐스탄, 아제르바이잔, 투르크메니스탄은 카스피해에서의 에너지 자원 발견이 마치 '가뭄에 단비'와 같았다. 이들은 독립국가로서 독자적인 국가경제를 건설해 나가야 하는 숙제를 안고 있었다. 소련 연방에서 독립을 했으나, 경제와 산업적으로 러시아의 그늘을 벗어 날 수 없었기 때문이다. 그만큼 이들 국가는 카스피해의 에너지 자원이 상대적으로 절실하고 중요했다.

러시아와 이란을 제외한 카스피해의 신생연안국들은 에너지 자원의 발견 덕분에 '제2의 중동'으로 불리며 경제 및 산업발전의 큰 기회를 잡게 되었다. 그리고 카스피해의 연안국들 사이의 바다 위 국경선 획정과 영해권 문제는 국가발전 전체와 직결되어 있었던 중요한 이슈였다.[7]

카스피해 해저와 연안에서 확인된 석유 매장량은 약 500억 배럴이며, 이는 전 세계 매장량의 약 5% 수준에 이른다. 미래에 잠재적인 석유 매장량은 2,600억 배럴에 달할 것으로 추정되고 있다. 이는 세계 1위 중동지역에 이어 세계 2위의 매장 규모로 막대한 양이다. 즉 세계에서 유일하게 페르시아만 중동지역이 카스피해보다 석유가 많이 묻힌 것으로 알려져 있다.

천연가스 매장량도 확인된 것만 약 8조 4000억㎥ 수준으로 추산된다. 현재까지 밝혀진 카스피해의 자원을 대표하는 석유는 약 70% 정도가 카자흐스탄, 아제르바이잔, 투르크메니스탄 연안에서 개발되고 있다. 이들 연안은 전부 카스피해의 북부지역으로 수심이 비교적 얕으며 대륙붕이 잘 발달되어 있고, 유전 탐사와 에너지 개발의 여건이 용이하기 때문이다. 게다가 4면이 육지에 완전히 둘러싸인 내해(內海) 성격인 카스피해는 석유와 천

---

7 Croissant, M. P. and Aras, B.(Eds)(1999), *Oil and Geo-Politics in the Caspian Sea Region*, Greenwood Publishing Group, pp.1-57.

연가스의 육상수송에도 원활한 조건을 갖추고 있다.[8]

이와 같이 오늘날 카스피해가 국제적으로 주목을 받는 이유는 에너지 자원의 현재 생산량과 미래 잠재력 때문이다. 카스피해가 보유한 막대한 규모의 원유와 천연가스는 연안국들은 물론이고, 강대국과 글로벌 기업들 간에 경쟁적 개발의 대상이 되고 있다. 특히 석유의 경우 확인 매장량은 세계 7위권인데 반해, 생산량은 하루 170만 배럴 수준으로 세계 18위권이다.

카스피해는 여전히 개발 잠재력이 매우 큰 상태이며, 글로벌 투자도 꾸준히 유입되고 있다. 강대국인 미국, 러시아, 중국, 영국 외에도 많은 에너지 기업들이 카스피해에 투자와 협력을 진행하고 있다. 이들 글로벌 석유 메이저 기업들은 1992년부터 약 10년~20년 동안 탐사와 개발권을 얻어서 사업을 진행했거나, 장기적으로 보면 현재 진행형에 머물러 있다.

경제적 이익과 함께 에너지 수입의 다변화와 자원안보를 실현하려는 동아시아 국가들에게도 카스피해 연안국들은 전략적인 협력지역으로 급부상했다. 카스피해는 대부분의 연안국들이 아직 유전탐사와 개발투자 단계에 있어 글로벌 기업과 외국인의 참여를 장려하고 있다.

최근 카스피해 연안국들은 과거 이념보다 경제적 실리를 중시하는 방향으로 정책을 전환하고 있다. 투자의 매력과 여지가 많기 때문에 새로운 에너지 루트를 만들기 위한 외교적 노력들이 계속 되고 있다. 우리나라도 지난 2004년부터 국가적으로 협의와 투자를 진행했다. 이러한 현상은 에너지 자원의 안정적인 확보와 수입선 다변화 차원에서 자연스러운 귀결일 것이다.[9]

우리나라는 최근 10년 동안 원유 등 에너지 자원을 절대적으로 의존하

---

8 Zeinolabedin, Y., Yahyapoor, M. S. and Shirzad, Z.(2011), The Geopolitics of Energy in the Caspian Basin. *International Journal of Environmental Research*, Vol.5, No.2, pp.501-508.
9 자세한 내용은 외교부(2023), http://www.mofa.go.kr; 대한무역투자진흥공사 (2023), http://www.kotra.or.kr.

는 중동지역 이외의 새로운 지역을 계속 찾고 있다. 정부는 에너지를 보다 안정적으로 공급받을 수 있는 곳을 찾기 위해 중앙아시아 쪽으로 눈을 돌렸다.

근래에 우리나라는 카스피해 지역의 유전개발과 산업단지 조성 등에 공동으로 참여하고 있다. 정부개발원조(ODA) 협력국가인 아제르바이잔, 카자흐스탄 등이 대표적이다. 한국석유공사가 카자흐스탄 서북부의 육상과 해상 유전개발에 참여하고 있으며, 삼성물산과 LG화학 등의 대표 기업들이 현지의 유전개발과 발전소, 석유화학단지 건설과 공동운영 등에 참여하고 있다.[10]

Ⅲ. 카스피해를 둘러싼 국제적 분쟁과 경과

1. 분쟁의 시작: 카스피해는 바다인가? 호수인가?

카스피해를 바다로 볼 것인가, 호수로 볼 것인가는 단순한 과학이나 학술적 연구의 차원을 넘어서 오랜 정치, 경제, 외교문제가 되어 왔다. 카스피해와 같은 특정 장소가 바다인가, 아닌가의 여부에 따라 그곳의 영유권이 국제법적으로 좌우되기 때문에, 이 문제는 객관적 '사실(Fact)'에서 국가의 이해가 걸린 '쟁점(Issue)'으로 변질되었다. 게다가 연안국들은 물론 강대국들의 이해관계까지 겹쳐지면서, 국제적으로 큰 갈등과 분쟁의 소지가 되는 것이 불가피해진 것으로 보인다.

구체적으로 카스피해의 정의는 연안국이 관할권을 정하는데 결정적인 영향을 미치는 법적 지위와 그 파급효과에 관한 문제와 다르지 않다. 여기

---

10 자세한 내용은 산업통상자원부(2023), http://www.motie.go.kr; 한국무역협회 (2023), http://kita.net.

에는 카스피해를 "내륙의 작은 바다"로 보는 시각과 "세계 최대의 호수"로 보는 시각이 엇갈려 있다. 일단 역사적으로나 과학적으로 완전한 바다이기도, 완전한 호수이기도 단정할 수 없는 상태라, 이것이 국가적 관계나 외교로 넘어 오면 논란은 커지게 되어 있다. 같은 지역을 놓고 서로 다른 주장을 하는 이유는 간단하다. 현실적으로 카스피해를 무엇으로 규정하느냐에 따라 관할권이 달라지고, 각 연안국이 차지할 수 있는 자원의 양과 경제적 이익 역시 크게 달라지기 때문이다.[11]

앞서 논의한 바와 같이 과거에 카스피해의 영유권은 소련과 이란이 각각 양분해서 나누어 가졌다. 이 때는 카스피해를 '바다'로 보지 않았는데, 소련과 이란의 묵시적 동의가 있었다. 적어도 수십 년 간 이 지역을 둘러싼 관할권에는 아무런 무리가 없었다. 그러나 1991년의 소련의 붕괴로 인해 카자흐스탄, 투르크메니스탄, 아제르바이잔이 주권국가로 차례대로 독립하게 되면서, 문제는 이전보다 복잡해졌다. 산술적으로 카스피해 연안국가는 기존의 러시아와 이란을 포함해 5개 국가로 늘어나게 되었으며, 정치·경제적 이해관계가 복잡하게 얽히게 되었다.

카스피해에 어떤 국제법적 지위를 부여해야 하는지에 대한 논란도 이 시기부터 시작되었다. 카스피해의 성격에 관련된 나라별 입장도 늘어났으며, 여러 국가들 사이에서 단시일에 합의를 도출하기는 불가능했다. 이 논쟁은 카스피해의 자원개발이 본격화되었던 2000년대 말까지도 합의되지 못했다. "카스피해를 어떻게 정의해야 하는가?"에 대한 시각 차이는 곧 국가별 영유권 분쟁의 시작점이 되는 것이다. 여기에는 3가지 유형의 주장들이 존재해 왔는데, 이를 구체적으로 논의하면 다음과 같다.

첫째, 카스피해를 '바다'로 보려는 입장은 1982년에 제정된 현행 '유엔(UN) 해양법협약(UNCLOS: United Nations Convention on the Law of the Sea)'을 그

---

11 Ghafouri, M.(2008), The Caspian Sea: Rivalry and Cooperation. *Middle East Policy*, Vol.15, No.2, pp.81-96.

대로 적용하자는 입장이다. 국제적인 공해 및 해역에 모두 공통·보편적으로 적용되는 해양법협약은 세계 166개국이 비준하였으며 '연안국의 12해리 영해'와 '200해리 배타적 경제수역'에 대한 권리를 인정한다.

또한 자국 연안으로부터 이어지는 해저의 '대륙붕에 대한 독점적 관할권'을 주장할 수 있고, 공해상에 대해서는 항행의 권리를 국제사회에 청구할 수 있다. 쉽게 말해, 바다로 규정할 경우에는 카스피해의 일부가 주변국들의 개별 영토로 포함되어 육지의 연안 국경선을 따라 해저자원 및 수산자원에 대한 독점적인 권리가 행사된다.[12]

둘째, 카스피해를 '호수'로 보는 입장은 국제적으로 환경보호 분야에서 관례화된 '다국가 접경호수에 관한 법률(Legislation on Transboundary Lakes)'을 준용하여 인접국이 협의하여 경계를 자유롭게 정하면 된다는 입장이다. 즉 카스피해를 호수로 규정할 경우, 바다가 아니기 때문에 유엔(UN) 해양법협약이 전혀 적용되지 않는다. 다만, 거대한 호수는 국경을 가진 해당 연안국들이 수역 전체를 균등하게 공동으로 관리하게 된다.

예컨대, 북아메리카 미국과 캐나다의 국경에 위치한 '오대호(五大湖, Great Lakes)', 아프리카의 우간다, 케냐, 탄자니아 국경사이의 '빅토리아 호수(Victoria Lake)' 등이 대표적인 사례이다. 국경선으로 둘러싸인 호수가 법적 지위로 간주되면, 그 지역은 일종의 '제한적 공유재(共有財, Commons)'로 정의된다. 그래서 국제관습법에 따라 호수의 연안국이 5개국이면, 정확하게 전체 수역을 5분의 1씩 나눈다. 매장된 모든 자원도 모든 연안국들이 공동으로 개발하고, 정확하게 그 이익을 똑같이 나누어 가져야 한다.[13]

셋째, 카스피해가 바다이냐, 호수이냐의 논쟁을 떠나 영유권 갈등과 분

---

12 Kapyshev, A.(2012), Legal Status of the Caspian Sea: History And Present. *European Journal of Business and Economics*, Vol.6, pp.25-28.

13 Bajrektarevic, A. H. and Posega, P.(2016), The Caspian Basin: Geopolitical Dilemmas and Geoeconomic Opportunities. Geopolitics, *History and International Relations*, Vol.8, No.1, pp.237-264.

쟁을 영구적으로 종식시키기 위한 '새로운 대안, 제3의 중재안'도 최근 나왔다. 그것은 카스피해가 '바다'와 '호수'의 주요 특징을 모두 가지고 있으므로, 이 지역에 맞는 특별한 제3의 기준을 별도로 적용하자는 입장이다. 즉 "특수한 바다로서의 호수", 또는 "특수한 호수로서의 바다"로 규정하여, 연안국들이 합의하는 별도의 '규정과 협약(Convention)'을 만들어 적용하는 것이다.

〈그림 11〉 카스피해의 정체성과 정의에 따른 경우의 수

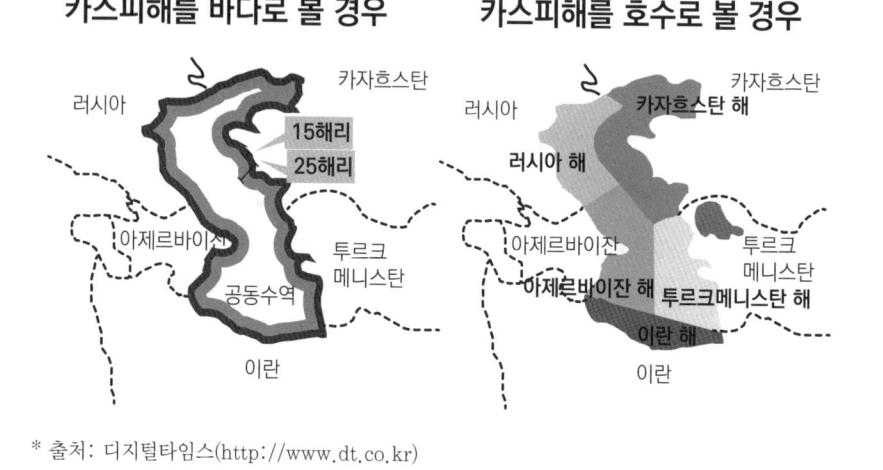

* 출처: 디지털타임스(http://www.dt.co.kr)

더 쉽게 말해 특별법을 따로 만들어 현재로서는 없는 새로운 법적 해결책을 찾자는 것이다. 이는 연안국에게 서로의 배타적 바다와 영해를 일부 규정하면서, 해역에서 발생하는 자원의 개발과 그 이익은 특정 국가가 독점하지 않도록 합의하는 '경우의 수'이다. 예를 들어, 카스피해 대부분을 공동으로 이용하는 공유수역 성격으로 관리하면서, 해저의 자원은 연안국에 균등하게 분할하는 방법이다.

물론 이는 카스피해가 완전히 고립된 환경에 있고, 연안국들의 국경선

이 확실하게 정해져 있기 때문에 가능한 '합의의 방식'이다. 차후에 자세히 논의하겠지만, 카스피해는 2018년에 이르러 이 대안을 통해 연안국의 영유권 분쟁이 일단 타결되었다.[14]

2. 연안국의 상반된 시각과 입장

앞의 논의에서 카스피해의 성격과 법적 지위를 규정하는 입장은 크게 3가지였다. 그것은 각각 "바다로 보고 유엔(UN) 해양법협약을 적용하자"라는 입장, "호수이므로 인접국이 협의하여 경계를 정하자"라는 입장, "바다와 호수의 특징을 모두 가지고 있으므로 이 지역에 맞는 특별한 기준을 별도로 적용하자"라는 입장 등이었다.

일단 카스피해의 정의와 영유권은 러시아, 카자흐스탄, 아제르바이잔, 투르크메니스탄, 이란 등 5개 연안국들만의 문제였으나, 각자의 입장은 달랐다. 그 중에 카자흐스탄, 아제르바이잔, 투르크메니스탄 등의 3개 신생 독립국가들은 러시아와 이란에게 각각 카스피해에서 자신들의 영해를 인정하고, 바다의 영유권을 나누는 새로운 접근법을 요구했다. 동시에 자신들의 입장을 관철시키기 위한 물리적 준비도 진행하였다.

예를 들어, 전통적으로 러시아와 이란은 카스피해를 '바다가 아닌 호수와 같은 수역'으로 보던 시절부터 '해군'을 가지고 있었다. 그런데 내륙국가의 이미지인 카자흐스탄, 아제르바이잔, 투르크메니스탄에는 '해군'이 없었다. 하지만 이들 국가는 최근 몇 년 동안 카스피해에 해군과 해군기지를 만들어 놓고 있다.

신생 연안국들은 카스피해를 확실한 '바다'로 규정하고 있으며, 자국의

---

14 Kofanov, D., Shirikov, A. and Herrera, Y. M.(2018), Sovereignty and Regionalism in Eurasia. In *Handbook on the Geographies of Regions and Territories*. Edward Elgar Publishing, pp.10-88.

연안이 영해로 인정받기 위해서는 이를 지켜야 하는 군사력, 즉 '해군'이 있어야 하기 때문이다. 따라서 카스피해에 국경을 가진 5개 연안국들은 앞서 소개된 3가지 입장을 서로 달리 갖고 있었으며, 러시아와 투르크메니스탄 등 일부 국가는 시기에 따라 입장과 정책을 정반대로 바꾸는 등의 혼란도 있었다. 각 연안국의 서로 다른 시각과 입장을 정리해 보면, 다음과 같다.

첫째, 러시아는 카스피해를 초기에 이란과 같이 호수로 보았다가, 바다로 다시 바꿔 영유권을 주장하였다. 소련 연방의 해체 이후, 러시아는 카자흐스탄과 함께 원유 매장량이 많은 카스피해 북부를 점유하고 있었다. 러시아는 인근 카자흐스탄의 연안과 대륙붕 부근에서 새로운 유전이 발견되자, 자국의 카스피해 연안에 대해서도 관심을 두기 시작했다.

1990년대 중반에 해저에 자원이 있다는 사실을 알게 된 러시아는 종전 이란과 같았던 입장을 정반대로 바꿔, 카스피해가 '바다'라는 입장을 전격 발표했다. 특히 러시아는 해저와 해수면에 대한 영유권 주장을 각각 다르게 표현하고 있다.

해저는 연안국의 해안선 등을 고려한 '등거리선(Equidistance Line)' 혹은 '중간선(Median Line)' 원칙에 따라 구획해야 한다는 주장을 편다. 이는 유엔 (UN) 해양법에서 종종 '배타적 경제수역(EEZ)'을 구획하는 국제법적 원칙이기도 하다. 그리고 해상과 해수면은 연안 5개국들의 공동관할구역으로 남겨두어 서로의 자유를 보장하자는 주장이다. 카자흐스탄과 아제르바이잔은 처음부터 이러한 러시아의 바뀐 주장에 찬성을 했다.[15]

둘째, 이란은 러시아와 정반대의 입장에 있었다. 카스피해 연안에서 연안선의 길이가 가장 짧은 편이고, 관할 면적이 좁았던 이란은 카스피해를 균등하게 분할했던 예전의 소련 연방 시절처럼 그대로 자신들의 이권이 유지되기를 희망했다. 또한 이란은 자국이 위치한 카스피해 남부 연안에는

---

15 문수언(1999), "러시아와 카스피해의 석유정치: 러시아의 선택과 "강대국 외교"의 허실". 『국제정치논총』. 39(1): 301-318쪽.

수심이 깊고, 자원이 상대적으로 적게 있다는 점을 알고 있었다.

이란은 카스피해가 '바다'가 될 경우에, 자신들 쪽의 영해가 개발 및 탐사가 어려운 지역에 국한될 것을 우려하였다. 그래서 과거와 마찬가지로 카스피해를 바다로 절대 인정하지 않고, 자원 개발로 얻는 전체의 이익을 5개 국가가 정확하게 20%씩 균등하게 나눠야한다는 주장을 유지해 왔다. 이란은 전체 카스피해의 수역도 일종의 '호수'로 보고, 5개 나라가 '수면'과 '영공'을 동등하게 똑같이 분할하여 공동으로 관리하자는 입장을 견지했다. 나중에 입장을 바꾸기는 했으나, 1990년대 초에는 투르크메니스탄도 이러한 이란의 주장에 동조를 했다.[16]

셋째, 신생독립 연안국으로서 등장한 아제르바이잔의 입장은 기본적으로 러시아 쪽에 가깝다. 즉 카스피해는 예나 지금이나 명백한 '바다'이며, 자국이 유엔(UN) 해양법협약에 따라 12해리 영해와 영공, 200해리 배타적 경제수역을 갖는다는 것이다. 특히 아제르바이잔은 독립 직후부터 가장 일관되고 강력하게 카스피해가 '바다'라고 주장했다. 연안국 해안선 길이에 따라 영유권을 나누어 가지는 것이 당시로서는 가장 유리했기 때문이다.

카스피해의 대표 항구도시이자 자국의 수도인 '바쿠(Baku)'를 중심으로 카스피해 중·북부 연안에 유전을 많이 가진 아제르바이잔은 일찍부터 소련 연방의 자원개발이 활발했던 지역이었다. 그렇기에 독립 이후에도 아제르바이잔은 자국의 기존 유전과 에너지 인프라를 지켜내기 위해 많은 노력을 기울였다.[17]

넷째, 카자흐스탄도 길이가 가장 긴 2,320km에 달하는 카스피해 연안선을 갖고 있어, 약 30% 영역을 확보할 수 있는 '영해'로서의 바다 영유권

---

16 제성훈(2011), "카스피해에서 러시아의 국가이익과 경계획정 문제에 대한 입장 변화". 『슬라브학보』. 26(1): 129-162쪽.
17 Bantekas, I.(2011), Bilateral Delimitation of the Caspian Sea and the Exclusion of Third Parties. *The International Journal of Marine and Coastal Law*, Vol.26, No.1, pp.47-58.

을 고수했다. 카자흐스탄은 러시아와 전통적인 우방이며, 가급적 인접국가들과 평화적인 방법으로 영유권을 협상하자는 입장이다. 이러한 이유는 주변국들과의 관계와 현실적 국익을 우선했기 때문으로 보인다.

그리고 카자흐스탄은 아제르바이잔과 함께 최근 10년 동안 중국, 유럽 등과 가장 활발한 자원개발을 진행하고 있다. 그 주요 내용은 도로, 철도, 송유관 같은 인프라 건설을 외국자본이 지원하고, 대신에 유전과 가스전의 장기 개발권 등을 내어주는 방식이다. 특히 중국은 유럽보다 가깝고 더 큰 소비지로서, 카자흐스탄 석유 생산량의 약 35%를 확보했다. 그 덕분에 카스피해 연안에서의 원유 생산량은 세계 10위권으로 올라섰으며, 유조선을 이용해 유럽과 러시아 쪽으로도 석유를 수출하고 있다.[18]

다섯째, 투르크메니스탄은 카스피해를 '호수'로 보았다가 '바다'로 입장을 번복하는 양상을 보였다. 1991년 당시에는 카스피해가 '호수'라는 이란의 입장에 동조하였으나, 2000년대 이후부터는 반대로 '바다'라는 카자흐스탄과 아제르바이잔의 입장을 수용했다. 투르크메니스탄은 연안선의 길이가 약 650㎞로 전체의 15% 정도로 적은 편이었다. 그래서 처음에는 이란의 주장에 동조하다가, 점차 아제르바이잔과 카자흐스탄의 영유권 주장을 수용하는 쪽으로 기울었다.

투르크메니스탄은 이란과 민족이 유사하고 전통적인 국교를 맺고 있으며, 이슬람종교가 90% 정도이기는 하나 이란 '시아파'와는 대립하는 종파인 '수니파'가 대부분이다. 투르크메니스탄의 독립을 이란이 가장 먼저 승인하는 등 우호적 관계였고, 지금도 그러하지만 카스피해를 둘러싼 주변국들과의 관계 및 러시아의 영향이 더 중요했던 것으로 풀이된다.[19]

---

18 Mottaghi, A. and GharehBeygi, M.(2013), Geopolitical Facets of Russia's Foreign Policy with Emphasis on the Caspian Sea. *IAU International Journal of Social Sciences*, Vol.3, No.3, pp.53-59.

19 Contessi, N.(2015), *Traditional Security in Eurasia: The Caspian Caught between Militarisation and Diplomacy*. The RUSI Journal, Vol.160, No.2,

이상으로 최근까지 카스피해 연안국들의 입장들을 간단히 정리하자면, 다음과 같다. 러시아, 카자흐스탄, 아제르바이잔 3개 국가는 카스피해를 '바다'로 주장했다. 그래서 연안 국경선의 길이에 따라 카스피해 영유권을 차등 분할하자고 주장했다.

이와 반대로 이란과 투르크메니스탄 2개 국가는 카스피해가 바다가 아닌 호수이며, 국경에 상관없이 공평하게 분할할 것을 주장했다. 카스피해 5개 연안국 중에서 처음에는 3개 나라와 2개 나라의 입장이 엇갈렸으나, 최근으로 올수록 이란을 제외한 4개 연안국들은 바다의 영유권 주장 쪽으로 의견이 모아졌다.

러시아는 소련 연방 해체 직후인 1992년부터 '바다'인 것으로 입장을 바꾸었으며, 이어 2000년대에 들어 투르크메니스탄도 '바다'라는 입장으로의 변화를 보였다. 이에 따라 카스피해가 '호수'라는 입장을 줄곧 견지했던 이란의 입장은 최근으로 올수록 점차 고립이 되는 모양새를 보여주게 되었다.

3. 갈등의 고조와 협상의 진행

카스피해를 둘러싼 연안국들 사이의 영유권 갈등은 1990년대 말부터 본격화되었다. 카스피해가 '바다'라고 보는 연안국들 사이에서는 영유권 문제가 외교 및 안보적 마찰로 대두되어, 크고 작은 여러 사건들이 발생하였다. 특히 1990년대 후반부터 투르크메니스탄, 이란, 아제르바이잔 등이 미국과 영국 등 외부 강대국들과의 협력과 지원을 통해서 자국 연안의 자원탐사, 개발, 송유관 설치 등을 진행하면서 갈등은 점차 격화되었다. 카스피해에 내린 '자원의 축복'이 '갈등의 재앙'으로 바뀌어, 중동의 사례처럼 제2의 분쟁지역으로 갈 수 있다는 불안감도 국제사회에 확산되었다. 그 구체적인 원인과 경과는 다음과 같다.

pp.50-57.

먼저 카스피해 강대국이었던 러시아와 이란에게는 자원개발 중심의 경제와 산업적 측면 외에도 '지정학적 국제관계 및 안보문제'가 중요했다. 러시아와 이란은 다른 3개의 신생독립국들이 미국이나 유럽연합의 경제지원을 등에 업고 카스피해에 군사기지를 건설하거나, 제3국의 선박을 정박할 수 있도록 허가하는 행위에 대해 깊은 우려를 했다. 러시아와 이란의 입장에서 다자간 중첩수역이 뒤섞인 카스피해는 육상의 국경보다 상대적으로 취약한 '안보상의 결절점(Vulnerable Point)'으로 보았기 때문이다.

하지만 이러한 갈등의 장에서 연안국들이 극명히 다른 입장을 보인 가장 중요한 이유는 주요 유전 및 가스전들이 대부분 연안지역 가까이에 위치하고 있기 때문이다. 영유권 논쟁과 갈등이 장기화되면서 특정 연안국이 추진하는 자원개발을 다른 나라가 방해하는 악순환이 발생하였다. 가장 대표적인 예가 카스피해 해저의 석유채굴과 가스 파이프라인을 설치하는 문제였다.[20]

카스피해 동쪽 연안에 위치한 카자흐스탄과 투르크메니스탄의 경우, 자국에서 생산된 원유와 천연가스는 대부분 유럽에서 소비된다. 서쪽의 유럽으로 자원을 수출하려면, 반드시 해저에 파이프라인을 설치한 뒤에 아제르바이잔이나 러시아 영토를 통과해야 한다. 기본적으로 카자흐스탄과 투르크메니스탄은 아제르바이잔과 러시아의 협력을 얻어야만 하는 구조인 것이다.

그런데 러시아는 이 두 나라가 파이프라인을 만들어 수출하는 것에 반대했다. 유럽시장에서는 러시아산 천연가스가 거의 독점적 지위를 누리고 있기 때문이다. 러시아는 자국의 에너지 수출의 경쟁자가 새로 생기는 것을 우려했다. 그런데 외형상 반대의 명분은 해저의 파이프라인이 건설공사나 운영 중에 사고의 개연성이 크게 있어, 카스피해 환경보호에 위협적이

---

20 김연규 · 엄구호(2007), "러시아, 미국, EU의 카스피해에너지 운송전략". 『슬라브학보』. 22(4): 185-219쪽.

라는 내용이었다.

카자흐스탄과 투르크메니스탄은 해저 파이프라인이 특정한 환경보호의 기준과 안전성을 갖추면 된다는 논리로 러시아에 맞섰다. 하지만 러시아는 아제르바이잔에게도 보이지 않는 압력을 행사하면서, 에너지 수송 파이프라인의 설치를 계속 방해했다. 여기에는 이란도 가세하였다. 이란은 카자흐스탄 '악타우(Aktau)'와 아제르바이잔의 '바쿠(Baku)'를 연결하는 '해저 송유관 건설'에 대해 공개적으로 반대의사를 표명했다.

이란도 카스피해의 해양오염 문제를 제시하며, 파이프라인은 연안국 전체의 합의로 처리하자는 입장을 보인 것이다. 긴 시간의 협상이 이루어졌으나, 당사국간에 합의가 이루어지지 않은 채 카자흐스탄과 투르크메니스탄의 자원개발은 지연되었다. 수송이 가능한 파이프라인이 완성될 때까지, 자원은 제한적인 채굴만 하거나 영구적으로 중단시킨 상황을 맞은 것이다.

시간이 지나면서 투르크메니스탄과 아제르바이잔 사이의 영유권 분쟁도 발생했다. 양국 사이의 영유권 대립은 아제르바이잔이 2000년 중반부터 활발하게 원유를 채굴하고 있는 카스피해 중앙부의 유전 및 가스전에 대한 관할권 문제였다. 카스피해의 연안부가 아닌 중앙부 쪽으로 자원개발 지점이 밀려나오면, 자국의 영해로 주장하기가 매우 어려워진다.

연안과는 떨어진 아제르바이잔의 '아제리(Azeri)', '치라그(Chirag)', '구네쉴리(Guneshli)' 지역의 일명 'AGC 유전'은 석유 매장량이 약 10억 톤에 달하는 세계적인 자원지역이다. 1994년부터 아제르바이잔, 영국, 미국, 노르웨이, 일본, 터키, 인도 7개국의 참여로 유전개발이 활발했다. 투르크메니스탄은 자국의 지명을 사용하여 이곳을 각각 '오스만(Ottoman)', '오마르(Omar)', '세르다르(Serdar)'로 각각 칭하며, 자신의 영유권을 주장했다.

이 유전들을 자신의 소유 혹은 적어도 논쟁의 여지가 있는 것으로 보고, 국제중재재판소에 제소하기도 했다. 세계 3대 유전으로 알려진 'ACG

유전'은 아제르바이잔 석유생산의 약 80%를 담당하기에 영유권 문제는 외교와 통상부문에서도 심각한 사안이었다. 아제르바이잔은 대화와 협상으로 투르크메니스탄과의 이견을 해소할 것을 촉구하였다. 협상과 합의 등으로 특정 국가의 영유권이 완전하게 정해질 때까지, 이 지역의 자원도 기존 시설 외에 신규 채굴은 장기적으로 중단이 되었다.[21]

러시아와 카자흐스탄 사이의 카스피해 북부 해역에서도 이와 유사한 영유권 논쟁이 있었다. 1997년 말에 러시아는 공개입찰로 자국의 석유기업인 '루코일(LUKoil)'에게 러시아 연안근처 카스피해의 해저개발권을 넘겨 주었다. 그런데 과거 소련 연방 시절에는 이 지역이 카자흐스탄 지역에 절반 이상 속해 있었다.

카자흐스탄은 이 지역의 개발을 용납하지 않고, 러시아에 즉각 항의하면서 갈등은 시작되었다. 육지의 국경선을 연장하면, 해역의 소유권은 카자흐스탄에게 더 큰 명분이 있었다. 1998년 러시아와 카자흐스탄은 카스피해 북부 해역의 경계선 획정을 위한 협상을 했지만, 양국의 경계선에 물려 있었던 자원매장 지역들은 영유권 해결이 거의 불가능했다. 2001년에는 오히려 카자흐스탄이 글로벌 석유기업들에게 카스피해 북부해역 개발권의 공개입찰을 선언하면서 러시아와의 갈등은 절정에 달했다.[22]

영유권 갈등이 점차 격화되면서, 일부 지역에서는 해상에서의 무력충돌도 일어났다. 이란과 아제르바이잔은 1990년대부터 이미 관계가 좋지 않았다. 1991년 12월 소련 연방 해체 이후, 아제르바이잔은 작은 독립국가로서 북쪽으로는 러시아, 남쪽으로는 이란, 서쪽으로는 조지아와 아르메니아에 둘러싸이게 되었다. 그래서 아제르바이잔은 독립 초기부터 이란이나 러시아를 견제할 목적으로 미국과 우호관계를 계속 강화해 오고 있었다.

---

21 Grant, B.(2016), *The Captive and the Gift: Cultural Histories of Sovereignty in Russia and the Caucasus*, Cornell University Press: pp.51-92.
22 Mehdiyoun, K.(2000), Ownership of Oil and Gas Resources in the Caspian Sea, *American Journal of International Law*, Vol.94, No.1, pp.179-189.

양국의 긴장관계에는 이란을 경시한 아제르바이잔의 유전개발로 인한 갈등도 일조를 했다. 그러던 중에 2001년 7월 경, 이란은 자신의 해상국경을 넘었다는 이유를 들어 아제르바이잔 국적의 선박을 공격하였다. 이 사건으로 아제르바이잔은 이란에 항의하고, 유엔(UN)에 이 문제를 제기했다. 그러자 2003년 말에 이란은 다시 중동의 페르시아만에서 카스피해 쪽으로 4척의 군함을 이동시켰다. 그리고 자국의 연안에 해군함대를 추가로 정박시키며, 아제르바이잔에 대한 무력시위를 몇 년간 계속 했다.[23]

전반적인 카스피해에서의 갈등과 충돌상황은 2003년까지 계속 되었으나, 2004년부터는 본격적인 협상의 국면으로 접어들었다. 해저자원이 많아 분쟁이 가장 치열했던 카스피해 북부 지역에 위치한 러시아, 아제르바이잔, 카자흐스탄은 일단 2003년에 3국간 협상을 진행하여 경계협정에 앞장섰다. 우선 각 나라는 2개 나라간에 먼저 '양자협정'을 체결해 보는 것으로 협의를 시작했다. 이해관계자가 적을수록 협상의 성공가능성은 높아지기 때문이다.

이에 아제르바이잔과 카자흐스탄은 2001년 11월 29일에, 러시아는 아제르바이잔 및 카자흐스탄과 각각 2002년 9월 23일에 해저구획 분할에 관한 협정을 체결하게 되었다. 그 기준은 육지연안 국경선에서 해역을 '중간선(Median Line)'으로 나누고, 해수면은 공동으로 이용하되, 추후 다른 연안국과의 협상에서도 같은 원칙을 적용키로 한 것이었다.[24]

그리고 2003년 5월 14일에 러시아, 아제르바이잔, 카자흐스탄은 양자협정을 기반으로 다시 카스피해 북부의 해저구획에 관한 3국간 공동협정을 체결하여, 각 연안의 석유 및 천연가스 개발구역을 명확히 했다. 이 때,

---

23 Rustemova-Demirzhi, S.(2012), Strategic Games over the Caspian. *The Caucasus & Globalization*, Vol.6, No.4, pp.82-86.

24 Hafeznia, M. R., Pirdashti, H. and Ahmadipour, Z.(2016), An Expert-Based Decision Making Tool for Enhancing the Consensus on Caspian Sea Legal Rregime. *Journal of Eurasian studies*, Vol.7, No.2, pp.181-194.

협의의 진전과 입장 차이를 좁히는 실리적 효과를 위해 연안국 모두가 해당되는 카스피해의 정체성이나 성격에 관한 논쟁은 잠시 접어 두었다.

〈그림 12〉 카스피해의 자원분포와 연안국간 협상구획

* 출처: Geopolitical Intelligence Services(https://www.gisreportsonline.com)

그래서 카스피해 중부와 남부의 이란과 투르크메니스탄은 이 과정을 지켜보며, 직접 관여하지는 않아 실질적인 진전이 있었다. 여전히 근본적인 해결은 아니었지만, 기존 자원개발 시설들이 몰려 있던 카스피해 북부 지역에서는 일단 3개국 간의 합의가 성사된 의미가 있었다. 게다가 이 협정으로 러시아 입장에서는 카스피해 연안국 중에서 최초로 좌우에 인접한 연안국 모두와 경계의 획정을 마무리할 수 있게 되었다.[25]

2003년 11월에는 이란의 '테헤란(Tehran)'에서 연안국 모두가 참여하여 "카스피해 해양환경 보호를 위한 협약(Framework Convention for the Protection of the Marine Environment of the Caspian Sea)"을 체결하였다. 그리고 이를 기반

---

25 Kim, Y. and Blank, S.(2016), The New Great Game of Caspian Energy in 2013-14: Turk Stream, Russia and Turkey. *Journal of Balkan and Near Eastern Studies*, Vol.18, No.1, pp.37-55.

으로 2007년부터 2016년까지 카스피해 주변 5개 연안국 전체 당사자간에 약 10년에 걸친 영유권 획정 협의가 계속 진행되었다.

그 출발점이었던 2007년 카스피해 연안국 5개국 정상회의에서는 영유권의 주요 핵심의제가 간추려졌다. 카스피해를 바다로 볼 것인지 아닌지 외에도 에너지 자원과 개발, 수산자원과 어업활동, 국제수역으로서 법률적 정의와 지위 등에 관한 문제였다. 그러나 대부분의 아젠다가 카스피해의 정체성이나 성격에서 출발하는 것이었으므로, 단기적으로 해결의 기미는 보이지 않았다. 이 시기에 카스피해의 정체성과 영유권과 관련해서는 '바다' 입장의 러시아와 '호수' 입장의 이란이 크게 차이를 보여준 반면, 나머지 3개국은 각각 이들과 동조하는 경향을 보였다.[26]

그러던 중에 2014년 12월 2일, 카스피해 중부의 투르크메니스탄이 이란의 입장에 대한 지지를 철회하고, 인접한 카자흐스탄과 해저분할에 관한 합의를 전격 체결했다. 이로써 카자흐스탄도 러시아 다음으로 양자 합의에 따라, 좌우 양쪽에 인접한 나라들과 카스피해 해저면 경계 획정을 모두 완료하게 되었다.

하지만 가까운 연안이 아닌 먼 중간수역 소유 문제, 카스피해를 '호수'로 혼자 계속 고집하는 이란의 입장 때문에 카스피해 연안 5개국의 세부적인 영유권 협상은 2018년 초까지 계속 진행되었다. 결국 2018년 8월에 이르러서야, 카스피해 연안 5개국은 영유권 협정에 서명하면서, 분쟁과 협상의 과정을 일단 마무리했다.

---

26 Arian, T., Rani, M. and Khosravi, M. A.(2019), The Legal Regime of Caspian Sea. *Global Journal For Research Analysis*, Vol.8, No.7, pp.44-51.

Ⅳ. 카스피해의 국제적 분쟁 해결과 의미

1. 영유권 분쟁의 해결: '바다'로 합의된 바다

국제법상으로 카스피해가 '호수'인지, '바다'인지에 대한 정확한 기준이 없는 상태에서 논란과 갈등은 오랜 세월동안 점점 커졌다. 특히 연안국을 중심으로 카스피해 영유권 분쟁과 갈등의 상황은 대략 1991년부터 2018년까지 약 30년 가까이 지속되었다. 하지만 2018년 8월에 이르러, 연안 5개국은 카스피해를 일반적인 의미의 바다도 호수도 아닌, '특수한 지위에 있는 바다'로 잠정 합의를 했다. 이러한 합의는 갑자기 이루어진 것이 아니다. 앞서 논의한 바와 같이 오랜 세월동안 협상의 성과가 누적되었고, 기존 양자간 합의와 3자간 합의결과들을 기초로 한 것이다. 결과적으로는 긴 세월의 우여곡절 끝에, 2018년 연안국의 전격 합의에 따라 카스피해는 일단 '바다로 합의된 바다'가 된 것이다.

20년을 넘게 끌어온 영유권 문제에 대한 합의의 배경에는 정치, 외교, 경제 등 여러 가지 관점이 있을 수 있다. 일단 표면적으로 이란을 제외한 러시아와 3개 독립국들은 소련 연방 시절부터 약 50년 이상 산업인프라와 경제적 공동체로 묶여 있는 관계였다. 러시아와 이들 나라를 오가는 기존의 인프라와 도로, 철도, 파이프라인은 셀 수 없이 많았기 때문에, 영유권으로 인한 장기간의 갈등은 서로에게 부담이었다. 그리고 이미 동쪽의 카자흐스탄과 투르크메니스탄은 생산된 석유를 카스피해와 아제르바이잔을 통과하는 '바쿠-트빌리시-세이한 송유관(Baku-Tbilisi-Ceyhan pipeline)'을 통해서 유럽으로 수출하는 밀월관계였다. 당초부터 서로의 이익과 약점을 틀어쥐고 있는 상황에서, 파국의 가능성은 크지 않았던 것으로 보인다.[27]

---

27 우양호(2015), "초국적 협력체제로서의 해역(海域): 흑해 연안의 경험". 『해항도시 문화교섭학』. 13: 209-245쪽.

나아가 그 이면을 살펴보면, 카스피해에서 연안국들의 분쟁과 갈등이 오래 진행될수록 그 의미와 실익은 모두에게 같이 줄어든다는 사실이 가장 컸을 것으로 분석된다. 왜냐하면 카스피해 영유권의 핵심이 해상과 해저에너지 자원의 개발 문제인데, 이 자원은 '유한(有限)'한 것이기 때문이다. 개발이 용이한 곳에 만들어진 해상유전, 가스전마다 채굴되는 기간이 대략 10년~15년 정도로 그 매장량과 경제적 효과가 한정되어 있다.

그래서 최근으로 올수록 카스피해에 진출한 글로벌 에너지 기업세력들과 주요 고객국가인 미국, 중국, 유럽연합(EU) 등은 분쟁상황에 불만을 표출했다. 즉 금전적 손해, 불안과 불확실성을 가장 싫어하는 투자자와 고객집단에서도 영유권 문제의 마무리에 적지 않은 외부압력을 가했던 것으로 보인다. 구체적인 카스피해 영유권 문제의 합의와 해결은 다음과 같이 이루어졌다.

우선 2018년 8월 12일에 카스피해 연안 5개국인 러시아, 이란, 아제르바이잔, 카자흐스탄, 투르크메니스탄의 정상들은 최종 회담을 통해 카자흐스탄 '악타우(Aktau)'시에서 '카스피해 협약(Caspian Convention)'을 체결하였다. 이 협약의 체결과정은 연안 5개 나라의 '외교부 차관보(Deputy Ministers)'들로 구성된 '조약협상 위원회'가 장기간 주도하였다. 외교부 당국자들은 2007년 초부터 2017년 말까지 거의 10년 이상을 분기별로 만났다. 3개월에 한 번씩 정기적으로 회동하여 협약문건 내 각 조항들에 대해 차례차례로 합의해 나간 것이다.

2018년 1월에는 각 나라의 '외교장관(Foreign Minister)'들이 해당 문건을 승인했고, 이후 7월까지 6개월 정도 영어를 포함하여 5개 나라의 모국어로 번역하는 작업이 진행되었다. 그리고 2018년 8월 12일에 5개국 정상회담을 개최하여 서명이 이루어졌다. 최근까지는 이 협약에 대한 각 나라 의회와 입법부의 국내 비준이 순차적으로 진행되었다. 이러한 '카스피해

최종 협약(Caspian Convention)'의 핵심요지는 크게 3가지로 보인다.[28]

첫째, 카스피해를 '특수한 지위의 바다'로 규정하고, '영해'와 '배타적 경제수역'을 상호 인정하는 것이다. 즉 5개 연안국의 육지 연안선에서 해상 15해리(약 27.78㎞)까지는 "영토(領土)와 같은 의미의 영해(領海)와 영공(領空)"으로 정하였다. 육지 연안선에서 해상 25해리(약 46.30㎞)까지는 "경제수역으로서 배타적 어업권"을 서로 인정하기로 합의하였다. 세계의 다른 바다 사례와 마찬가지로, 카스피해 중간지대 수역과 해상은 연안국이 공동으로 사용할 수 있게 정했다. 이는 일단 이란이 '호수'라던 입장을 양보하고, 나머지 국가들의 '바다'라는 입장이 크게 반영된 결과로 보인다. 또한 이것은 기존 유엔(UN) 해양법협약에서 "영해를 12해리, 배타적 경제수역(EEZ)을 200해리"로 정한 것과는 차이를 보여준다.

둘째, 해저의 자원에 대한 소유권은 국제법에 따라 당사국 간 합의에 따라 확정하도록 하고, 일단 최종적이고 영구적인 소유권은 그 판단을 유보하는 것이다. 추가적인 자원개발을 위한 바다 밑 해저영토의 귀속문제는 향후에 연안국들 사이의 추가적인 합의를 통해 다시 풀어나가기로 협정이 되었다. 이것은 일단 카스피해의 남쪽에서 연안선이 짧아 해저의 자원이 상대적으로 적고, 수심도 깊어 자원 개발이 어려운 이란 쪽의 입장을 크게 반영한 것으로 보인다. 나머지 4개 국가들도 향후 신규로 개발되는 해저 자원의 소유권과 혜택에서 이란을 소외시키지 않겠다는 입장을 반영한 것으로 풀이된다.[29]

셋째, 연안국 5개 나라 이외에 외부의 어떤 군대나 무력도 카스피해로

---

28 Lashaki, A. B. and Goudarzi, M. R.(2019), Evolution of the Post-Soviet Caspian Sea Legal Regime. In *The Dynamics of Iranian Borders*. Springer, Cham, pp.49-68.

29 Janbaaz, D. and Fallah, M.(2019), Energy Resources of the Caspian Sea: The Role of Regional and Trans-regional Powers in Its Legal Regime. In *The Dynamics of Iranian Borders*. Springer, Cham, pp.69-93.

진입하는 것을 절대 인정하지 않기로 합의한 것이다. 협약에 따라 향후 외부 국가의 소속 군함이나 항공기의 활동 외에도, 외부 지원에 의한 군사적 목적의 '항구(軍港)'나 '시설'도 새로 만들지 못한다. 외부 국가선박의 항해, 조업, 과학연구 및 자원개발과 산업인프라 설치 등의 활동도 당사국 합의에 따른 하위 규칙에 의거할 경우에만 가능하다. 예컨대, 유엔(UN)이나 미국이 주도하는 북대서양조약기구(NATO), 인근의 중국 등이 카스피해에 군사적으로 관여하는 시도를 완전히 차단한 것이다. 이는 군사력이 상대적으로 강하고, 외부 강대국들과 경쟁관계인 러시아와 이란의 주장이 거의 관철된 것으로 보인다.

결과적으로 러시아, 이란, 아제르바이잔, 카자흐스탄, 투르크메니스탄은 2018년 8월에 맺은 5개국의 협정을 '카스피해의 법적 지위에 관한 협약(The Convention on the Legal Status of the Caspian Sea)'으로 정식 명명하였다. 약식으로는 '카스피해 협약(Caspian Convention)'으로 부른다.

이 협약에서 5개 연안국들은 카스피해를 호수도 아니고 바다도 아닌 '제 3의 존재'로 규정했다. 즉 협상이 타결되었던 핵심은 카스피해를 "바다와 호수 중간의 특수 지위"로 보는 것이다. 합의와 협정의 체결로 특정 지역에 "별도의 법적인 지위"를 부여하며 영유권 문제를 해결한 것은 세계적으로 희소한 사례로 볼 수 있다. 그리고 오랜 세월 계속된 영유권 논란과 분쟁이 일단 수면 아래로 가라앉은 상황이라는 점에서 그 의미가 적지 않다.

2. '카스피해 협약'의 의미와 평가

일반적으로 국제협약이나 조약의 초안이 이해당사국들의 만장일치로 승인된 경우에는 "외교관계에 대한 새롭고 정형화된 양식(Diplomatic Relations Form)"이 만들어졌다는 점에서 중요한 의미가 있다. 문서에 공동의 합의로 사안에 대한 법적 원칙이 정의되어 있으면, 이후의 관계가 명료해진다.

일단 합의로 정의된 원칙들은 이해당사국 사이의 관계 진전에 좋은 출발점을 제공한다. 나아가 향후 여러 관계된 사안이나 분야에서 갈등과 분쟁보다는 확실한 협력과 공생관계를 구축할 수 있는 동기도 줄 수 있다. 그리고 카스피해 연안에서 그러한 조짐은 최근 현실적으로 드러나고 있는 상황이다.[30]

2018년 8월 '카스피해 협약'의 체결에 따라, 기존에 산적한 큰 문제들이 최근 해결의 국면으로 접어들었다. 가장 대표적인 것이 2019년에 카스피해 동쪽 연안에 위치한 카자흐스탄과 투르크메니스탄에 대해 유럽 쪽으로의 파이프라인 설치를 러시아가 전격 허용하기로 결정한 것이다. 서쪽인 러시아 해역과 연안의 영토를 통과해야만 유럽 쪽으로 나가는 에너지 파이프라인은 러시아의 견제와 반대로 거의 20년 동안 제대로 실현되지 못했다.

카스피해에 매장된 막대한 자원을 바깥의 소비지역으로 실어낼 수 있는 다양화된 수단이 카스피해 협약 체결로 가능해진 것이다. 또한 앞으로 해저 파이프라인의 건설과 관련하여, 송유관이 교차하는 국가들이 건설에 합의만 하면 된다는 것을 조약에 명시하였는데, 이는 이란과 투르크메니스탄이 유엔 해양법협약에 가입되어 있지 않은 문제를 배려했다. 이제 카스피해에서는 두 나라도 해저에 대한 권리를 특별히 양도받은 것이다. 이 외에도 연안국들이 서로 협조하지 않았던 과거의 문제들이 하나씩 풀릴 수 있는 실마리도 생겼다.

이러한 긍정적 상황으로의 변화는 카스피해 연안국들 외에도, 외부의 투자 국가나 글로벌 기업들에게도 많은 영향을 미치고 있다. 서방 선진국과 다수의 글로벌 에너지기업들은 2018년 협약으로 인한 카스피해 영유권 갈등의 종식에 환영의 의사를 비쳤다. 카스피해 협약의 체결과 연안국들의 관계 안정화는 이 지역에 새로 투자하려는 국가와 기업들에게 심리적 유인

---

30 Kadir, R. A.(2019), Convention on the Legal Status of the Caspian Sea. *International Legal Materials*, Vol.58, No.2, pp.399-413.

을 제공하고 있다. 카스피해의 법적 지위와 서로간의 구역이 명확히 정의됨에 따라, 이곳에서 사업을 추진하려는 외부 국가와 기업의 수는 크게 증가할 것으로 기대된다. 실제 카스피해 연안에서 새로운 국제적 인프라 사업이나 기존에 구상되었던 에너지 수송 프로젝트가 급속하게 진행되고 있다는 사실은 중요한 증거로 여겨진다.

최근 몇몇 사례를 제시하면, 유럽연합(EU)의 유럽과 아시아 에너지 수송회랑 프로젝트인 "Transport Corridor Europe Caucasus Asia Initiative(TRACECA)", 글로벌 기업들이 참여하는 아제르바이잔, 카자흐스탄 및 투르크메니스탄의 카스피해 초국적 물류운송 프로젝트인 "Trans-Caspian International Transportation Route(TITR)" 등은 급속한 진전을 보였다. 여기에 중국의 21세기 실크로드 프로젝트인 "일대일로(One Belt, One Road)" 사업과의 연계도 함께 시도되고 있다.

중국의 육상실크로드는 중앙아시아 코카서스와 카스피해 연안을 통과해서 유럽 쪽으로 가는 것으로 당초부터 계획되어 있기 때문이다. 카자흐스탄, 투르크메니스탄과 가까운 중국 서부를 잇는 가스관과 산업인프라는 중국 정부의 엄청난 자본력으로 비교적 단기간에 완성될 계획이다. 카스피해 전체를 순환 항해하여 5개 연안국의 항구에 기항하는 '국제크루즈 관광여행 프로젝트'도 협의가 진행되는 등 여러 긍정적 조짐들도 보이고 있다. 물론 2022년 이후 러시아의 우크라이나 침공 전쟁으로 이상의 사업들은 소강 국면이기는 하다.[31]

'카스피해 협약'은 최종 체결까지의 과정이 간단하지는 않았지만, 이 협약은 일단 카스피해 영유권뿐만 아니라 연안국 전체의 외교관계 발전에도 중요한 의미를 갖는다. 예를 들어, 협약의 사전작업에는 최소 10년 이상이 소요되었으며, 5개 연안국의 외교당국과 실무자들은 60여 차례의 공식회

---

31 코트라해외시장뉴스(2023), https://news.kotra.or.kr.

담을 진행하였다. 이 과정에서 서로의 사정과 입장에 대한 명확한 사실관계가 오갔으며, 관심과 이해도가 깊어지게 된 것으로 보인다. 협상과 합의로 국제적인 해양영토분쟁의 해결을 위한 하나의 좋은 선례가 될 수 있는 것으로 의미부여가 충분히 가능한 대목이다.

국제적 관점과 규범적 차원에서도 카스피해 협약은 이 지역에 대한 '최초의 헌법'과 같은 의미로 받아들일 수 있다. 이해당사국 모두가 참여하여 '바다'로서의 정체성을 합의하고, 서로의 입장을 공식문서로 인정했기 때문이다. 그래서 협약의 체결은 장기적으로 연안지역의 안보와 역내의 정치적 안정감을 보증하게 될 것으로 전망된다. 적어도 20년 넘게 끌어온 치열한 영유권 갈등과 분쟁이 어느 정도 일단락되었다는 측면에서 카스피해 협약의 체결은 긍정적인 평가를 내릴 수 있다.

마지막으로 카스피해 협약은 영유권 분쟁의 영구적 해소를 위한 제도와 외교적 토대가 마련되었다는 점에서도 큰 의미를 갖는다. 적어도 카스피해 내에서의 활동이 연안국 전체의 공식 합의와 법적 근거 없이 무단으로 이루어지던 시대는 끝이 난 것으로 보인다. 카스피해의 영유권과 자원의 개발권은 오직 연안국 5개 나라에만 귀속된다는 원칙을 공식문서인 '일반협약(General Convention)'을 통해 공동으로 확인했다는 점에서는 그렇다. 이는 대다수의 국제관계 및 지역전문가들이 동의하고 있는 부분이기도 하다.

3. 잠재된 국제적 갈등의 가능성

카스피해 협약으로 인해 연안국 전체의 '15해리 영해'가 인정됨으로써 일단 '호수(湖水)나 담수호(淡水湖)'는 아닌 것으로 정리되었다. 앞으로는 영구적으로 '카스피해(海)'이며, '카스피호(湖)'는 절대 아닌 것이 되었다. 그리고 세계에서 가장 큰 '제1의 특수한 내륙해'로서의 정체성과 국제법적 지위가 얻어졌다. 다만, 현행 1982년 유엔(UN) 해양법협약(UN Convention on the Law of the Sea)이 자동 적용되는 '일반적인 바다'는 아니며, 연안국의 공통적 합의사항만 유효한 '특수한 바다'이다. 하지만 이 협약으로 카스피해를 둘러싼 해묵은 갈등이 완전히 해소된 것은 아닌 것으로 보인다.

연안국들의 정부와 외교부는 협약의 '총론(Introduction)' 부분에서 카스피해를 기본적으로 '바다'로 규정하면서도 세부 조항과 각론에서 '특수한 법적 지위'를 부여했다고 공통적으로 설명하고 있다. 협약 조문을 국제사회에 '전문(Full Text of the Convention)' 형태로 공개했으나, 그 이면에 있는 세부적인 단서조항과 합의사항까지는 아직 투명하게 공개하지는 않았다. 하지만 형식적인 측면과 공개된 내용만으로 판단하자면, 연안국들이 전원 동의하여 체결된 카스피해 협약은 내용적으로 상당히 독특하고 모호한 특징을 갖고 있다. 이에 관한 구체적인 지적은 다음과 같이 할 수 있다.

첫째 '카스피해 협약(Caspian Convention)'에는 몇 가지 제한사항과 단서조항들이 있다. 이 협약은 "아제르바이잔과 투르크메니스탄 사이의 기존 해양영토분쟁, 아제르바이잔과 이란 사이의 기존 해양영토분쟁을 즉시 해결하지는 않는다"라고 적시되어 있다. 다만, 연안국들의 기존 영토분쟁을 해결할 수 있는 향후의 방안은 이 협약에 근거할 것을 적시하는 수준이다.

특히 독립의 시기나 국력이 엇비슷한 투르크메니스탄과 아제르바이잔은 영유권 갈등을 여전히 해결하지 못하고 아직 군사적 긴장상태에 머물러 있다. 가장 근본적인 이유는 과거 영유권 분쟁의 핵심적 쟁점 중 하나인 '해저영토의 분할과 해저자원의 개발' 문제가 남아 있기 때문이다. 카스피해 해저에는 아직 총 500억 배럴 이상의 원유와 9조㎥ 이상의 천연가스가 매장돼 있는 것으로 추산된다. 이것을 '견물생심(見物生心)'처럼 특정 국가들이 점유하거나, 이익 배분이 누군가에게 비합리적으로 여겨지면 미래에 국제적 갈등은 재현될 것으로 예상된다.

둘째, 해저자원의 소유권 등 카스피해의 지위에 관한 세부사항에 대한 합의가 없는 가운데, '정치적 갈등의 불씨'는 여전히 남아 있는 것으로 보인다. 명확하지 않은 '바다의 국경'에서 문제는 항상 일어나기 마련이다. '영해 이외의 해역에 대한 공동의 이용과 관리'라는 합의도 그런 맥락에서 문제는 있어 보인다. 연안국의 정상들은 2018년 당시에 조약에 함께 서명하면서, 협약의 체결이 최종 종착점이 아니며 미래에 계속적인 협력과 소통을 강조했다.

특히 이란의 경우, 이번 조약은 "카스피해의 성격과 법적 지위에 관한 합의일 뿐이며, 그 이상의 과도한 해석은 지양해야 한다"는 의견을 보였다. 또한 앞으로 해저부분의 영구적인 영유권 확정을 위해서는 더 많은 논쟁과 양보가 필요하다는 입장을 밝혔다. 이란은 협약 직전까지 카스피해가 바다가 아니라는 입장을 끝끝내 고수했다는 점에서, 향후 연안국 사이에 추가적인 합의가 반드시 필요함을 시사한 것이다.

실제로도 이란은 협약으로 가장 손해를 본 국가이며, 수심이 깊고 해안선이 가장 짧은 영유권만 받아들었다. 오래된 미국과의 외교마찰과 핵무기 등으로 인한 경제제재로 고립 위기에 놓인 이란으로서는 러시아와 주변국의 협력이 더 절실했던 상황에서 양보가 불가피했다는 해석이 가능하다. 그래서 일종의 '정치적 합의와 선언'으로 채워진 카스피해 협정에 연안국들이 일단 서명부터 한 것일지도 모른다는 비판의 소지도 있을 수 있다.

셋째, 무력분쟁이나 안보적 위기의 가능성이 영구적으로 해소된 것도 아닌 것으로 보인다. '바다'이냐, '호수'이냐의 과거 논쟁이 일단 '바다'인 쪽으로 끝나게 되자, 이제는 러시아를 중심으로 이 바다의 군사적 패권을 차지하기 위한 움직임이 시작되고 있다. 카스피해에서는 지난 30년 동안 소련 연방 시절의 군사력과 함정을 그대로 이어받은 러시아 해군의 위용이 막강한 상황이었다.

그런데 2018년 협약에서는 일단 서명국이 아닌 외국 군대의 카스피해 주둔을 일절 금지하는 조항이 명시적으로 포함되어 있다. 더 중요한 것은 5개 나라의 연안을 '영해'로 인정하는 협약으로 인해서, 러시아가 카스피해 전체에서 압도적인 '군사적 지위'를 자연스럽게 획득했다는 점이다. 카자흐스탄은 카스피해의 무력배치에는 회의적이며, 기존의 강자인 러시아와 함께 적어도 표면적으로는 추가적인 군비증강에 반대하고 있기는 하다. 하지만 나머지 국가들은 그런 생각에 동의하지 않는다. 카스피해의 제해권 장악을 위한 군비경쟁은 미래의 보이지 않는 위험인 것이다.

넷째, 국제질서와 외교적으로도 영유권 협약은 완벽한 해결책이 될 수는 없을 것이다. 카스피해 연안에는 미국과 사이가 좋은 나라와 나쁜 나라들이 뒤섞여 있고, 반대로 러시아와도 그런 나라들이 함께 공존해 있다. 여기에 영국, 프랑스, 중국 등의 글로벌 기업과 투자자들의 이해관계도 얽혀 있어, 자칫 이들의 대리전 양상으로 치달을 가능성이 항상 적지 않았다.

게다가 2018년 협약의 체결로 인하여 최근 다른 나라 선박과 물자는 카스피해에 들어오지 못하게 되었다. 미국과 중국이 각각 아제르바이잔, 카자흐스탄과 경제지원 및 안보협력을 강화해 오던 것에 제동이 걸린 것이다. 이 틈을 타서 러시아는 이란과의 연대를 강화하고, 카스피해에서 외교 및 군사적 주도권 확보하기 위해 활발히 움직이고 있다.

이에 대응해서 투르크메니스탄, 아제르바이잔도 스스로의 안보동맹을 강화하고 있다. 카스피해 연안에서 영유권 문제의 일단락은 외형상으로는 평화와 안정을 주었지만, 실상은 그래서 더 복잡한 국제정세 속으로 들어가고 있는지도 모른다는 지적도 충분히 설득력이 있을 것이다.

V. 맺음말

전 세계의 거의 모든 바다는 역사적으로 원래부터 바다였고, 현재도 그러하다. 하지만 이 장에서 다룬 카스피해는 엄밀히 말해 "바다로 합의된 바다"로 정의될 수 있다. 원래부터 바다인가, 아닌가의 논쟁이 그리 흔한 경우는 아닐 것이다. 카스피해는 과학적인 증거보다는 연안국들과 국제적 이해관계 속에서 '바다의 정체성과 지위'를 뒤늦게 찾은 희소한 케이스로 판단된다.

일각에서 "세계에서 가장 큰 호수"로 불리던 카스피해는 이제 연안국들의 합의와 조약에 의해 '바다'로서의 국제적 지위를 명확히 했다. 향후에는 '세계적인 담수호 순위(Transboundary Lakes Ranking)'에서도 1위를 내어주고, 자동 제외될 것으로 보인다. 뿐만 아니라, 아직 완벽하진 않지만 카스피해에서는 연안국의 합의에 의해 '바다의 영유권 문제'도 잠정적인 정리가 된 것으로 보인다. 설령 자연과 지리학적으로 '호수'일지라도, 인간사회나 현실세계에서 미치는 영향은 '바다'인 것으로 합의되었다.

오늘날 해양영토의 분할, 바다의 영유권 문제는 국제관례 상으로 가장 결정하기 어려운 문제들 중의 하나이다. 세계적으로 해양영토 분쟁지역이 많지만, 해결되는 사례가 극히 적은 이유도 그 때문이다. 카스피해의 정체성 규정과 영유권 분할 문제도 원래부터 복잡한 방정식이었다. 카스피해 연안의 모든 이해당사국은 국경과 영유권에 대한 저마다의 입장을 갖고 있었고, 그러한 입장들은 나름의 근거도 내세우고 있다. 하지만 에너지 자원 매장의 유한성, 개발시한의 특수성과 국제적 압력, 연안국들의 기존 연결성과 실리 추구, 환경보호와 안보문제 등이 복합적으로 작용하여 2018년의 '카스피해 협약'이 탄생하였다.

이 협약으로 카스피해 연안 5개국의 영유권 분쟁이 일단락 되었다는 것에는 많은 전문가들이 동의할 것이다. 유라시아 지역에서 카스피해가 지니는 지정학적 중요성도 다시 확인되었다. 역내의 안정화로 인해 서방 선진국과 글로벌 기업들의 협력 프로젝트에 참여도 높아지고 있어, 카스피해는 새로운 도약과 발전의 전기를 맞을 것으로 예상된다.

연안국들은 글로벌 기업이나 외부 국가들에게 미래의 투자나 협력에 따르는 '위험(risk)'이 최소화되었다는 이점을 홍보하고 있다. 다만, 가까운 미래에 전개될 카스피해의 새로운 정세와 지정학 및 지경학적 동향을 고려하면, 전문가 사이에서도 여전히 '낙관론'과 '비관론'이 교차하고 있는 상황이다. 그런 점에서 중앙아시아와 유럽, 중동을 잇는 요충지에 위치한 카스피해의 국제정세는 우리나라에게도 경제·외교적으로 중요한 의미를 갖는다.

카스피해 영유권은 우리가 직접적으로 관여할 수 있는 문제는 아니지만, 적어도 연안국들의 입장과 동향을 예의 주시할 필요가 있다. 해안선을 기준으로 나라간의 영유권이 명확해지면, 보다 안정적인 자원개발 및 정부의 외교와 해외사업 확장에 용이할 것이기 때문이다. 결론적으로 국익을 최우선시하고 첨예하게 대립했던 연안국들의 입장 사이에서, 대(對) 카스피해 외교와 통상 면에서 빠르고 유연하게 대처할 수 있는 준비가 우리에게는 필요하다. 그 실질적인 이유와 방안은 다음과 같이 제언한다.

우선 우리나라는 석유수입 세계 5위권, 소비는 7위권 국가로서 에너지 안보를 곧 국가안보 개념 중의 하나로 삼을 만큼, 보유된 자원이 부족하다. 최근 해외 자원개발을 통한 안정적인 공급원 확보는 국가경제 및 안보 측면에서 시급한 과제로 볼 수 있다. 특히 정세가 안정적이지 못한 중동지역에 약 80% 이상을 의존하는 석유와 가스 등 핵심에너지는 에너지 안보 측면에서 문제시된다.

이에 우리 정부와 기업은 공급의 위험부담과 의존도를 다변화하기 위해 많은 노력을 하고 있으며, '카스피해 4대 에너지 생산국(Caspian 4)'도 그 대안에 포함하고 있다. 국가와 기업에게 보다 안정적인 투자 및 사업진행을 담보하기 위해 2018년의 카스피해 영유권 협약체결 사건은 우리나라 국제협력의 미래와 무관치 않은 문제인 것이다.

제안컨대, 강대국과 글로벌 기업들이 계속 카스피해 자원을 개발해서 가져가는 상황에서, 우리는 향후 그들이 못하는 것을 해줄 필요가 있다고 본다. 즉 연안국들에게 우리가 무엇인가를 도와주고 남겨준다는 인식을 심어줄 필요가 있을 것이다. 특히 카자흐스탄, 아제르바이잔, 투르크메니스탄은 에너지 수출에만 관심 있는 파트너는 좋아하지 않는다. 최근 취약한 자국의 제조업 분야와 노하우를 비롯한 기술분야, 교육분야, IT 등 다방면의 협력을 원하고 있기 때문이다. 여기에는 우리나라가 장점을 가진 부문이 많은 만큼, 상호간 협력의 성공가능성은 높을 것으로 판단된다.

그리고 연안국들의 주요 현안인 해양환경관리 및 생태계보호 문제에도 우리나라가 적극적인 관심과 참여를 할 필요가 있다. 개발로 인한 오염 저감과 환경기술, 해양생물자원의 보호, 수자원 공급과 수질관리 개선, 해상 긴급상황과 재난구호에 대한 공동의 협력 등은 우리가 충분히 강점을 갖는 것들이기 때문이다.

이상과 같은 대응과 협력방안으로 향후 우리나라는 카스피해 에너지 개발과 수입문제 뿐만 아니라, 한국·카스피해 협력의 스펙트럼을 계속 넓혀 나가야 할 것으로 보인다. 길게는 카스피해가 '분쟁의 바다'가 아닌 '평화의 바다'로 계속 남을 수 있도록 국제적 공조에도 장기적인 관심을 두어야 할 것이다.

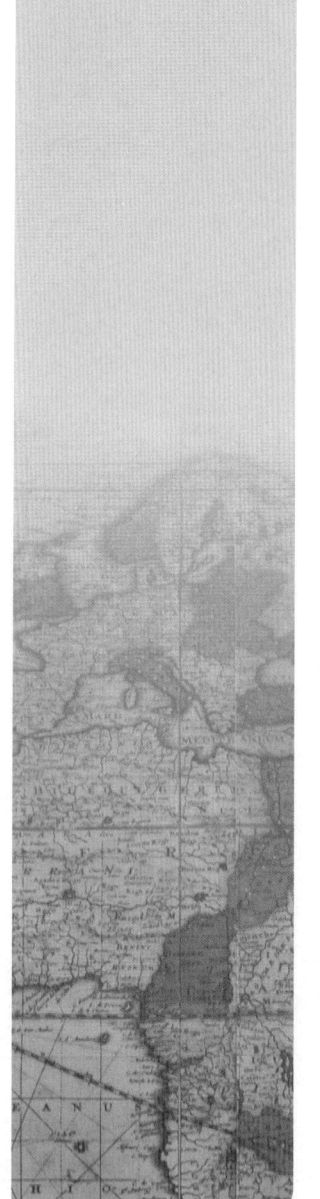

제4장

동남아시아 신남방정책의 해양외교적 평가

Ⅰ. 머리말

21세기에 들어서 기존의 '국민국가(Nation State)'와 '국경(Border)' 체계를 바탕으로 한 글로벌 공간의 설명구조는 설득력을 잃고 있는 것 같다. 이미 유럽과 아시아 곳곳에서 국경을 넘은 경제, 정치, 안보공동체가 만들어져 왔다는 사실은 우리에게 더 이상 낯선 이야기가 아니다.

유럽연합(EU) 등은 물론이고, 지금 우리가 살아가고 있는 동아시아 해역에서 나타나고 있는 초국경적 공간과 발전현상을 국민국가론으로 설명하기 어렵다는 점은 이를 잘 대변한다. 최근 새로운 지정학적 현상 중 하나로 등장하고 있는 국가 단위의 연합, 초국경 네트워크의 구축과 새로운 월경지역의 형성은 정치단위 및 경제단위에 대한 기존의 국민국가적 발상, 육지 중심적 사고의 전환을 새롭게 요구하고 있다.[1]

이런 시대적 맥락에서 근래 우리나라는 동아시아 공동체 구축을 위한 '신남방정책'을 국가적으로 표방하고 나섰다. 과거 2017년 11월 문재인 대통령에 의해 처음 표방된 신남방정책은 쉽게 말해 동남아시아 지역 및 인도 등과의 외교, 국제교류, 협력관계를 적어도 기존 우리나라와 4강(미국, 중국, 일본, 러시아) 관계 수준 이상으로 끌어올리겠다는 의지의 천명이었다.

나아가 이는 '남방(南方)'의 아세안 및 남아시아·태평양 지역 연안 및 도서국가까지 교류협력을 크게 확대하려는 구상이었다. 신남방정책은 문재인 정부의 가장 핵심적인 외교정책 중 하나이자, 동남아시아와 해양 쪽으로 모두의 눈을 돌리게 만든 참신하고 혁신적인 방안으로 평가되고 있다.[2]

---

1 우양호, 「동북아시아 해항도시의 초국경 교류와 협력방향 구상: 덴마크와 스웨덴 해협도시의 성공경험을 토대로」, 『21세기정치학회보』 22(3), 2012, 375-395면.
2 신남방정책에서 '신남방(新南方)'의 지리적 범위는 아세안(ASEAN) 10개국과 인도까지 포함하나, 이 장에서는 '동아시아 해역공동체 구축'이라는 신남방정책 본연의 취지와 '아세안'의 실질적 비중을 고려하여 인도를 제외한 아세안 중심으로 논의를 집중하고자 한다.

정부가 먼저 발상의 전환을 통하여 동남아시아를 전략적으로 중시하고, 새로운 신남방정책을 마련한 것은 다소 고무적인 일이다. 기존 강대국이 아닌 '동남아시아'라는 다소 생소한 대상, 육로가 아닌 바닷길을 통해서 확고하면서 장기적인 교류와 협력 비전을 내세우는 첫 시도이기 때문이다. 그래서 지금 우리나라의 외교와 대외전략은 큰 전환점과 기로에 서 있다.

신남방정책이 정치·경제·안보·문화에서 더 넓은 전략적 공간을 마련했지만, 이것이 단순히 대외로 발신하는 메시지와 선언에 머물 가능성도 없지는 않아 보인다. 이미 1990년대에도 동남아시아 열풍이 불었다가 사라진 적이 있고, 지금도 민간보다는 정부가 이것을 주도하고 있으며, 제도와 유·무형의 기반도 적기 때문이다.[3]

그래서 우리는 지금 국익 증진에 대한 확실한 대안으로서 "신남방정책을 어떻게 성공시킬 것인가?"를 학술적 관점에서 심층적으로 묻지 않을 수 없다. 학계에서는 신남방정책과 직접 관련한 장기 프로젝트를 본격적으로 만들려는 단계에 있다. 많은 이들에게 아직 생소한 신남방정책을 구체적으로 소개하고, 그 타당성이나 추진 방향을 다룬 선행적 검토도 거의 없는 상황이다.

그럼에도 불구하고 앞으로 신남방정책이 성공적으로 안착하고, 국익에 도움을 주기 위해서는 학계와 전문가의 더 많은 검토와 준비가 필요하다. 이 장에서는 그러한 규범적 노력의 일환으로 동남아시아 해역에 대한 외교 정책인 신남방정책을 다룬다.

앞으로 이 장에서는 새로운 동아시아 공동체 구축이라는 전제와 관점에 입각하여 동남아시아 지역과 아세안(ASEAN)의 특성을 알아보고, 이것이 '신남방정책'의 시작에 크게 작용했을 것이라는 가정에서 논의를 출발시키고자 한다. 또한 북한, 중국, 미국 등 최근 급변하는 동아시아의 국제정세

---

3 이재현, 「신남방정책이 아세안에서 성공하려면?」, 『The Asian Institute for Public Studies; Issue Brief(2018-04)』, 2018, 1-17면.

와 외교·안보 상황도 우리나라가 새로운 대안, 즉 동남아시아에 관심을 가진 사실과 무관치 않을 것이다.

이 장에서는 이런 맥락에서 국민들에게 상세히 알려지지 않았던 신남방정책의 최근까지의 추진 경과와 주요 성과들에 대해서도 구체적으로 살펴보고자 한다. 궁극적으로는 현재적 평가와 진단을 토대로 신남방정책의 향후 장기적 과제와 추진방향을 도출해 보고자 한다. 이상의 연구목표는 기존 외교방식과는 크게 다른 신남방정책이 갖는 특성과 해양 외교상의 논리를 이해하게 만드는 동시에, 향후 정책의 성공과 연착륙에도 적지 않은 시사점을 줄 것으로 생각된다.

Ⅱ. 동아시아 해역과 해양 '아세안(ASEAN)'의 의의

1. 동아시아 해역과 지역적 특수성의 이해

오늘날의 바다는 현대 과학기술과 교통의 발전에 힘입어 소위 '소통의 바다'라 불린다. 그리고 이런 바다를 통해 이루어지는 '소통의 힘'은 최근 동아시아 국가와 도시들로 하여금 개방성과 교류성을 더욱 강화시켰다. 특히 우리나라가 속한 동아시아 해역은 명백히 구획된 바다를 칭하는 자연·지리적인 용법과 달리 인간이 생활하는 공간, 사람·물자·정보가 이동 교류하는 '장(場)'이었다.

동아시아 지역, 즉 동북아시아와 동남아시아 주요 국가와 도시들은 대부분 연안지역과 해안선을 따라 형성되어 있으며, 도서지역도 많은 편이다. 그래서 동아시아 지역은 '바다(海路)'를 통한 왕래나 교류가 예부터 편리하였다. 근대 이전부터 사람과 문화의 혼합이 왕성하여 경계가 불분명하였으며, 실선이 아니라 점선으로 표현되는 '동아시아의 열린 네트워크' 혹은

'동아시아 공동체'였다는 것이 역사 및 지역학계의 정설로 굳어져 왔다. 그리고 이러한 공동체를 구성하고 있는 실질적 후보로는 아세안+3(우리나라, 중국, 일본)이나 동아시아 정상회의(EAS) 등이 거론되고 있다.

특히 동남아시아는 태평양 중심의 해양세력과 유라시아 대륙이 만나는 중앙에 위치하고 있으며, 동북아시아를 중재하는 위치에 서 있다. 국제정치의 역학구도로 볼 때도 중국과 미국이 서로를 견제하기 위한 최적의 대상이 된다. 물론 이 범위에는 우리나라도 크게 포함된다.

지리적으로 오늘날의 동남아시아 아세안(ASEAN)은 동아시아 해역(Sea Region)을 구성하는 핵심요소로서 그 자체가 경계이면서 동시에 원심력과 구심력이 작동하는 공간이다. 배후지인 동아시아 역내의 각지를 연결할 뿐 아니라 먼 곳에 있는 역외인 해역의 거점과도 연결된 광범위한 네트워크가 성립된 공간이기도 하다.[4]

그런 점에서 우리나라가 외교와 대외정책으로 관심을 갖는 동남아시아는 원래 해역을 중심으로 '하나의 아세안(ASEAN)'을 표방해온 지역이다. 동남아시아는 근대 국민국가 형성 직후부터 지리적 특수성과 민족·문화적 배경으로 인해 월경적 지역연합과 초국가적 결속이 필요한 곳으로 거론되어 왔다.[5]

현실적으로 동남아시아 권역에서 만들어진 초국경 국가연합체인 동남아시아국가연합(Association of Southeast Asian Nations), 즉 아세안(ASEAN)은 1967년에 설립된 동남아시아의 정치, 경제, 문화적 월경공동체이며, 지난 2017년에 창설 50주년을 맞은 오래된 초국경 연합체이다.

동남아시아국가연합인 아세안(ASEAN)의 회원국은 태국, 캄보디아, 미

---

4 Masahiro, K. and Wignaraja, G, Asian "FTAs: Trends, Prospects and Challenges", *Journal of Asian Economics* 22(1), 2011, pp.1-22.

5 Goh, E. "Institutions and the Great Power Bargain in East Asia: ASEAN's Limited 'Brokerage' Role", *International Relations of the Asia-Pacific*, 11(3), 2011, pp.373-401.

얀마, 라오스, 베트남, 필리핀, 말레이시아, 싱가포르, 인도네시아, 브루나이 등이며, 준회원국으로 파푸아뉴기니, 동티모르가 있다. 물론 역사와 문화적으로 동남아시아의 범위설정에 있어, 학계에서는 국민국가 이후의 국제정치와 외교적 경계가 중심이 되는 공동화 현상에 대해 반대하는 경향도 있다. 그럼에도 불구하고 실제적으로 지금의 아세안은 10개의 회원국과 2개의 준회원국을 가진 인구 약 6억 5천 만명 이상의 거대한 초국경 국가연합체로서, 미래에 유럽연합(EU)과 맞먹는 정치·경제적 통합체를 지향하고 있다.[6]

국제정치의 역사적인 배경을 보면, 1980년대 후반 냉전체제가 종식되면서 동남아시아 국가들은 강대국의 영향권에서 벗어나 정치적 독자성을 추구하기 시작했다. 그 결과 1990년대 들어서 안보와 경제, 교역 등에 관한 스스로의 주도권 행사가 가능하게 되었다.

당시 아세안 회원국 대부분의 상황은 국내의 정치를 중시하고, 경제적 자립과 산업 복원에 힘을 쏟던 상황에 있었다. 게다가 경제적 후진성과 개발의 낙후문제 등으로 대부분의 동남아시아 나라들은 후진국이나 개발도상국의 지위에 있었다. 잘 살지 못하고 힘이 약한 나라들이 상호협력의 필요성을 절감한 것은 어찌 보면 당연한 이유였다.[7]

1990년대에 들어 동남아시아는 강대국 사이의 중립적 외교를 지향하고, 이들의 헤게모니 쟁탈을 견제함으로써 자신들의 이익을 추구하기 시작했다. 특히 미국과 중국 사이에서 아세안 국가들은 자국의 안보와 경제적 고민을 해결하면서, 동아시아 전체로의 광범위한 월경협력을 통해 공동의 발전을 도모한다는 목표를 정하였다.

이는 동남아시아의 이미지를 국경을 넘어선 월경사회, 경제적 협력으

6 이에 관해서는 Henderson, J, *Reassessing ASEAN*, Routledge, 2014, pp.1-120.
7 곽성일, 「아시아 지역 국가 간 새로운 협력체제 구축 방안」, 『정책연구보고서(국민경제자문회의 지원단-23)』, 2017, 1-15면. 대림검, 「동아시아 공동체에 있어 해역 공간의 재인식」, 『아세아연구』 60(4), 2017, 205-236면.

로 지역 간 초국경적 연계성을 극대화한 지역으로 만들었다. 적어도 아픈 역사적 경험과 약소국들이 많이 모인 열악한 상황은 공통의 가치관과 이익의 전제를 가진 동남아시아 해역의 국가들이 강한 네트워크 관계를 지탱할 수 있는 동기, 즉 동질성을 확보해준 것으로 보인다.[8]

<그림 13> 동남아시아와 아세안(ASEAN)의 지리적 범위

* 자료: 동남아시아국가연합(ASEAN), https://www.asean.org, 2023.

2. 아세안의 중요성과 최근 동향

동남아시아 아세안 연안국과 도서국가들은 초기에 다소 느슨한 초국적 결합체로 존재했다. 그러나 베트남 전쟁과 냉전체제의 종식 이후 동남아시아 지역에서 국제적 헤게모니와 힘의 균형이 변화하기 시작했고, 최근 베

---

8 Acharya, A, *Constructing a Security Community in Southeast Asia: ASEAN and the Problem of Regional Order*, Routledge, 2014, pp.1-314.

트남과 인도네시아 등 일부 회원국들이 괄목할 만한 성장과 두각을 나타내면서부터 그 결속력은 갈수록 더욱 강화되고 있다.

특히 동남아시아 지역에서 아세안이 가진 재정적 결속력의 중요한 핵심은 이미 1966년 설립된 아시아개발은행(ADB: Asian Development Bank)을 토대로, 다양한 초국경적 결속기금(Cohesion Fund)을 마련한 것으로 설명된다. 이를 바탕으로 동남아시아 바다를 사이에 둔 반도와 섬들의 접경지역 간 인프라 연결과 협력체제를 구축해 온 것이다.[9]

가장 중요한 점은 과거의 이러한 경제와 국민국가적 결속이 바탕이 되어, 다른 내·외부 지역과의 월경협력을 가속화시키는 자극제(Motivation)가 되고 있다는 것이다. 단적으로 말하자면, 동남아시아 나라들에게 해역을 기반으로 한 공동체의 구축은 스스로의 생존과 발전, 대외교섭과 국제사회 진출을 위한 필수 불가결한 선택이었던 것이다.[10]

최근 아세안은 2015년 12월에 '아세안공동체(AC: ASEAN Community)'를 공식 출범하고, 미래 10년 단위의 장기적 비전을 수립하였다. 이 거대한 '아세안공동체' 비전과 계획은 기존의 아세안을 상향적으로 개선(upgrade)한 것이 골자이다. 미래의 아세안은 3개의 부문별 공동체로 구성이 되는데, 정치·안보 공동체(ASEAN Political-Security Community: APSC), 경제공동체(ASEAN Economic Community: AEC), 사회·문화 공동체(ASEAN Socio-Cultural Community: ASCC)가 그것이다.

특히 아세안은 2018년에 GDP가 3조 달러를 넘어 섰고, 연평균 경제성장률은 최근 10년 동안 연 평균 5%대를 기록하고 있는 유망한 거대 시장이다. 이는 동남아시아 지역의 정치·경제·안보환경의 변화에 따른 총체적

---

9 아세안(ASEAN)코리아, https://www.aseankorea.org/kor, 2023.
10 Caballero-Anthony, M, "Understanding ASEAN's Centrality: Bases and Prospects in an Evolving Regional Architecture", *The Pacific Review* 27(4), 2014, pp.563-584; Gilson, J, "New Inter-regionalism? The EU and East Asia", *European Integration* 27(3), 2005, pp.307-326.

인 대외 경쟁력 강화를 위한 자발적이고 강력한 초국경 네트워킹으로 설명된다.[11]

아세안은 2016년부터 'ASEAN 공동체 비전 2025'를 선포하고, 실천에 옮겼다. 이 비전에는 아세안이 규범 중심적(Rule-Based), 인간지향적(People-Oriented), 인간중심적(People-Centered) 공동체임을 밝히고 있다. 또한 공동체는 평화적이며, 안정적이고, 회복력(Resilient) 있는 공동체를 지향하며, 세계국가 공동체(a Global Community of Nations)의 일원으로 대외 지향적(Outward-Looking) 공동체를 추구하고 있다.

제도적으로는 아세안헌장(ASEAN Charter)에서 명시하고 있는 동남아시아 각 국민들의 인권과 기본 자유, 높은 삶의 질, 공동체 구축의 혜택 등을 부문별로 보장하고 있다.

첫째, 정치·안보 공동체(APSC)의 경우는 규칙 기반 공동체, 포용적 대응 공동체, 관용과 중용 공동체, 포괄적 안보 공동체, 분쟁 해결 공동체, 비핵지대 공동체, 해양안보 협력 공동체, 아세안중심성 공동체, 역외 협력 상생 공동체를 명시하고 있다.

둘째, 경제 공동체(AEC)는 높은 수준의 통합과 유기적인 경제, 경쟁력 있고, 혁신적이며, 역동적인 경제, 연계성 및 부분간 통합 강화, 회복력 있고 포용적인 인간중심의 공동체, 글로벌 아세안 지향이 명시되어 있다.

셋째, 사회·문화 공동체(ASCC)는 실행적이고, 참여적이며, 사회적으로 책임감 있는 공동체, 포괄적 공동체, 지속가능한 공동체, 복원력 있는 공동체, 역동적이고 조화로운 공동체를 명시하고 있다. 궁극적으로는 2030년대까지 동남아시아를 아우르는 아세안이 유럽연합(EU) 수준 이상 가는

---

11 이에 대해서는 동남아시아국가연합, https://www.asean.org; 아세안코리아, https://www.aseankorea.org/kor). 또한 이에 관해서는 Choi, W. M, "Legal Analysis of Korea-ASEAN Regional Trade Integration", *World Trade* 41(3), 2007, pp.581-603. Ravenhill, J, "The New East Asian Regionalism: A Political Domino Effect", *Review of International Political Economy* 17(2), 2010, pp.178-208.

'더 강력하게 응집된 지역공동체(Stronger Cohesiveness as a Community)'가 되기를 희망하고 있다

우리나라 입장에서 동남아시아와 아세안은 제1위의 여행 방문지역이며 제 2위의 교역 및 투자 대상이자, 문화적으로 '한류(韓流)'가 가장 왕성한 해외지역이다. 그런 면에서 신남방정책은 우리나라 역시 이 지역에 대한 대외 교역과 경제 진출 확대를 위한 전략이 필요한 현재 시점과 맞물린 시의적절한 정책으로 평가된다. 게다가 지금이 중국과 일본, 미국 등 강대국들이 동남아시아 시장 경쟁력 확보를 위해 적극적인 노력을 하는 시점이라는 점도 큰 의미가 있다.[12]

중·소국가의 연합인 아세안(ASEAN)과 동남아시아 지역은 오랫동안 우리가 인접한 중국이나 일본, 전통적 우방인 미국 등의 강대국들에 비해 외교적으로 주목하지 못한 지역이었다. 즉 우리나라는 북한과 동북아시아의 인접한 주변국들에 갇혀 적어도 동아시아 전체에 눈을 돌릴 여유를 갖지 못하였다. 하지만 동남아시아는 미래 동아시아 해역공동체 구축을 위한 큰 밑그림을 그리는데 있어서, 상당히 전략적인 의미를 갖는다.

향후 동남아시아와 우리나라가 바다를 통한 네트워크로 구성되는 동아시아 해역세계는 하나의 체제로서 존재하게 된다. 이러한 네트워크 체제의 작동 메커니즘의 기본은 국경을 초월한 또 하나의 새로운 월경공동체를 형성하고 긴밀히 협력하는 것이다. 현 정부의 신남방정책은 그러한 시각의 일환이다. 이는 국가별 정체성이나 가치를 재형성함으로써 결속력 있는 새로운 동아시아 공동체로까지 발전되는 기반을 형성하고 있다는 점에서도 그 의미가 적지 않다.

---

12 외교부, https://www.mofa.go.kr, 2023.

3. 아세안에 대한 역대 정부의 인식과 시책들

동아시아 권역의 범주는 동북아시아와 동남아시아로 구성된다. 한반도가 속한 동북아시아를 벗어나면 자연스럽게 가장 먼저 마주하는 곳이 동남아시아 지역이다. 그래서 이미 오래 전부터 동남아시아국가연합(아세안, ASEAN), 동북아자치단체연합(니어, NEAR) 등의 네트워크 기구들이 구축되었고, 협력과 교류가 다른 곳보다 구체화되어 왔다.

그래서 신남방정책은 미국, 중국, 일본, 러시아 수준으로 아세안을 새롭게 받아들이고, 새로운 동아시아 해역공동체를 만들자는 의미이다. 하지만 과거 우리나라와 아세안 및 동남아시아 지역의 관계가 긴밀하지 않았던 것은 아니다. 동남아시아와 아세안의 중요성은 벌써 20년 전인 김대중 정부 때부터 이미 인식되었다.[13]

우선 제도와 기구의 측면에서 우리나라는 1997년부터 한-아세안 정상회의를 정례적으로 열고 있다. 1979년부터는 한-아세안 외교장관회의, 2007년부터는 한-아세안 경제장관회의를 각각 개최하고 있다. 외교적으로는 이미 오랜 역사와 친분을 가지고 있으나, 한반도의 특성과 강대국의 압력 사이에서 우리 쪽의 관심과 비중이 저조했을 뿐이다. 4강 외교의 그늘에 종종 가려졌지만, 노무현 정부 시절인 2004년에는 '포괄적 협력 동반자 관계(CP: Comprehensive Partnership)'가 되었고, 이명박 정부 시절 2009년에는 '전략적 협력 동반자 관계(SCP: Strategic Cooperative Partnership)'까지 나아갔다. 이미 우리나라와 아세안은 형식상 미국과 같은 수준의 동맹국 직전의 가장 높은 협력관계를 맺고 있는 것이다.[14]

---

13 대한민국청와대, https://www1.president.go.kr, 2023.
14 참고로 우리나라가 외국과 맺고 있는 외교상의 우호관계는 총 6단계로 구분된다. 가장 긴밀한 관계 쪽으로 ①포괄적 전략적 동맹관계 > ②전략적 협력 동반자 관계 > ③전략적 동반자 관계 > ④전면적 협력 동반자 관계 > ⑤상호 신뢰하는 포괄적 동반자 관계 > ⑥포괄적 동반자 관계 순이다.

이런 바탕 위에서 근래 우리나라와 아세안의 협력적 네트워크 형성은 1997년 IMF 외환위기, 2008년 글로벌 금융위기, 2010년 유럽의 경제위기 등을 서로간의 공조를 통하여 극복한 좋은 선례를 갖고 있다. 이는 분명 동아시아 남쪽과 북쪽 해역권을 중심으로 각 국가들이 장기간 견실한 협력을 해왔고, 그 효과를 입증하는 확실한 근거가 될 수 있는 대목이다.

김대중 정부와 동남아시아와 동북아시아 경제의 상호 연관성을 인식하고 공동의 노력으로 경제위기를 극복하려는 노력은 외교의 지평을 확장시켰다는 의미도 있다. 강대국들의 이해관계나 국제정세, 안보문제와는 별개로 한반도와 동남아시아 해역을 둘러싼 초국적인 협력활동과 그 성과들은 조금씩 계속 쌓여온 것이다.

하지만 역대 정부 30년을 포괄적으로 살펴보면, 우리나라 외교적 지평과 대외정책의 관점은 동아시아 전체에서 동북아시아로, 다시 한반도로 점점 좁아져왔음 알 수 있다. 즉 1990년대 김대중 정부의 동아시아 비전과 아세안(ASEAN)+3 체제에서 2000년 이후 노무현 정부, 이명박 정부, 박근혜 정부의 대외적 관점과 이를 반영한 외교 아젠다는 큰 틀에서 동북아시아와 한반도를 벗어나지 못했다.

과거 정부들의 외교와 대외정책 기조만 봐도 노무현 정부의 '동북아시아 중심국가 및 균형자론, 이명박 정부의 '동북아시아 다자안보협력', 박근혜 정부의 '동북아시아평화협력체와 한반도 신뢰프로세스' 등이 있다. 이들은 모두 동북아시아와 한반도에서 기존 주변의 4강 중심의 정책을 펼치겠다는 의도였다. 외교의 관점과 대외적 아젠다가 확장되어야 함에도 오히려 역으로 좁아진 것이다.[15]

이에 우리는 오랫동안 중국과 일본, 러시아와 미국의 틀에 갇혀 초강대

---

15 Lee, S. and Cho, B. K, "Political Economy of the Changing International Order in East Asia: Issues and Challenges", *KDI Research Monograph*(2017-01), 2017, pp.1-525; Stubbs, R, "ASEAN Plus Three: Emerging East Asian Regionalism?", *Asian Survey* 42(3), 2002, pp.440-455.

국과 대륙중심의 외교, 협력 프레임을 벗어나지 못했다. 강대국들의 상호 모순된 압력과 틈바구니 속에서 한반도가 생존하기 위한 중간자 위치를 고수하는데 급급했던 것이다. 그런 점에서 동남아시아 전체와 아세안(ASEAN)을 대상으로 하는 신남방정책은 최근 국제질서와 지정학적 변화 속에서 우리나라가 처한 새로운 상황과 사고방식을 보여주는 단면이라 생각된다.

우리나라 역대 대통령과 정부는 미국과 중국, 일본, 러시아 등 주변 강대국 외교에만 집중을 해왔다. 당연히 그간의 대외 교류와 외교, 국제협력은 지극히 일부에 편중되었다. 아세안을 우리의 '제5대 외교대상지역' 혹은 미국·중국·일본·러시아와 함께 '5강(5强)'의 하나로 규정해야 한다는 주장은 있었다. 하지만 대통령 외교안보와 대외협력의 공약 차원에서 아세안을 4강 수준으로 올린다는 언급은 역대 정부에서 전혀 없었다.

그런 점에서 현 정부와 대통령은 동남아시아를 우선순위 지역으로 생각하고, 아세안(ASEAN)을 중요한 대외 파트너로 여기는 최초의 경우라 해도 과언이 아닐 것이다. 미래에 우리나라의 대(對) 아세안 정책은 과거의 단편적 동남아시아 정책과 달리, 장기적 성과가 쌓여나가는 누진적 정책이 될 것을 요구받고 있다.

4. 외교적 평가와 논의의 기준

앞서 논의된 바와 같이 과거 우리나라 정부는 외교와 교류의 영역을 동아시아 전체로 넓힌다는 신남방정책의 목표를 역대 정부와 차별화시켜 내걸었다. 과거처럼 아세안을 단순한 시장이나 보조적 파트너로 보지 않고, 동아시아 바다를 아우르는 강력한 미래 공동체를 지향하겠다는 것이다. 또한 이것이 단순한 슬로건이나 구호의 수준을 넘어 서도록 만들기 위해, 속도감 있는 추진과 가시적 성과를 내려 노력하고 있다. 하지만 아직 청사진을 겨우 벗어나고 있는 수준의 이 정책에는 앞으로 갈 길이 멀고, 남겨진 숙제들이 더 많다고 해도 과언이 아니다. 그래서 여기서는 이런 현재와 앞으로의 상황에 더 주목하고자 한다.

우선 정부정책을 다루는 학문분야인 정책학(Policy Studies)의 관점에서 모든 정책은 정책결정(형성), 정책집행(수행), 정책성과(결과)의 3가지 공통적인 과정(policy process)을 거친다. 이러한 과정에서 나타나는 각각 나타나는 정책의 평가기준은 정책목표의 적합성, 정책내용의 충실성, 정책집행 과정의 효율성, 정책집행 과정의 적절성, 정책의 목표 달성도, 정책의 효과성 등이다. 이는 오랜 세월 기존 학자들이 국내·외에서 정부 정책을 분석하고 평가할 때 공통적으로 동의된 기준 및 준거들이다.

〈표 2〉 신남방정책의 평가준거 및 논의의 기준

구분	외교정책	정책 평가의 착안사항	논의의 기준
정책 결정	①정책목표의 적합성	정책의 비전과 목표가 지속가능하며, 공식적으로 제도화 및 공고화가 되었는가?	신남방정책의 정책적 지속성과 제도화
	②정책내용의 충실성	정책의 최상위 비전과 목표가 명확히 제시되었는가? 정책 비전과 목표의 하위 목표와 전략 수단이 제시되었는가?	신남방정책의 비전과 전략 설정
정책 집행	③집행과정의 효율성	집행과정에 투입되는 자원을 목표달성 (결과)을 위해 효율적으로 사용하고 접근을 하는가?	신남방정책의 협력 부문과 접근방식
	④집행과정의 적절성	집행과정에서 대외적 여건·외교 상황의 변화를 적절히 포착하여 대응이 가능한가?	정책대상(아세안)에 대한 접근방식
정책 성과	⑤정책 목표 달성도	당초 설정한 일정과 계획에 맞추어 정책이 추진되고 있는가?	대외 여건·외교 상황의 변화에 대한 시의적 대응과 조율
	⑥정책효과성	정책의 효과가 국민에게 체감이 되는가? 정책의 효과를 국민 및 이해당사자들에게 제대로 알리고 있는가?	국민 체감도와 여론 및 홍보

외교정책 평가의 기준을 현 정부의 핵심 대외정책인 '신남방정책'에 그대로 적용하여 구체화시키면, 다음과 같은 문제들이 논의될 수 있을 것이다.[16]

그것은 첫째로 신남방정책의 정책적 지속성과 제도화 문제, 둘째로 신남방정책의 비전과 전략 설정의 문제, 셋째로 신남방정책의 협력부문과 접근방식의 문제, 넷째로 정책대상인 아세안 공동체에 대한 접근방식의 문제, 다섯째로 대외적 여건·외교 상황의 변화에 대한 대응과 조율의 문제, 여섯째로 국민에게 체감도와 여론 및 홍보 문제 등이다. 나아가 이러한 준거와 기준에 따라 신남방정책의 향후 과제와 그에 따른 전망도 심층적으로 논의할 수 있을 것이다.

Ⅲ. 신남방정책의 추진경과 및 성과

1. 신남방정책의 개관과 의미

동남아시아를 대상으로 하는 근래의 신남방정책은 당초 문재인 대통령의 외교분야 핵심 공약사항이었고, 기존과 차별화된 외교 및 대외협력 구상이었다. 즉 신남방정책은 우리나라 정부의 가장 중요한 외교·통상정책 중의 하나인 것이다. 신남방정책은 2017년 대통령직인수위원회를 겸한 '국정기획자문위원회'에서 현 정부의 '국정운영 5개년 계획'과 '100대 주요 국정과제'에 비중 있게 포함되었다.

동북아시아 지역의 지정학적 긴장과 경쟁구도 타파를 위해 '동북아 평화협력 플랫폼' 비전을 두고, 신북방정책 및 신남방정책 등으로 동북아 지

---

16 정책평가의 기준과 준거에 대해서는 다음을 참조. 남궁근, 『정책학』, 서울: 법문사, 2017; 유훈, 『정책집행론』, 서울: 대영문화사, 2016; 정정길 외, 『정책학원론』, 서울: 대명출판사, 2017.

역의 장기적인 평화와 협력적 환경을 조성하는 것으로 명시되어 있다.[17]

신남방정책은 우리나라 정부의 '동북아플러스책임공동체(NEAPC: Northeast Asia Plus Community for Responsibility-sharing), '동북아플러스공동체 (Northeast Asia Plus Community)'라는 외교적 명분 하에 추진되었다.

최근 동북아시아는 중국 시진핑 주석의 '일대일로(一帶一路, Belt and Road Initiative)정책', 일본 아베 총리의 '적극적 평화주의(Positive Pacifism)'와 '지구본 부감외교(地球儀 俯瞰外交)', 러시아 푸틴 대통령의 '신동방정책(New Eastward Policy)' 등으로 주변 정세가 복잡해지고 있다. 이들의 공통점은 한반도를 철저하게 자신의 대외적 영향권에 두려는 계산이다. 강대국들의 대외 기조들이 서로 '합종연횡(合縱連衡)'으로 마주쳐야만 하는 곳이 한반도이기 때문이다.

이에 우리나라는 장기적인 생존을 모색하기 위해 모두를 아우르는 더 나은 궁리를 해야만 했다. 그 결과, 한반도 좌우의 바다를 중심으로 '환동해 경제권' 및 '환황해경제권'을 표방하면서, 유라시아 쪽의 '신북방정책 (New Northern Policy Initiative)'과 동남아시아 쪽의 '신남방정책(New Southern Policy Initiative)'을 동시에 들고 나왔다.

과거 문재인 정부는 3대 경제벨트를 축으로 H자 형태의 한반도 신경제 지도를 구상, 추진하였다. 3대 경제벨트란, 환동해권(원산, 함흥, 단천, 나선, 러시아를 연결하는 에너지·자원벨트), 환황해권(수도권과 개성, 해주, 평양, 남포, 신의주, 중국의 동북지방을 연결하는 교통·물류·산업벨트), 접경지역(DMZ 생태평화안보관광지구, 통일경제특구

---

17 동북아 평화협력 플랫폼이 역대 정부가 제안했던 동북아 다자협력 구상과 다른 점은 강대국 외에 참여국을 확대하고, 협력 의제를 다양화했다는 점이다. 동북아 평화협력 플랫폼은 동북아 지역을 넘어, 동북아의 평화와 협력에 뜻을 같이 하는 국가 외에도 국가연합이나 지역기구도 참여가 가능하다. 안보, 경제, 사회, 문화 등으로 협력 의제를 다양화하고, 구체적인 성과물 도출을 최우선시 한다는 점도 과거와의 차이점이다. 자세한 내용은 통일부, 「문재인의 한반도정책: 평화와 번영의 한반도」, 『2018년 국정홍보자료』, 2018, 1-32면을 참조.

를 연결하는 환경·관광벨트)을 말한다.[18]

과거 신북방정책은 우리나라 북방의 기존 대륙강대국인 중국, 러시아 등을 포함하며, 특히 경제 중심적 교류와 육로(陸路)의 길목에 있는 북한과의 '한반도 평화'를 대전제로 삼고 있다. 그런 점에서 우리나라 역대 정부의 과거 외교적 틀이나 대외교섭의 방향을 크게 벗어나지 않는다. 하지만 신남방정책은 전혀 그렇지 않다는 점이 중요하다.

신남방정책은 북방 대륙이 아닌 우리나라 '남방(南方) 바다'를 향하고 있으며, '육로'보다는 '바닷길'을 모토로 삼고 있다. 거시적으로 동북아시아 중국·일본·러시아·미국의 기존 강대국 구도에 '남·북 평화' 문제와 동남아시아 국가연합인 '아세안(ASEAN)'을 새로 끌어 들여 플러스 다자구도를 만들려는 구상이다. 즉 신남방정책은 남쪽의 동남아시아(아세안)가 북쪽의 동북아시아(중국·일본·러시아)를 대체하는 개념이 아니다.

〈그림 14〉 동북아플러스책임공동체의 구조와 신남방정책의 위상

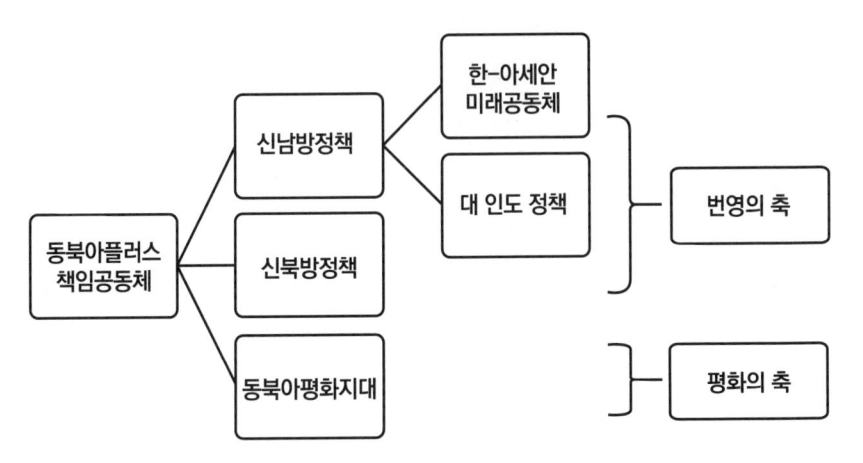

* 자료: 이재현, 2018, p.2에서 인용.

---

18 자세한 내용은 통일부(https://www.unikorea.go.kr, 2023)를 참조.

우리나라 외교적 문제에 중요한 '이해관계자(Stakeholders)'와 '중재자(Arbitrator)'를 늘린 것이다. 동북아시아의 요동치는 강자들 간의 정세와 딜레마를 새로운 행위자로 하여금 책임을 분산시키고, 명분 있는 우회를 하려는 장기 전략인 셈이다. 나아가 우리를 중심으로 북방이 남방과 함께 번영을 준비하면서 한반도의 통일 미래를 대비하자는 원대한 구상인 것이다. 가장 큰 밑그림에서 보자면, 신남방정책은 동북아플러스 책임공동체 구상에서 신북방정책과 함께 '번영의 축'을 담당하고 있다.[19]

이에 따라 과거 2017년 문재인 대통령은 취임 이후 첫 동남아시아 순방에서 우리나라 외교와 경제영토 확장의 일환으로 동남아시아국가연합체인 아세안(ASEAN)과의 각종 교류와 교역의 확대를 위한 신남방정책을 발표하였다. 이어 대통령은 2018년 동남아시아와 아세안의 연속적인 순방을 통해 베트남, 인도네시아, 필리핀, 싱가포르 등에서 열린 아·태경제협력(APEC: Asia-Pacific Economic Cooperation), 아세안+3(ASEAN plus 3), 동아시아정상회의(EAS: East Asia Summit)에서 각각 이 정책을 구체적으로 천명하였다. 특히 사람(People), 번영(Prosperity), 평화(Peace)라는 '3P 방식'을 통해 우리나라와 아세안 미래공동체의 비전을 제시하기도 했다.

신남방정책의 핵심은 아세안에 적어도 미국, 중국, 일본, 러시아 급의 지위와 중요성을 부여하고, 경제·안보·외교의 영역을 대폭 확장하는 것이다. 한반도와 동북아시아 지역의 평화와 안정은 동남아시아 지역의 평화와 불가분의 관계임을 강조하면서, 한반도 비핵화 및 항구적 평화 정착에 있어 아세안의 지속적인 지지와 긴밀한 협력이 필요하다는 공감대에서 비롯된 것이다. 단기적으로는 남방의 아세안에서 강대국과는 차별화된 전략으로 먼저 손을 내밀고 접근하여 새로운 지지세력을 확보하면서, 공동번영의

---

19 이재현, 「문재인 정부의 신남방정책: 아세안을 통한 외교다변화」, 『국방대학교 국가안전보장문제연구소 안보현안분석(Vol. 138)』, 2017, 1-10면.

기반을 다지기 위한 목적을 갖는다.[20]

하지만 장기적 관점에서 신남방정책은 동아시아가 공존·공영하는 하나의 시장을 형성하면서, 새로운 경제성장 동력을 창출하고 더불어 잘사는 정치·경제·안보 공동체를 지향하고 있다. 한반도와 동남아시아의 네트워크는 강대국(Big 4) 중심의 동아시아 전체 구도에 우리나라가 주도하는 새로운 질서를 창출하려는 의도가 깔려 있는 것이다. 또한 우리나라의 생존과 운신의 공간을 동북아시아 한반도로 한정할 것이 아니라, 남쪽으로 아세안, 인도, 호주까지로 확장시키려는 거대한 구상인 것이다.

2. 신남방정책의 주요 추진 경과

우리나라 정부가 처음 구상을 밝힌 신남방정책은 장기 추진 로드맵이 대략적으로 그려져 있다. 그렇지만 국내에서 동남아시아 지역에 대한 그간의 관심이 부족했고, 기존 강대국만큼 아세안에 대한 구체적인 정보가 충분치 않으며 지식 토대가 미약하다는 것에 전문가들은 대체로 동의하고 있다. 우리 쪽의 준비도 부족하기 때문에, 신남방정책은 아세안 국가들에 대해 우리나라의 구상과 입장을 이해시키는 데 주력할 모양새이다. 즉 정부는 장기적 교류와 협력을 위한 초석을 다진다는 계획 하에 정책을 추진하고 있다.

일단 단기적으로는 신남방정책의 국가적 투입 역량을 아세안 정회원 10개국에 집중했다. 이미 2018년 4월에 대통령과 외교부는 한반도와 아세안 관계를 격상코자 하는 우리 정부의 강한 의지를 순방을 통해 재확인하고, 신남방정책 이행에 있어 아세안 10개국의 적극적인 호응을 당부하였다.

---

20 강명구, 「신남방정책 구상의 경제·외교적 의의」, 『산은조사월보』제748호(2018-03) 이슈분석, 2018, 64-75면.

또한 외교부는 아세안 10개국의 고위관리(SOM leader)의 공관 초청, 한-ASEAN 대화(Dialogue) 개최, 아세안 상주대표위원회의 상호 방문을 정례화하고 있다. 외교적으로 동남아시아의 아세안 10개 나라는 모두 우리나라 및 북한과 동시에 수교한 국가들이기 때문이다. 이미 1960년대 냉전 시기부터 동남아시아는 북한과 긴밀한 관계를 맺고 있으며, 지금도 여전히 상호 교감을 하고 있다. 우리나라의 입장에서 아세안은 경제뿐만 아니라 정치적으로 남북평화와 관련하여 중요한 협력의 파트너인 것이다. 게다가 앞으로 동북아시아 국제정세와 관련하여 아세안의 중요성은 더욱 커질 것으로 전망되고 있다.

특히 '한-아세안 대화(ASEAN-Korea Dialogue)기구'는 1993년부터 개최된 한-아세안 연례 고위협의체로서, 외교부 차관급이 주도하는 채널이다. 전문성 높은 최고위급 차관이 주도하여 양측은 매년 정치·안보·경제·사회·문화 등 제반 분야에서의 협력관계를 점검하고, 신남방정책의 구체적인 의제들과 실행방안을 논의하고 있다. 이 채널을 통해 신남방정책의 핵심사업에 대한 아세안 차원의 지지와 지속적인 추진방안을 공식화해 나갈 계획이다.[21]

예를 들면, 우리나라는 지난 2018년 아세안 10개국 대표부 대사로 구성된 '아세안 상주대표위원회(CPR: Committee of Permanent Representatives)'를 초청하여 신남방협력에 관련된 다양한 국내 기관을 견학하고 협의를 하였다. 이 기구를 통해 한반도 평화정세의 최근 진전에 대한 평가를 공유하고, 한반도 비핵화와 항구적인 평화 정착에 있어 아세안의 역할과 기여 방안에 대해서도 매년 협의하고 있다. 2019년부터는 이 기구를 통해 아세안(ASEAN) 의장국을 맡은 태국을 계속 방문하여, 신남방정책의 지속적인 추진방안을 협의한 바 있다. 아세안 의장국은 매번 순환하므로, 외교적인 협

21 오경수, 「AEC 재조명을 통한 신남방정책의 시사점」, 『한국경제연구원(KERI) 정책제언(18-5)』, 2018, 1-14면.

의 방향도 시의적으로 계속 바꾼다.[22]

한편, 내부적으로 우리나라는 신남방정책의 제도화와 인력확충 및 조직 구성, 예산 배정에 힘을 쏟고 있다. 동남아시아와 아세안 정책을 체계적으로 만들고 추진할 제도와 기구를 만드는 것이 가장 급선무라는 정부의 판단이 섰기 때문이다. 이는 신남방정책의 적극적 추진 의지를 가시적으로 보여준다. 특히 신남방정책의 총괄하는 조직에 정치적 무게를 실어주고, 단기간에 조정력과 실행력을 갖추도록 해주었다는 점이 현실적으로 중요해 보인다.

우선 정부는 2018년 대통령 직속으로 '신남방정책특별위원회'를 공식 출범했다. 이 위원회는 신남방정책을 세부적으로 구현하고자 대통령 직속 정책기획위원회 산하에 설치된 기구이며, 청와대와 중앙정부 14개 부처에서 파견된 공무원 30명 남짓 규모로 구성이 되었다. 위원은 위원장을 포함해 기획재정부, 외교부, 행정안전부, 산업통상자원부 등의 차관과 청와대 통상비서관, 외교정책비서관 등으로 구성되어 있었다. 지속적이고 속도감 있는 교류와 협력의 추진을 위해서는 제도와 기구의 위상을 확립하고 내부적 조율이 필요하기 때문이다. 그렇지 않으면 중복되는 업무나 이로 인한 비효율, 자원낭비를 초래하기 쉽다. 최근에는 산하에 학계와 민간 전문가로 구성된 자문위원회와 인력풀을 늘렸다.

우리나라 정부가 과거에 정책적으로 구성했던 신남방정책특별위원회의 임무와 역할은 다음과 같이 정리가 되었다.

신남방협력정책 기본방향 설정 및 중장기 기본계획 수립, 신남방협력 추진을 위한 아세안·인도를 포함한 주변지역 국가와의 협력관계 조성, 신남방정책 추진을 위한 제도와 협력 기반의 구축, 신남방협력정책 추진에 관한 단계별 사업의 발굴 및 조정·평가, 신남방협력정책에 관한 각 부처

---

22 신남방정책특별위원회, 『제1차 전체회의 자료 및 보도자료(2018.11.08)』, 2018.

별 실행계획과 주요사업의 조율 및 추진성과 점검, 신남방협력정책에 관한 국회·지방자치단체·정부기관·공공기관·민간단체·연구기관간 협력 및 지원, 신남방협력정책 추진에 필요한 재원 조달 및 인력 확보 방안에 관한 사항 등을 심의·조정 등(대통령 직속 신남방협력추진위원회 설치 및 운영에 관한 규정, 제2조).

신남방정책특별위원회는 단기적으로 학계와 민간전문가들과의 긴밀한 협의를 통해 분야별 다양한 의견을 신남방정책에 반영하는 것을 목적으로 하고 있다. 또한 위원회에서는 신남방정책의 추진방향 및 추진 전략 수립, 중점 추진 과제 선정 및 부처별 추진 범위 조율, 부처별 협력사업 발굴·추진 실적 및 이행상황 점검 등을 주요 업무로 하고 있다. 이에 신남방정책에 대한 아세안와 국내의 이해를 한층 제고하고, 신남방협력을 본격 추진하기 위한 구체적인 협력사업을 발굴을 하였다. 단기적으로는 중점 추진전략과 과제를 도출하고, 장기적으로는 협력부문을 넓혀 종합 로드맵을 작성한다.

신남방특별위원회는 2018년 위원회를 기점으로 해서, 신남방정책 분야별 행동계획을 기획하였으며, 특히 외교부와 위원회 주도로 아세안 네트워크와 동시다발적 협력을 기획·추진하는데 주안점을 두고 있다. 또한 고위급 실무자 교류 강화를 위해 경제와 안보에서 장·차관급 교류 확대 및 정례협의체를 활성화하는 것과 기존 아세안과 우리나라의 '전략적 동반자 관계(SDP)' 내실화를 단기 핵심전략으로 추진하고 있다. 청와대와 외교부는 대통령 임기 내에 아세안 10개국 전부를 최소 1~2차례 이상 방문하는 방안도 계획하고 있으며, 해마다 순차적 순방 로드맵을 마련했다.[23]

같은 맥락에서 외교부는 초기 신남방정책 주무 부처로서 2018년 자체적으로 소속기관 직제 규칙을 개정하여, 신남방정책의 효과적인 추진

---

23 신남방정책특별위원회, 『제1차 전체회의 자료 및 보도자료(2018.11.08)』, 2018.

을 위해 동남아시아 재외 공관에도 인력을 10% 이상 증원하였다. 아세안 (ASEAN) 지역 양자·다자 협력을 담당하는 남아시아태평양국 인력을 크게 늘렸고, 베트남, 인도네시아, 필리핀, 호치민(총영사), 싱가포르 등 지역 공관인력도 확충했다.

과거에 특정한 정부 부처가 예산 배정과 함께 다른 곳과의 형평성 등을 이유로 공무원 인력 보강이 쉽지 않다는 점을 고려하면, 이는 주목할 만한 대목이다. 신남방정책이 추구하는 대(對) 아세안 외교를 강대국 수준으로 격상시키고, 교류와 협력을 적극 추진하려면 재외공관과 현장에서 뛰는 인력들이 있어야 한다는 기본원칙에 따른 것이기 때문이다.

신남방정책 추진을 위한 아세안 및 남아시아·태평양 지역 국가와의 교류협력 예산도 대폭 증액되었다. 외교부만 하더라도 2018년 16억원에서 2019년에는 약 36%가 증액된 22억원 이상을 동남아시아 지역과 아세안 네트워크에 배정했다. 외교 예산은 다소 유동적이지만, 정권의 변화에 영향을 덜 받기 위해 정부는 노력해야 한다.

기존 외교부 이외에도 산업통상자원부와 문화관광부를 중심으로 공무원 증원과 조직 개편, 개방형 직위를 통한 전문가 임용도 활발히 이루어졌다. 이는 단기적으로 경제와 문화교류 부문에 투입을 집중을 하기 위한 조치이며, 정부는 이후 확대된 각 부처와 분야의 교류를 동시에 활성화하여 시너지를 내기 위한 인력 및 예산 배정의 방향을 모색하고 있는 것으로 해석이 된다.

행정부와 보조를 맞추어 국회에서는 최근 한-아세안 포럼, 한-아세안 센터, 아세안문화원을 중심으로, 정치인과 고위공직자의 신남방정책에 대한 이해도를 높이고 있다. 나아가 입법부로서의 국회는 행정부와의 협의 하에, 동남아시아와의 실질적 협력 증진 방안을 입법 지원을 통해 제도화시키는 데 노력을 경주하였다.

2018년에 신남방협력추진회의의 설치 및 운영에 관한 규정이 대통령

령으로 제정되었고, 향후 국회에서는 신남방정책 관련 후속 규정과 입법안에 대해 외교부, 법제처와 협의한 바 있었다. 민간의 기업 및 문화계, 학계와의 협력 플랫폼 구축도 정책적으로 추진하였다.

3. 과거의 성과와 현재적 의미

최근 우리나라 외교에서 해양네트워크 중심의 신남방정책은 기존 '대륙일변도의 강대국 외교'에서 '대륙과 해양 복합의 다자간 외교'로 변화됨을 시사한다. 또한 우리나라와 동북아시아 전체의 중장기적인 평화와 협력체제는 신성장 동력을 위한 전략과 동반되어야만 그 효력을 발휘할 수 있다고 보고 있다.

이러한 생각과 구상들은 복합적인 다자간 교류를 추진하여 지속 가능한 성장을 견인하고, 미래 동남아시아를 기반으로 차세대 발전 동력을 확보하려는 시도와도 일맥상통한다. 따라서 신남방정책은 우리나라 외교·안보·대외교류의 최상위 비전인 '동북아시아플러스책임공동체'의 핵심적 요소이며, 향후 동북아시아와 강대국 중심적이지 않은 교류와 협력의 모습을 보이는 데 가장 중요한 '청사진(Blueprint)'이다.[24]

하지만 아무리 내용이 좋아도 하나의 정책이 자리를 잡게 하고, 새로운 대외파트너를 연착륙시키는 과정은 쉬운 일이 아니다. 그런 점에서 신남방정책이 처음 공표된 시기부터 시간은 많이 흐르지 않았다. 내·외부적으로 단기간에 나타난 추진성과는 아직 미미한 것으로 평가된다. 그럼에도 신남방정책의 취지와 천명으로 인해 대외적으로 얻은 효과는 분명 있었다. 정책의 연착륙을 위한 제도와 기반 조성의 성과도 적지 않았던 것으로 보인

---

24 Chiew-Ping, H, Pivot to Southeast Asia?, "Republic of Korea's New Southern Policy", *International Workshop on Taiwans New Southbound Policy in Comparative Perspectives*, The Institute of China Studies(University of Malaya), 2018, pp.1-10.

다. 대략적인 성과는 다음과 같이 각각 논의될 수 있다.

첫째, 과거 우리나라 정부 차원의 신남방정책의 구상과 천명으로 인해 최근에 외교·안보에서 얻은 효과가 적지 않다. 2017년 대통령의 신남방정책 공약과 동남아시아 순방, 그리고 외교부의 그간 노력은 역대 정부에서는 없었던 신남방정책의 적극적 의지를 확인하는 증거가 되었다. 동시에 이것이 한반도의 평화체제 구축을 위한 숨은 명분이자, 보이지 않는 밑거름이 되고 있다.

신남방정책은 한반도 평화와 필요·충분조건이라 해도 과언이 아니다. 우리나라가 '가교'이자 '매개체'로서 동북아시아 선진국과 동남아시아의 개발도상국, 해양과 대륙을 연결시키려는 참신한 시도이기 때문이다. 실제적으로 한반도에 평화체제가 구축되지 않는다면 신남방정책은 반쪽 정책으로 남을 것이 분명하다. 반대로 한반도 외교·안보의 중요한 필요조건으로 아세안의 입지도 더욱 강화되고 있다.

사상 최초로 '북·미 정상회담'이 아세안 핵심회원국이자 2018년 의장국이었던 싱가포르에서 열린 것도 결코 우연이 아니다. 아세안에는 외교적 중립국이 많고, 오랜 세월 친미도 친중도 아니었다. 그래서 아세안은 북한 입장에서 신뢰할 수 있는 몇 안 되는 조언자였고, 지금도 그렇다. 신남방정책의 파트너로 표방된 아세안이 중립적 입장에서 계속 우리나라와 북한을 동시에 지지한다면 한반도 평화체제는 더욱 안정적으로 유지될 것이다.

신남방정책이 천명된 이후, 외교부는 아세안 지역과의 정상외교를 적극 실행하여 정책에 대한 초기 지지기반을 확보하는 성과를 도출했다. 2019년부터는 태국, 라오스, 캄보디아, 말레이시아, 미얀마, 브루나이 등에 대해 정상외교와 방문을 추진하여 신남방정책을 계속 속도감 있게 이행했다. 특히 아세안과의 대화관계 수립 30주년을 기점으로 한-아세안 특별정상회의를 우리나라에서 개최하고, 다자간 회의를 통해 여러 성과를 냈다. 역내 금융안전망 구축과 쌀 비축제도를 통한 식량안보 증진, 자유롭고 공정한 무역질서를 위한 국가간 협력, 4차 산업혁명 공동 대응, 스마트시티 네트워크 동참 등에 대해 관계강화를 모색했다.

둘째, 대통령 직속 '신남방정책특별위원회'의 창설과 부처간 협업의 시작은 주목할 만한 성과이다. 이것은 신남방정책이 어떠한 원칙과 방향성을 갖는지에 대한 확실한 해답을 내놓기 위함이었다. 우선 개발도상국과 중견국들의 연합체인 아세안을 대상으로 한 대외협력과 외교정책에서는 정부의 선도 역할이 무척 중요하다.

과거 경험에 비추어 선진국 외교와 달리 아세안은 정부의 선제적이고 체계적인 노력으로 신뢰관계를 먼저 만들고, 그 다음에 민간의 진출과 투자, 교류가 이루어져 왔다. 그런데 신남방정책은 정치와 외교를 비롯해 경제, 사회, 문화의 복합적인 '축(axis)'으로 구성되어 있다.

그렇기 때문에 종합적인 정책과 교류의 추진을 위한 2018년 8월 대통령 직속 산하의 신남방정책특별위원회 구성 및 발족은 비교적 적절한 방식으로 보인다. 과거에 동남아시아 국가들과 교류한 곳은 정부안에 많았고, 지금도 여러 부처나 산하기관에 다양한 이름으로 산재해 있기 때문이다. 또한 이것은 외교, 경제, 산업, 문화, 관광, 금융, IT, 환경, 교육 등 곳곳에 흩어져 있는 정부 부처의 '대(對) 아세안 기능'을 하나로 묶고, 집중력과 효율성을 추구할 수 있는 초기의 방식이었다.

당시에 이는 적어도 초창기 대통령 임기 동안에는 강력한 정책 드라이브를 걸 수 있었으며, 신남방정책을 공약하고 대외적으로 천명한 2022년까지 적어도 이 위원회는 가시적 성과를 보여 줄 것으로 기대되었다. 하지만 신남방정책특별위원회가 정권이 교체된 2023년 이후인 윤석열 정부에서는 외교부 위원회로 배속되었다. 위원회의 위상이 정권 교체로 다소 격하되었으나, 제도적 명맥의 유지는 되었다.

셋째, 신남방정책은 이미 우리나라가 정부가 출연한 '한·아세안 협력기금'의 효과를 증대시킬 것이라는 점에서 긍정적인 평가를 할 수 있다.

1989년 설치된 이 기금은 역사가 오래 되었으나, 그동안 우리나라의 명목상 기여, 소극적 출자로 교류사업들이 장기간 교착상태였다. 신남방정책에서는 우선 이 기금을 적극 활용하여 환경, 교육, 문화 등의 다양한 분야에서 400여 개 이상의 협력사업을 지원함으로써 아세안과의 관계 발전을 도모하고 있다.

신남방정책의 명분으로 기금활용을 통한 사업영역 확장은 '상품과 자본' 교역 중심이었던 기존 관계를 '기술과 문화·예술, 인적 교류'로까지 확대시킬 것으로 기대된다. 또한 정부는 이 기금의 규모를 단기에 2배 이상 증액시킨다는 점도 긍정적이다. 특히 신남방정책 추진 이전부터 조성되어 있던 '한·아세안 협력기금'은 지난 20년 동안 한-ASEAN 공동협력위원회(JCC: Joint Cooperation Committee)가 관리·감독했다.

이 기금을 통해 수행했던 대표적인 교류 사업으로는 환경복원과 생물다양성 보전 사업, 대학생 교류프로그램, 청소년 교류사업, '한류(韓流)'와 영화인재 육성 사업, 학계의 연구세미나 공동개최, 여성연구자와 학문후속세대 양성 사업 등이 있다. 이들 사업은 대부분 오래 해오던 것이지만, 소규모로 단편적인 진행을 해왔다는 공통점이 있다. 따라서 신남방정책 추진으로 이들 사업의 규모 확대는 물론, 한·메콩 협력기금 확대, 한·아세안 자유무역협정(FTA) 고도화를 도모하고 있다.

2017년 신남방정책 초기에는 기금이 700만 달러에서 2021년부터 1,400만 달러 이상의 수준으로 증액이 되었고, 이것은 향후에도 대(對) 아세안 교류·협력의 윤활유 역할을 할 것으로 기대되었다. 그리고 이러한 재정적 조치는 협력에 대한 정부의 강한 의지를 보여주면서, 아세안과 동남아시아 전체의 호응을 얻고 있다는 점에서 긍정적이었다. 정권이 계속 바뀌어도 우리나라의 지속적인 투자는 신남방정책의 추진력과 그 진정성을 대외적으로 높여줄 것이다.[25]

25 보다 자세한 내용은 한국국제협력단, https://www.koica.go.kr, 2023; 한국무역

넷째, 신남방정책의 추진과정의 초창기에 '선택과 집중'의 논리를 기반으로 아세안 개별국가들과 맞춤형으로 소통하고 있다는 점도 하나의 성과이다. 특히 외교부 주도로 우리나라가 크게 앞서 있는 교통·에너지·수자원관리·정보통신과 IT의 초창기 '4대 중점협력분야'를 제시했다는 점은 의미가 있다. 대부분 반도나 섬나라인 아세안 국가들이 당장 필요하고 좋아하는 것이 바로 이 분야들이기 때문이다. 동남아시아는 지금도 우리나라 해외건설과 인프라 수주의 핵심시장이다.

신남방정책은 4차 산업혁명 시대를 맞아 아세안에게 성장동력 창출을 위한 비전을 서로 공유하고 우리나라와 '윈-윈(Win-Win)'하기에는 최적의 파트너인 것이다. 또한 이들 분야에서는 가시적인 성과가 창출되기 쉽다는 점도 큰 장점이다.

지금 아세안의 관심사는 회원국간 지역개발 격차를 완화하기 위한 노력이며, 높은 성장 잠재력을 보유한 지역에 대한 외부의 지원이다. 신남방정책을 통한 향후 몇 년간 교통·에너지·수자원관리·정보통신과 IT 기술의 4대 협력은 우리나라 국익증진과 이미지 제고에 크게 기여할 것으로 보인다.

다섯째, 학문적으로도 신남방정책을 장기적으로 추진함에 있어서 향후 동남아시아 세계를 바라보는 전문가적 시각은 상당히 각별한 의미를 갖게 만든다. 이는 동아시아에서 근·현대 세계에 큰 상처를 남긴 분단적이고, 국민국가적인 이해관계를 넘어서게 만드는 사고방식이다. 신남방정책은 미래 동아시아 해역권과 해양네트워크의 관점에서 남방의 아세안을 바라본다.

이것은 초국경적(Cross-Border)이며, 초국가적(Transnational) 사고를 가능케 하는 발상의 전환이자, 새로운 외교의 중요한 인식틀(Framework)이 될 것이다. 앞으로 사고의 전환을 통해 신남방정책이 구상 수준에서 점차 벗

협회, https://www.kita.net, 2023.

어나게 되면, 국내에서는 아직 생소한 아세안의 잠재력과 특성이 더 많이 다루어질 것이다.

또한 동남아시아 전역에서 나타날 여러 분야들의 협력활동은 상호의 단기적 관심사는 물론 미래 동아시아 공동체 정신의 기초를 다지는 데도 상당히 중요한 역할을 할 것으로 보인다. 나아가 비교적 넓은 동아시아 해역을 사이에 둔 우리나라와 동남아시아간의 신남방 협력체제 구축은 비슷한 처지의 아시아 국가들에게 그들의 미래상을 논의하는데도 큰 시사점을 줄 것으로 기대된다.

Ⅳ. 신남방정책의 외교 정책적 평가와 과제

앞서 밝힌 정책학 이론에서 제안되는 평가의 기준과 준거에 따라, 신남방정책의 외교적 진단 및 향후 과제와 그에 따른 전망을 심층적으로 분석·논의하고자 한다. 즉 앞선 정책학과 기존 이론의 관점에서 제시된 분석의 틀과 준거는 정책결정(형성), 정책집행(수행), 정책성과(결과)의 차원에서 크게 6가지였다.

그것은 정책적 지속성과 제도화, 정책의 비전과 전략 설정, 정책의 협력 부문과 접근방식, 정책대상에 대한 접근방식, 대외적 여건·외교 상황의 변화에 대한 대응과 조율, 국민 체감도와 여론 및 홍보 등이었다. 이러한 논의의 준거와 기준으로 본 신남방정책의 정책적 평가와 과제는 다음과 같다.

1. 신남방정책의 지속성 보장과 제도화

우선 신남방정책은 장기적으로 거대한 대외적 구상이므로, 정책의 취지와 지속성을 국가적으로 유지하는 것이 가장 중요하다. 문재인 정부의 신남방정책은 이제 정책과정(Policy Process)의 초기 단계이므로, 이러한 점이 더욱 강조된다. 실제 새로운 대외적 파트너인 동남아시아 쪽의 국가들은 오히려 우리나라의 '대(對) 아세안' 정책이 역대 정권교체에 따라 크게 변하여 온 측면도 있음을 지적하고 있다.[26]

실상 우리나라 역대 모든 정부에서 동북아시아 주변과 한반도를 다루는 강대국과의 외교정책 이슈들 때문에, 남쪽의 아세안은 그 중요성이 급부상했다가도 이내 빠르게 잊혀져 버렸다. 그러다가 정권과 정부가 새로 바뀌면 동남아시아 외교와 아세안 정책을 원점에서부터 거의 다시 시작하는 경우가 반복되었다. 지금껏 단편적이고 자주 끊어지는 관심과 정책들 때문에 서로가 기회주의적인 입장에서 크게 벗어나질 못했다. 역대 정부에서 동남아시아에 늘 반복하던 실수를 되풀이하지 않으려면, 그 해결책의 최우선은 신남방정책의 공고화와 지속성을 제도적으로 담보하는 길일 것이다.

신남방정책은 초기에 국내에서부터 정치적 무게가 먼저 실린 관계로 흡사 '양날의 검'에 비유된다. 즉 초기에는 많은 추진력이 있지만, 그 지구력에는 의문을 품게 된다. 그래서 신남방정책은 정권이나 정파가 바뀌어도 계속 흔들림 없이 유지가 될 수 있을 정도로 명분과 의미를 갖게 만드는 것이 최우선적으로 중요하다.

상당수 전문가들은 이런 인식에서 향후에도 지속적 '동력(Momentum)'을 유지하기 위해 신남방정책의 제도화와 견고한 추진전략이 무엇보다 중요함을 강조하고 있다. 따라서 과거 대통령 직속 신남방정책특별위원회 등의 제도적 기구를 국회의 협조로 '법제화'하여 영구히 존속시키고, 중앙부처 및 지방정부, 외부의 기업과 산업계, 학계 및 전문가 집단 네트워크를 상

---

26 Kraft, H. J. S, "Great Power Dynamics and the Waning of ASEAN Centrality in Regional Security", *Asian Politics & Policy* 9(4), 2017, pp.597-612.

시적으로 구축, 가동하는 방식이 필요하다.

환언하면, 향후 장기적 신남방정책특별위원회 운영의 거버넌스는 당연직 위원을 최소 장(차)관급으로 하고, 다양한 분야의 민간위원을 참여시키되 4대 중점 협력 분야에 맞춰야 할 것이다. 즉 최소한 교통·에너지·수자원관리·정보통신 등 4대 분야별 상설 전문위원회 운영 및 최상위 비전으로 표방된 '사람(人) 중심과 문화교류 모델'에 추가로 집중하는 것이 좋을 것이다.

〈그림 15〉 신남방정책특별위원회 운영과 정책의 거버넌스

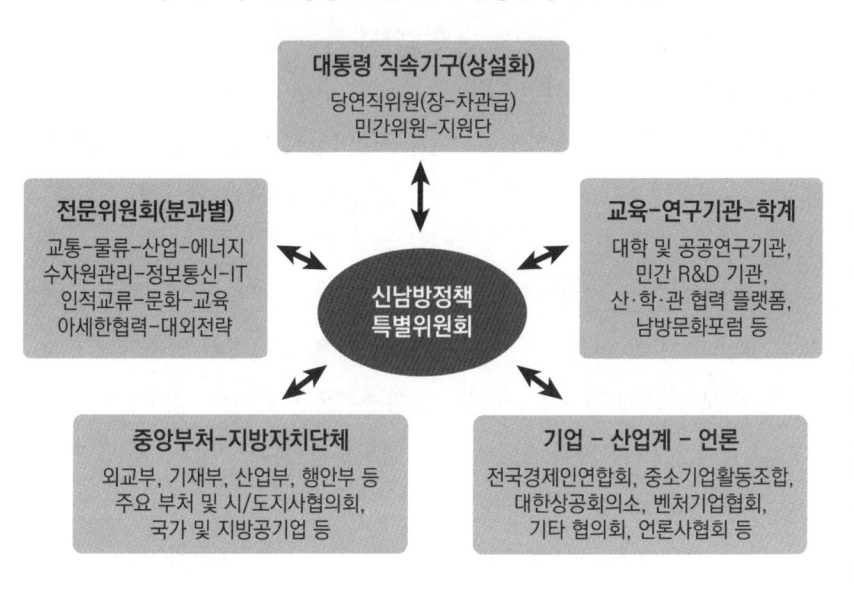

정부부처는 외교부와 주요 중앙부처를 모두 참여시켜야 하며, 지방자치단체도 시·도지사협의회를 중심으로 지역과 도시 단위의 네트워크를 장려해야 한다. 기업과 민간부문에서는 기존 동남아시아 무역과 물류, 현지 진출 업체를 중심으로 산업 전반의 의견 수렴이 지속되어야 하며, 대기업 집단과 중소기업협회 및 상공회의소 등이 핵심적 역할을 해야 한다. 언론

과의 네트워킹을 통한 지속적 홍보와 여론 환기에도 주의를 기울이는 것이 적절할 것이다.

정책의 연착륙을 위해 이 외에도 많은 조치들이 있었지만, 동시에 숙제도 남겼다. 대외적으로 운영되고 있는 한-아세안의 협력기금의 증액과 집행 확대, 동남아시아 출입국과 비자(VISA)제도 개선 등은 비교적 단기에 선결되어야 할 제도적 숙제로 볼 수 있다. 동남아시아 지역과 아세안을 실무적으로 총괄하고 있는 외교부의 조직과 예산도 항구적으로 개편을 지속해야 한다. 적어도 아세안이 한반도 주변 4강 외교 수준이 되려면, 행정부와 입법부의 정치적인 의지가 반영되어 인력과 재정의 영속성은 그와 걸맞도록 조정이 되어야 할 것이다.

2. 장기적 비전과 전략의 구체화

신남방정책이 보다 효과적으로 추진되기 위해서는 아세안에 대해 보다 명확하고 구체적인 비전과 전략을 더 개발해야 한다. 신남방정책 구상의 참신한 의도와 내용, 사람(People)과 상생번영(Prosperity) 및 평화(Peace)라는 '3P' 중심의 새로운 비전은 돋보인다. 현재까지 첫 걸음은 잘 시작했고, 아세안 쪽의 주목과 관심을 모으는 데도 일견 성공한 것으로 보인다.

문제는 이런 분위기를 이어 받아 "앞으로 어떤 정책과 사업을 누구와 어떻게 추진할 것인가?"라는 질문과 그 해답을 주는 것이다. 물론 신남방정책이 추구하는 목표와 이상, 아세안과 우리나라의 동아시아 초국경 네트워크가 꿈꾸는 미래상에 대해 그 구체적 과정과 해답이 나오지 않은 상황이다. 쉽게 말해, 현재로서는 큰 밑그림에 대한 쉽고 자세한 해설과 설명이 필요하다.

그래서 일단 초기 단계에서는 정부 차원에서 중장기 마스터플랜과 법정계획을 수립해야 한다. 이를 통해 우리가 먼저 제시한 신남방정책 비전,

즉 사람(People)과 상생번영(Prosperity)과 평화(Peace)라는 '3P'를 각각 구체적인 세부전략과 실천과제로 세분화하는 작업이 필요하다. 위원회에서 핵심과제와 성과지표를 제시하고 있긴 하나, 이행전략과 데이터를 받쳐줄 전문가 집단과 현지사정에 대한 추가적인 자료 토대가 크게 필요하다. 그 핵심요소로서는 동아시아의 지역적 특수성을 고려한 이른바 '동아시아 공동체 구상과 담론'의 실현 가능성에 더 많은 비중을 두어야 할 것이다. 그러나 기존 강대국들 사이에서 새로운 파트너를 만드는 로드맵을 새로 마련하는 것은 그리 쉬운 일은 아닐 것이다.

우리나라와 동남아시아는 과거 시혜적 관계나 당장의 이익을 추구하는 모습은 확실히 아니다. 근본적으로 신남방정책은 우리와 아세안의 미래 청사진을 정치안보공동체, 경제교역공동체, 사회문화공동체의 모습으로 동시에 지향해야 한다. 즉 '동아시아 네트워크'라는 공동운명체가 되려면, 서로 호혜적인 관계에서 앞으로 100년 이상을 바라보고 공동번영(Win-Win) 하는 협력관계가 기본 토대가 된다. 그런 면에서 서로 경제적 이익이 된다는 '실익의 논리'보다는 신남방정책이 표방한 '상생과 공동번영(Prosperity)' 의 논리는 현재로선 성공적인 방향으로 평가된다.

또한 신남방정책의 취지를 살린 전략적 요소로 '사람(人)' 중심의 사회·문화적 접근 및 인적 교류 강화의 중요성을 실제로 현지에서 이행하는 것이 중요하다. 앞서 논의된 바와 같이, 신남방정책의 '3P 비전' 중에서 '사람(People)'과 아세안이 합의한 'ASEAN 공동체 비전 2025'에서 크게 추구하는 인간지향적(People-Oriented), 인간중심적(People-Centered) 비전의 내용이 서로 일치됨을 발견할 수 있다. 즉 사람 중심의 가치와 인적 교류는 아세안 국가들도 장기적으로 교류협력의 지속성과 공고화 측면에서 우리에게 큰 공감을 표시하는 부분인 것이다.

현재의 비전과 추진전략, 핵심과제와 성과지표 등은 향후 중앙정부 각 부처 및 아세안 주재 재외공관들이 신남방정책을 현장에서 이행하는데 가

이드라인 역할을 할 것으로 기대된다. 또한 신남방정책특별위원회를 중심으로 추진상황이 정기적으로 점검되고, 그 성과가 상시적으로 관리될 예정으로 보인다. 그래서 앞으로 이보다 더 신경 써야 할 문제는 따로 있다. 그것은 아세안이 우리나라의 이러한 구상과 상호간 의도에 지속적으로 관심을 갖도록 해야 한다는 점이다.

〈표 3〉 신남방정책의 비전, 추진전략, 핵심과제, 성과지표

비전 (3P)	3대 원칙	주요 추진전략	16대 핵심 추진과제	성과지표
사람 공동체 (People)	"교류 증대를 통한 상호 이해 증진" : 다양한 계층의 인적교류를 통한 상호 이해의 확대	정상외교 정례화 인적문화/교류 확대 문화교류 공공외교 확대 한류와 문화-관광-산업 연계 등	①상호 방문객 확대, ②쌍방향 문화교류 확대, ③인적 자원 역량 강화 지원, ④공공행정 역량강화 등 거버넌스 증진 기여, ⑤상호 체류 국민의 권익 보호/증진, ⑥삶의 질 개선 지원	"한-아세안 상호방문객 연간 1,500만명 달성"
상생번영 공동체 (Prosperity)	"호혜적이고 미래지향적인 상생의 경제협력 기반 구축" : 교통, 에너지, 수자원, 정보통신 등의 분야에서 동남아 국가들과 협력을 통해 선순환적 상호 번영 모색	교역 확대 첨단기술 공유 신재생에너지 협력확대 스마트시티 네트워크 구축·기술훈련 역불균형 해소 등	①무역·투자 증진을 위한 제도적 기반 강화, ②연계성 증진을 위한 인프라 개발 참여, ③중소기업 등 시장진출 지원, ④신산업 및 스마트 협력을 통한 혁신 성장 역량 제고, ⑤국별 맞춤형 협력모델 개발	"한-아세안 2020년 교역액 2,000억불 달성"
평화 공동체 (Peace)	"평화롭고 안전한 역내 안보환경 구축" : 모든 사람들이 안전하게 살아가는 지역 공동체 구축, 지역 안보 문제에 대한 공동 협력	한-아세안 특별정상회의 개최 북핵문제 관련 협력 비전통안보 분야 협력 플랫폼 구축	①정상 및 고위급 교류 활성화, ②한반도 평화 번영을 위한 협력 강화, ③국방/방산 협력 확대, ④역내 테러·사이버·해양안보의 공동대응, ⑤역내 긴급사태에 대한 대응역량 강화	"평화롭고 안전한 역내 안보환경 구축"

* 자료: 신남방정책특별위원회, 2018 및 강명구, 2018, p.66 재구성.

향후에는 경제교류나 단순한 원조의 수준이 아닌 신남방정책 특유의 새로운 모습을 더 보여주어야 한다는 논리가 많은 힘을 얻을 것이다. 경제적으로는 현지 토착 기업과 인재를 함께 키우고, 문화적으로는 '이식'이 아닌 '융합'을 추구해 나가야 할 필요성도 충분히 제기할 수 있다.

이러한 방향과 과제들이 보다 효과적으로 추진되기 위해서는 '한류(韓流)'를 비롯한 '한국학(韓國學)' 진흥 등의 우리나라의 문화적 영향력(K-Culture)을 아세안에 대한 항구적 소프트파워로 전환하려는 노력도 필요해질 것으로 전망된다.

3. 협력부문의 확대와 네트워크식 접근

신남방 협력의 성공을 위해서는 협력부문과 교류사업의 양적·질적 확대가 필수적일 것이다. 공공부문에서는 이미 우리나라가 제안한 교통, 에너지, 수자원 관리, 스마트 정보통신 등 4대 중점협력 분야 외에도 추가적인 사업발굴이 반드시 필요하다.

예컨대, 우리나라가 강점이 있는 해양안보나 해양자원, 사이버 안보 및 디지털 연계성 등을 구체적인 공공협력 분야로 제시할 수 있다. 여기에 다양한 협력 프로그램 운영도 민간교류를 활성화시킬 것이다. 시범적으로 진행해 온 청년 및 학생교류, 아세안 관련 출판물, 학술세미나 및 강좌, 기타 문화교류 등을 크게 장려하고 확대해야 한다. 물론 향후의 모든 교류사업, 협력의 목적과 구체화 단계에서는 서로 머리를 맞대고 소통하고 논의를 해야 할 것이다.

나아가 신남방정책의 핵심요소로서 상호 호혜적인 경제협력의 중요성을 강조하면서도 경제협력의 강화뿐만 아니라 외교·안보 분야에서도 협력수준을 제고하는 노력이 필요할 것이다. 이 때 아세안에 대해 기존의 개별 국가적 접근(single country approach)을 지양할 것을 강하게 권고하려 한다.

즉 아세안에 대한 접근은 반드시 네트워크 시각과 다자관계적 접근(multi-faceted approach)이 해답이라는 점을 다시 신중하게 제언코자 한다.

인구와 경제력을 감안할 때 베트남, 싱가포르, 인도네시아와 같은 나라들이 우리 시야에 먼저 들어오는 것은 자연스러운 사실이다. 하지만 이들 개별 국가가 '점(點)'이라면, 지금의 아세안은 '선(線)과 면(面)'의 성격이 매우 짙다. 그래서 동북아시아에서 주변국을 1대1 방식으로 대해 온 우리의 외교적 관례와 편협한 습관은 반드시 버려야 한다.

우리나라는 유럽연합(EU)과의 관계에서 보듯이, 아세안과 다자간 협력의 방식에서 가장 높은 효용을 얻을 수 있다. 이에 신남방정책에는 특정 국가의 쏠림 현상보다는 다변화되고 평등하며 열린 자세가 우선적으로 필요하다. 그 다음에 장기적으로는 아세안과의 다자간 관계를 넘어 개별국과의 외교·교류 관계도 강화할 필요가 있다. 이 때도 '점'을 보되 '선과 면'으로 다가가는 네트워크식 접근은 계속 유지되어야 한다. 더 나아가 신남방정책은 아세안을 기점으로 호주와 뉴질랜드 등과의 태평양 협력도 강화하는 방향으로 가야 할 것이다.

4. 아세안 내부의 이해와 현안의 지원

우리의 신남방정책은 향후 아세안과 상보적인 대외 관계 형성뿐만 아니라 아세안 내부에서의 보완적 관계형성에도 적극 기여해야 한다. 이는 향후 아세안 구성원들과 소통하고 그들의 생각을 알고, 수요와 요구에 철저히 기반을 둘 때만 가능하다. 그리고 이는 기존 강대국들이 동남아시아 진출에 있어서 주목하지 못한 부분이기도 하다. 이러한 틈새전략은 경쟁국의 거대 구상에 대응하면서 우리나라의 동남아시아 국제협력 역량을 강화하는데 있어서 큰 효과를 나타낼 것으로 예상된다.

특히 최근 아세안이 그들 스스로의 가치지향과 존립 토대로 제시한 '아세안 중심성(ASEAN Centrality)'은 가장 핵심적인 내부 현안이자, 최고의 관심사이다. 이것은 동아시아의 모든 지역협력체계 구축에 있어 아세안이 추동력을 가지고 중심적 역할을 수행해야 한다는 논리이다.

이 가치와 정신을 토대로 아세안은 새로운 다자체계의 형성에 유연하며, 다양한 이해당사국을 포용하는 플랫폼으로서의 기능을 하고 있다. '아세안 중심성'의 기치 아래 아세안지역안보포럼(ARF), 아세안+3 정상회담(APT), 동아시아정상회의(EAS), 아세안확대국방장관회의(ADMM-Plus), 역내 포괄적경제동반자협정(RCEP) 등이 만들어졌고, 지금껏 작동하고 있다.

또한 이런 장치들은 동아시아 역내 다층적·다기능적 협력체와 네트워크 형성을 주도해 가고 있다. 실제 최근 10년 동안 아세안은 '중심성(Centrality)'을 기반으로 중국, 미국, 일본 사이에서 자신을 중심으로 삼았고, 국제사회에서 세력균형을 이루는 데에도 성공을 하고 있다.

'중심성(Centrality)'은 우리 정부와 신남방정책이 깊이 이해해야만 할 아세안 특유의 가치이자 정신이다. 이는 크게 두 가지 내용으로 요약된다. 하나는 내부적으로 아세안 회원국들끼리는 위와 아래, 중심과 변방이 절대 없으며, 항상 평등하고 공평하게 모든 비용을 감수하고 이익을 배분하는 것이다. 다른 하나는 아세안 구성원 누구에게라도 외부의 누군가가 이해관계를 강제하거나 힘으로 끌고 가려는 것을 극도로 싫어한다는 것이다.

'중심성'을 쉽게 이해하기 위한 예를 들면, 일단 내부적으로 아세안은 동등한 합의에 의한 결정을 대원칙으로 한다. 큰 나라와 작은 나라, 잘 사는 나라든지 못사는 나라든지 결정권은 같고 공동체에 대한 회비나 분담금도 거의 같다. 아세안 내에서 싱가포르, 말레이시아와 미얀마, 라오스는 국력과 경제적 차이는 있으나, 이 중심성 가치를 통해 완전히 동등하게 서로를 대하고 존중하는 것이다.

반대로 특정 회원국이 외부의 강대국과 결탁하는 것도 싫어하거나, 공동으로 견제를 한다. 이는 서구사회나 유럽연합(EU) 회원국들의 비용부담 및 수익배분 원칙, 혹은 국제사회의 관행과는 미묘한 차이를 보여준다. 나아가 향후 신남방정책의 대(對) 아세안 관계 형성과 사업추진에 있어서, 일부 국가 쏠림 현상을 우리가 절대적으로 경계해야 하는 이유이기도 하다.[27]

그런데 아세안에 이미 적극적으로 진출한 중국과 일본 등은 공통적으로 경제적 접근이나 일방향식 지원에만 집중하고 있다. 자국 기업들이 많이 진출해 있는 아세안에 대한 지원을 통해 현지 생산거점과 역내 교역 네트워크 구축을 뒷받침하려는 단순한 목적 등이 주류였다. 특히 중국은 자기 자본과 인프라 개발을 통한 물리적 '연결성(connectivity)' 강화에만 집중하여, 아세안 국가들 내에서도 강대국의 소통 부족과 일방적인 투자에 대한 여러 불만과 부작용이 나오고 있다.[28]

과거 20년 동안 우리나라도 주로 북한과의 평화·안보문제에 대해 아세안에게 우리 입장의 지지만 요청해 왔다. 그러면서 정작 아세안 내부의 현안이나 각종 분쟁문제에 대해서는 유보적인 입장을 취해 왔다. 아세안 개별국가들에게는 자신을 중요하게 인정하고 위하지 않는 상대로 우리나라가 읽힐 개연성이 많았다는 것이다. 이제는 과거를 '반면교사(反面敎師)'로 삼을 때이다.[29]

참고로 지금의 아세안 10개국 내부에는 인구, 국토, 경제의 발전단계가 상이한 문제점과 격차해소가 중대한 현안의 하나이다. 최근 아세안은 지난 50년 간 공동의 번영과 발전이 더뎠던 원인으로 10개 회원국간의 언

---

27 이에 관해서는 각각 Beeson, M., and Gerard, K, *ASEAN, Regionalism and Democracy*, Routledge Handbook of Southeast Asian Democratization, 2015, pp.54-67; Narine, S, "The ASEAN Regional Security Partnership: Strengths and Limits of a Cooperative System by Angela Pennisi di Floristella", *Contemporary Southeast Asia, A Journal of International and Strategic Affairs* 38(1), 2016, pp.154-157 참조.

28 김병은, 「新남방정책: 그 맥락과 교통 ODA의 역할」, 「한국국제협력단 이슈보고서 (Sectoral Issue Report Vol. 09(2018-09)」, 2018, pp.1-11면.

29 김형종, 「아세안 2017년: 민주주의 위기와 아세안 규범」, 「동남아시아연구」 28(2), 2018, pp.119-145면.

어·경제·문화수준의 심각한 격차를 스스로 지목하고 있다.[30] 즉 지역간 격차해소와 균형발전이 그들의 핵심 아젠다인 것이다.

그런데 아세안 내에서 대륙의 영향을 받는 반도국가와 해양 도서국가, 큰 나라와 작은 나라들의 격차해소 입장은 또 미묘하게 다르다. 중요한 점은 내부관계 조율과 격차해소가 과거 우리나라의 외교 경험과 경제발전의 시행착오를 서로 공유하고 공감할 수 있는 중요 대목이라는 것이다.

아세안 국가들이 당장 본받을 모델로 삼기에 중국과 일본은 너무 크거나 혹은 앞서 있다. 강대국도 패권국가도 아닌 우리나라는 내부적 조율과 지원에 중립적인 조정자, 비슷한 처지의 후원자가 될 수 있다. 따라서 앞으로 신남방정책 추진에 있어 주요 방향 중의 하나는 반드시 여기에 집중되어야 한다는 점을 제언한다.

5. 강대국 대외정책과의 조율과 협력

신남방정책은 거시적으로 강대국의 대외정책과 상호 견제, 협력관계를 조율하는 것이 중요하다. 바다를 통한 동남아시아로의 신남방정책 추진은 강대국의 대외정책과 겹치는 부분들이 있다. 환언하면 신남방정책은 향후 중국의 일대일로 정책, 일본의 적극적 평화주의와 지구본 외교, 러시아의 신동방정책, 미국의 태평양 전략 등에 둘러싸여 여러 대외적인 환경상의 제약을 가지고 있다.

동남아시아 지역과 아세안 국가들은 기존 강대국들이 모두 지리적, 안보적, 경제적 관심을 두고 있는 공통의 대상이기 때문이다. 이것은 어찌 변화시킬 수 없는 현실이다. 특히 중국의 '일대일로(一帶一路)' 정책은 최근

---

30 Buszynski, L, "ASEAN Regionalism: Cooperation, Values, and Institutionalization", *Contemporary Southeast Asia* 36(1), 2014, pp.162-164.

동남아시아 쪽으로 가열차게 추진되는 과정 속에 있다. 그리고 중국은 인접 국가들과의 이해관계 충돌을 야기하거나 인위적 협력을 추동하는 현실이 문제점으로 대두되어 있다.[31]

신남방정책은 어느 부분에서는 중국의 '일대일로(一帶一路)'와 협력할 부분도 있지만, 어느 부분에서는 충돌과 길항(拮抗)의 관계에 놓일 수도 있다. 예컨대, '일대일로(一帶一路)'에서의 '일로(一路)', 즉 '21세기 해양실크로드 전략'에서 동남아시아 국가들이 차지하는 비중이 매우 높은 것을 감안할 때, 중국 견제용으로서 아세안과 우리나라의 협력은 순탄치만은 않을 것으로 보인다.

중국의 일대일로(一帶一路) 정책은 시진핑이 집권한 2013년 이후, 10주년을 경과하면서 주변 지역에 가시적인 결과를 내기 시작하고 있다. 하지만 최근 동남아시아 지역에서는 여러 비판과 적지 않은 부작용을 초래하고 있다.

중국은 아세안과 운명공동체를 건설하자는 기치 아래, 일대일로 정책이 호혜적임을 표방했지만 실제는 그러지 않았다. 즉 '아시아인프라투자은행(AIIB)'과 '21세기 해상 실크로드'를 앞세워 거의 일방향식으로 속도감 높게 전개되었다. 또한 동남아시아 낙후지역에 대한 거대 중국 자본의 투입과 무리한 인프라(SOC) 사업은 공여자와 수혜자 사이의 관계를 심각한 채권자와 채무자 사이로 만들었다. 파키스탄, 라오스, 스리랑카, 미얀마 등은 국가 채무가 심각하게 늘었다.

그러자 아세안 일부 국가들은 중국의 소통 부재와 밀어붙이기식 추진에 대해 '신식민주의, 신제국주의 부활과 강요'라는 비판을 하고 있다. 최근 아세안은 중국식 개발에 대한 거부감과 협력방식에 대한 경계심이 높아졌으며, 대외 교류나 협력관계에서 상호 호혜와 공정, 평등과 존중의 가치

---

31 Saito, S, *Japan at the Summit: Its Role in the Western Alliance and in Asian Pacific Cooperation*, Routledge, 2018, pp.1–234.

를 무척 중요시하고 있다. 이는 오히려 우리나라 아세안 외교와 협력에 호재로 작용할 수 있다고 판단된다.

그래서 막대한 자금과 인프라를 내세워 동남아시아 쪽으로 이미 진출한 중국에 조응하기만 할 수 없는 신남방정책은 일대일로 정책과의 견제와 협력 관계를 함께 추구할 수밖에 없다. 게다가 미국의 기존 태평양 전략과 일본의 동남아시아 진출 전략 등과 초기에 충돌하는 것도 그리 좋은 그림은 아니다.

다만, 신남방정책은 '운영의 묘'를 살려 초기 우선순위에서 중국 및 미국과 공동의 이익이 되는 아세안과의 협력방안을 강구하는 것이 중요할 것으로 생각된다. 그러기 위해서는 무엇보다 당사자인 아세안 국가들의 내부 사정과 현재의 생각을 다른 나라보다 정확히 파악해 나가는 것이 급선무가 될 것이다.

6. 전문가 및 인재 육성과 지적기반 확대

동남아시아와 아세안에 대한 전문가 집단, 인재 육성, 연구 및 교육프로그램 확장도 상당히 중요한 부분이다. 국내에는 동남아시아와 아세안에 대한 정확한 진단, 효율적인 정책을 만들 수 있는 지적 기반과 전문가의 저변이 부족하다. 정부가 의존하는 외교나 지역전문가들 조차 미국, 중국, 일본, 러시아 등의 강대국에 편중되어 있다.

동남아시아와 아세안에 대한 전문가 육성은 과거에도 회자된 적이 있으나, 잘 실현되지 않았다. 그러다 보니 동남아시아와 아세안 현지사정에 밝은 사람, 사회·문화적 기반을 설명할 사람이 의외로 많지 않다. 최근 동남아시아 통계 정보에 대한 생산과 분석도 강대국보다 상대적으로 열악한 편이다.[32]

32 박제훈, 「신고립주의와 아시아공동체에 관한 일고찰: 북핵 위기 해법을 중심으로」,

신남방정책의 여러 아이디어와 교류사업들이 나무의 '가지'와 '열매'라면, 인재와 전문가 집단은 그 '뿌리'와 같다. 열악한 기반에 대해서는 그만큼 더 많은 투입과 노력이 필요한 법이다. 현지 통계와 세밀한 정보생산을 학계나 민간부문 전문가에 전부 맡겨놓을 것이 아니라, 정부가 적극적으로 나서 상시적인 인재풀을 형성, 유지해야만 한다.

그리고 이들 동남아시아 전문가와 인재들이 지속 가능한 협력의 모델을 만들어, 우리나라와 동남아시아 네트워크의 초국경 회랑이 만들어지도록 하는 방안을 강구해야 한다. 동남아시아 국가들과 아세안 싱크탱크와의 전문가 네트워킹, 공동연구, 인재프로그램 공유 등을 통해 새로운 구상을 실천할 방안도 계속 만들어 내야 한다. 나아가 이러한 이점을 명확하게 주변국은 물론 한반도를 둘러싼 강대국들에게도 제시해야 한다.

7. 국내 여론과 국민적 시각의 환기

동남아시아와 아세안에 대한 국내의 여론 환기, 그리고 기업들과 국민적 시각의 전환도 환경적으로 중요하다. 일단 신남방정책의 '3P 비전'에서 2P인 사람(People), 상생번영(Prosperity)의 원칙은 곧 국민의식과 여론에 기반을 두기 때문이다. 우선 우리가 지금껏 동남아시아와 아세안을 바라보았던 시각은 근본적으로 상업주의, 경제주의적인 것이었다.

동남아시아는 철저하게 우리나라가 공략해야 할 시장(Market), 대상(Target)으로 간주되었다. 기업은 동남아시아에서 무역과 통상을 통해 경제적 이익만 극대화하려는 의도가 다분했다. 그런 결과로 이미 우리나라는 동남아시아와 아세안에 대한 무역수지가 장기간 흑자상태이고, 기업 진출과 '한류(韓流)' 수출로 큰 이득을 보는 등 아세안을 시장과 경제적으로 충분

─────────

『비교경제연구』 24(2), 2017, pp.67-88면.

히 이용하고 있다.[33] 단언컨대, 당장 이런 우리 쪽의 일방향적 흑자와 이득들이 장기적 호혜관계 유지에는 오히려 부담이 될 소지도 있다고 본다.

더 큰 문제는 우리나라가 미국, 중국, 일본을 동맹이나 동반자로 대해온 것처럼, 동남아시아와 아세안을 그와 '동격(同格)'으로 존중했다고 보기는 어렵다는 점이다. 동아시아의 정치적 아젠다나 한반도 정세 문제를 논의하는 소위 '힘 있는 대상'으로 여기지도 않았다. 물론 아세안 국가들도 자신들을 보는 이런 시각과 위치를 충분히 인지하고 있을 것이다.

그래서 물건과 자본보다는 사람과 문화교류를 통한 '정부간 관계와 신뢰(Intergovernmental Relations and Trust)'를 중요시하는 양자의 여론 조성이 중요할 것이다. 기업과 민간에서는 해외 현지 노동자의 인권 보장, 토착문화의 존중, 지역민과의 공존, 상생의 자세를 견지하도록 정부가 유도하고 지원해야 한다. 많은 시간이 걸리더라도 상호 존중에 바탕을 둔 신뢰관계는 신남방정책의 추진방향에 반드시 필요하다.

이와 같은 맥락에서 국내의 인식과 여론도 크게 변화시켜야 한다. 일반 국민의 의식 속에서 동남아시아의 이미지는 기존에 잘사는 선진국과는 크게 달랐다. 다분히 관광 여행지, 무더운 곳, 가난과 빈곤, 외국인 이주노동자, 국제결혼이민 등으로 인해 긍정적 측면보다는 부정과 편견의 이미지가 더 많았다. 물론 최근으로 올수록 과거와 다르게 이런 인식들이 조금이나마 바뀌고 있다는 점은 다행이지만, 편견의 존재는 의심할 여지가 있다.[34]

문제는 우리나라 기업과 국민의 '동남아 인식'을 신남방정책에 대한 강력한 지지(Policy Support), 지렛대(Leverage) 수준으로까지 끌어올리는 것이다. 혁신과 발상의 전환이 탄력을 받기 위해서는 무형적 자산과 사회자본(Social Capital)이 중요하기 때문이다.

---

33 국가통계포털, http://kosis.kr, 2023; 산업통상자원부, http://www.motie.go.kr, 2023.
34 윤진표 외, 「한국과 아세안 청년의 상호 인식」, 『한-아세안센터 한국동남아연구소』, 2017, pp.18-19면.

그런 점에서 기성세대에 대한 국민적 홍보방안과 미래 세대에 대한 공교육과의 연계도 향후에 크게 고민해볼 일이다. 동남아시아에 대한 국민의 긍정적 의식 함양은 장기적으로 아세안 외교와 신남방정책의 '내부 역량(Internal Capability)'과 밀접한 연관이 있기 때문이다.

V. 맺음말

　결론적으로 신남방정책은 분명 우리나라 외교와 국제교류의 역사에 한 획을 그은 시도이며, 향후 뚜렷한 성과를 남긴 국가적 자산으로 남을 가능성이 많아 보인다. 우리나라가 기존에 시도해 온 동북아시아 외교와 교류 네트워킹이 강대국의 이해관계와 과거사 문제 등으로 난관을 종종 겪어 온 것과 대조적으로 기본 환경과 조건 자체가 전혀 다르기 때문이다. 동남아시아에 대한 신남방정책은 대한 강대국 보다 상대적으로 적은 투입과 노력으로 가시적인 성과를 낼 가능성이 충분하다.

　과거 대통령 직속 북방경제협력위원회가 대국민 설문조사 자료에 따르면, '신남방정책'은 문재인 정부의 대외정책 중에서 국민적 기대감과 지지도가 가장 높은 것으로 나타났다. 우리나라에 도움이 될 것이라는 기대도 '신북방정책'보다 오히려 더 높게 나타났다. 신남방정책이 가진 외교적 잠재력은 높다.

　일단 중견국가와 개발도상국이 많은 아세안은 우리 주변의 강대국들과 달리 패권의식이나 특별한 과거의 유감도 없다. 근대 이후 전쟁과 식민지 등의 역사적 경험과 지금 아세안이 추구하는 공동번영의 가치도 우리와 크게 다르지 않다. 신남방정책은 신북방정책과 다르게 '북한'이나 '러시아' 등의 유동적 변수를 전혀 관리하지 않아도 된다. 물론 과거의 여론조사 등을 보면 우리 국민들도 이런 점을 어느 정도는 알고 있다. 무엇보다 신남방정책은 강대국 사이에 끼여 이분법적 선택을 강요당하는 상황을 피하고 새 파트너를 찾아 협력을 강화해 균형을 추구하려는 점에서 큰 의의를 갖는다.[35]

그런 점에서 우리에게 아세안은 복잡한 이해관계와 난관에 대한 도전이 아니라, 그간 무관심과 미개척 영역에 대한 '새로운 세계(Blue Ocean)'에 가깝다. 정치와 안보 문제에 대한 지지세 확보뿐만 아니라, 경제와 문화적으로도 다변화를 꾀할 수 있다. 아세안과 동남아시아 전체를 핵심 아젠다로 설정한 신남방정책은 동아시아 공동체 비전을 위해 우리가 밟아야 할 당위이자 필요조건인 것이다. 그래서 신남방정책은 우리 스스로 천명한 것처럼 과거 30년 동안의 동남아시아 외교나 교류와 같이 단편적이고 파편적이며, 일시적인 정책이 되어서는 더더욱 곤란하다.

과거 신남방정책이 천명되고 걸음마를 디뎠지만, 보다 확실한 해답을 현시하지는 못했다. 그러나 적어도 어느 정도의 방향성과 착안점은 시론적으로 제안을 하였다. 향후에는 동남아시아 외교의 틀인 신남방정책의 기조를 초석으로 해서, 신남방정책의 세부 로드맵, 실행전략, 성과평가, 중장기 과제 등을 담은 다양한 후속연구들이 파생되어야 한다.

그리고 정부도 "새로운 협력과 번영의 파트너(New Frontier), 동남아시아를 맞이할 준비가 잘 되었는가"에 대한 질문의 대답을 우리나라와 아세안 국민 모두에게 조속히 들려주어야만 한다. 양쪽 모두 새로운 파트너에 거는 기대가 큰 만큼, 지속적인 성과와 체감도 뒤따라야 하기 때문일 것이다.

---

35 한국리서치 조사(국민 1,000명 표본)에서 외교 다변화로 대표되는 다양한 국가들과의 협력이 우리 경제에 미칠 영향에 대해 물어본 결과, "신남방정책으로 대표되는 동남아 국가와의 협력이 큰 도움이 될 것"이라는 응답은 36.5%로 가장 높았다. 신북방정책으로 대표되는 "유라시아 국가와의 협력"은 26.6%였다. 남미와 중동·아프리카의 기대감은 각각 15.5%와 11.5%로 나타났다. 자세한 사항은 북방경제협력위원회, 2017.『북방경제협력에 대한 대국민 설문조사 보고서(한국리서치의뢰) 설문지』(https://www.bukbang.go.kr/bukbang/info_data).

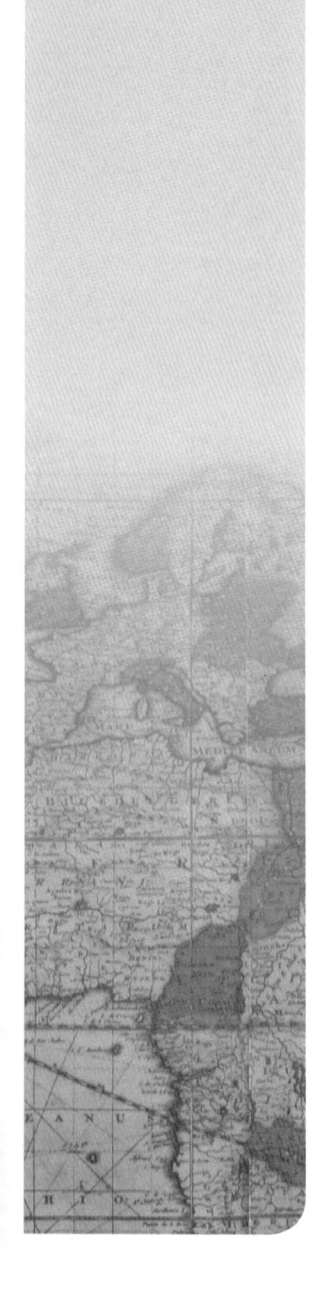

Ⅰ. 머리말

한국, 중국, 일본을 각각 일컫는 이른바 '동북아 핵심 3개국'은 지리적으로 매우 가깝지만, 항상 친밀하다고는 할 수 없는 미묘한 관계의 나라들이다. 동북아시아에서 한·중·일을 둘러싼 국제정세와 경제, 외교, 안보질서는 여전히 불안하고 유동적이다. 최근에는 이들 국가 사이에서 각종 현안을 둘러싸고 반목과 갈등이 더욱 고조되었고, 서로간의 국민정서도 좋지 않다. 예컨대, 과거에 다음과 같은 사건들이 있었다.

우선 한·일 양국의 관계는 '위안부 피해자', '강제징용 피해자' 문제에 대한 사법부의 배상판결이 나오면서 크게 악화되었다. 이에 일본정부는 한국경제의 약점을 파고든 '반도체소재 등의 수출규제'로 응수했다. 다시 한국은 일본에 대한 대대적인 '무역규제'와 '한·일 군사정보보호협정(GSOMIA)' 파기 재검토, 국민적 차원의 '일본산 불매운동'으로 맞섰다.

군함도로 잘 알려진 '하시마(端島) 탄광'의 유네스코 세계유산 등재, 그리고 '사도(新潟) 광산'의 등재추진 시도는 우리 국민에게 일본 강제징용의 역사 왜곡과 부정으로 받아들여졌다. 이런 일련의 사건들로 인하여, 한·일 두 나라의 앙금은 또 상당기간 가시지 않을 것이다.

중국과는 근래 '사드(THAAD·고고도미사일방어체계) 배치'와 한국에 대한 '중국인 관광제한조치' 등으로 양국관계가 불편했다. 수십 년 군사동맹관계에서 한국이 미국 쪽을 선택한 결과였고, 그 대가는 한·중 관계의 후퇴와 경제적 손실이었다. 시간이 지나면서 조금 나아지기는 했으나, 1990년대 한·중 수교 이후 양국관계를 모두가 다시 생각해보는 계기를 제공했다. 중·일 양국관계도 역사문제와 영토문제 등으로 해묵은 갈등과 반목이 지속되어 왔다. 적어도 동북아에서 한국, 중국, 일본은 서로의 양자관계만 들여다봐도 오랜 세월동안 많은 부침(浮沈)이 있었다.

그런데 앞선 사건들과 반대로 동북아의 화해와 협력을 이룬 사건들도 여럿 있었다. 한·중·일은 2008년 글로벌 금융위기 당시 '통화스와프(Currency Swap)'로 위기를 극복하여 '동북아경제동맹체'임을 세계에 과시했다. 비록 정치적으로 부침이 있었지만, 미세먼지와 황사문제 등을 다루는 '동북아환경협력'도 장기간 꾸준히 진행되었다.[1] 2020년 한·중·일을 동시에 덮친 '코로나-19(COVID-19)' 전염병 초기 상황에서는 '동북아방역공동체'로서 정보와 도움을 주고받은 경험도 있었다.[2]

이러한 점들을 종합해 보면, 동북아 한·중·일 3국은 적어도 서로를 완전히 신뢰하지는 않으면서도 협력과 교류의 필요성에는 공감대가 형성되어 있는 것 같다. 비록 국가적으로는 미묘한 삼각관계를 형성하고 있지만, 서로 교류할 때는 교류하고 협력할 때는 협력을 했다. 그래서 동북아의 이웃국가로서 한·중·일은 '서로 미우나 고우나 같이 걸어갈 수밖에 없다'는 추론이 가능하다.

그런데 우리가 주목해야 할 것은 이런 교류와 협력의 '단위(Unit)', '수준(Level)'를 한번 다르게 생각해 보는 것이다. 만약 한·중·일 교류와 협력의 수준이 '지역'과 '도시'로 낮아진다면 어떻게 되는가? 아마도 '국가' 단위의 외교문제 보다는 밑으로부터 이루어지는 지역협력과 도시교류가 더 안정적이지는 않을까? 국민감정과 정치상황, 국가적 이해득실이 덜 개입되어서 오히려 더 지속가능하지는 않을까? 이 책에서의 문제의식은 여기에 두고 있다.

실제로 교류와 협력의 주체를 국가관 관계에서 지역과 도시로 시각을 돌려보면 한국, 중국, 일본의 관계는 더욱 긴밀해 진다. 현재 한국의 지역과 도시는 외국과 1,726건의 국제교류를 맺고 있다. 전국의 지방자치단체

---

1 이은주, 「동북아 환경협력을 위한 사회적 학습과 인식공동체: 한중일 환경장관회의(TEMM)와 한중일 환경교육네트워크(TEEN)를 통해」, 『환경교육』, 31(1), 2018, pp.53-63.
2 한·중·일 3국협력사무국, https://tcs-asia.org, 2022 참조.

와 자매결연 및 우호협력을 맺고 있는 도시는 세계 82개국 1,292개의 도시가 있다. 이 중에서 이웃나라 중국과 일본의 비중이 가장 많다.

자매결연 및 우호협력은 중국이 666건, 일본이 217건으로 한·중·일 교류는 전체의 51.2%를 차지한다. 쉽게 말하면, 지금 우리나라 도시외교, 지역교류의 절반 이상이 중국과 일본에 걸쳐 있는 것이다. 심지어 자매결연이 가장 오래되었거나, 최근 활발한 우호교류 관계도 대부분 중국과 일본의 도시들이다.[3]

아이러니한 것은 동북아 한·중·일 사이의 다자간 지방 및 도시교류(Trilateral Cooperation)가 공식적으로 시작되고, 제도적으로 관리된 지는 얼마 되지 않았다는 점이다. 2010년 한·중·일 정상회의 협정으로 2011년에 만들어진 '한·중·일 3국협력사무국(TCS)'을 중심으로 진행되어 왔기 때문이다. 이전까지는 단순히 한·일, 한·중, 중·일 등 양자 간의 지역교류나 협력이 주류였다.

여기서는 새로운 동북아 한·중·일 3국의 다자간 도시교류 및 협력에서 이러한 '제도적 장치와 기구'가 가장 중요함을 제기한다. 그 이유는 동북아시아의 특성상 국가적 외교관계의 부침에도 불구하고, 우선 삼각교류와 협력의 기반이 보장될 수 있기 때문이다.

이상의 배경과 논리에 근거하여, 다음과 같은 질문이 가능하다. 동북아에서 한·중·일 도시간 교류와 지역협력은 외형만큼 진정한 상생을 위한 것인가, 아니면 불가피한 선택의 결과인가? 한·중·일 다자간 도시교류와 지역협력은 어떤 의미를 갖고, 현재 제도적으로 어디까지 와있는가? 한·중·일 사이에서 얼마나 많은 지역과 도시들이 어떠한 교류의 내실을 다져왔는가?

이 질문들에 대한 답변을 내놓기 위해서는 세 국가의 도시교류와 지역

---

3 대한민국시도지사협의회, https://www.gaok.or.kr, 2023.

협력의 제도적 수준과 그간의 성과를 면밀하게 살펴볼 필요가 있다. 따라서 논의의 목적은 동북아 해역을 사이에 두고 있는 한국, 중국, 일본 사이의 도시 및 지역교류는 실제로 얼마나 제도화, 공식화되어 있는가를 살펴보는 것이다. 그리고 2020년대 이후의 단계에서 이들의 제도적 교류는 얼마나 성과가 나고 있으며, 올바른 방향으로 나아가고 있는가를 진단, 평가해보는 것이다.

Ⅱ. 동북아시아 외교와 협력의 이론적 준거

1. 동북아 3자 협력의 제도화 담론

21세기에 들어와 전 세계 곳곳에서 '국민국가(Nation State)'의 상징성과 '국경(Border)'의 의미는 크게 변화하였고, 점차 상대화되고 있다. 글로벌 공간을 설명하는 핵심논리였던 '국가'와 '경계선'은 점점 그 설득력이 낮아지고 있는 것이다. 실제적으로 유럽과 아시아 여러 곳에서 국경을 넘은 새로운 월경지역들이 많이 만들어졌다.

근래 수십 년 동안에 '유럽연합(EU)', '아세안(ASEAN)'의 탄생과 성공도 결정적이었다. 이러한 지역들은 20세기 이전의 과거에는 분명 없던 것들이었다. 국가와 지역간 경제, 정치, 안보협력에 기반을 둔 블록화와 여러 국지적 공동체가 세계 곳곳에 등장하고 있는 것도 비슷한 맥락이다.[4]

한국, 중국, 일본의 3국으로 대표되는 동북아 주요 국가는 연안지역과 바다를 수단으로 교류와 교역을 진행해 왔다. 우리를 기준으로 동해와 황

---

4 우양호, 「유럽 해항도시 초국경 네트워크의 발전과 미래: '외레순드'에서 '페마른 벨트'로」, 『해항도시문화교섭학』, 10, 2014, pp.239-264; 우양호, 「초국적 협력체제로서의 '해역(海域)': '흑해(黑海)' 연안의 경험」, 『해항도시문화교섭학』, 13, 2015, pp.209-246.

해 해역을 사이에 두고 직접 국경이 맞닿아 있지 않는 특징이 있다. 일단 '바다'와 '해역'으로 국경을 접하다보니, 공간적으로 인적·물적 이동은 '육로(陸路)'보다는 '해로(海路)'가 중요했다.

그래서 동북아 권역의 한국·중국·일본은 해역과 연안 중심의 초국경 지역으로 조금씩이나마 발전하고 있다. 이미 오래 진행된 한국의 부산과 후쿠오카의 초국경경제권 구축, 인천과 상해의 황해경제권 구상, 북한과 중국 접경의 환발해경제권, 러시아와 일본의 환동해경제권 담론 등이 그러하다. 한국이 가교국가(Bridge State)로서 역할을 하는 동북아공동체의 담론도 과거의 선언적 수준을 뛰어 넘어, 이제 결속력 높은 현실적 구성체(Structure)를 지향하고 있다.

이러한 초국경적 공간의 형성과 블록화 현상은 이제 학계에서 새로운 지정학적 현상의 하나로 받아들여지는 분위기로 보인다. 그리고 최근에 이르러 그 중심에는 '지역'과 '도시'가 자리하고 있다. 국경을 넘는 지역과 도시의 교류와 통합은 유럽을 중심으로 동아시아 지역을 확산되는 추세에 있다.

지역연합이나 도시권 중심의 초국경, 또는 월경한 국지공동체(局地共同體)는 이제 국가적 외교에 영향을 미칠 정도로 그 역할과 위상이 성장하고 있다. 그리고 우리에게는 기존 국민국가 중심의 정치 및 경제단위에 대한 사고의 틀을 새롭게 바꿀 것을 요구하고 있다. 동북아 지역의 최근 상황도 크게 다르지 않을 것이다.

그런데 동북아 지역은 지리적으로 국가별 교류의 용이성과 협력의 상호보완성이 높은 지역이었음에도 불구하고, 여전히 국가와 민족단위에 매몰되어 있었다. 오랜 세월 제도화되고 조직화된 동북아의 협력이 제대로 작동되지 못했고, 공고화된 지역과 도시의 연결망이 없었던 지역이기도 하다. 특이하게도 동북아시아는 공동의 번영, 평화와 상생의 외교 등 주장하는 명분과 수준은 상당히 높다. 하지만 한국, 중국, 일본 사이에 실질적인 교류와 가시적인 협력의 진행은 양과 질에서 높지 않은 수준이다. 그 이유

는 다음과 같은 점에서 상당히 단순하고 명확하다.[5]

우선 한·중·일 사이에는 안정적인 외교나 협력의 틀이 아직 없다. 식민지배와 냉전의 역사가 청산되지 못하였으며, 서로에 대한 불신과 경계심이 남아 있다. 한국은 일본의 우익화 경향과 과거사 문제, 해양영토문제 등으로 갈등이 남아 있다. 중국의 경제적 부상과 경쟁되는 한국과 일본의 높은 대미의존도, 한·중·일의 사회이념과 체제의 이질성 및 발전단계의 차이도 남아 있다. 여기에 북한의 핵문제, 체제적 불안감과 그에 따른 한반도 안보불안도 장기간 동안 겹쳐 있는 상황이다. 한마디로 동북아 역내의 한·중·일 간에 공동번영과 상생을 꾀하기에는 대내외적 환경이 너무 유동적이고 불안정한 상황이었고 지금도 여전히 그러한 것이다.[6]

이런 가운데 동북아시아 권역에서 한국은 오랜 기간 동안 중국과 일본 사이의 '조정자', '촉진자', '중간자', '매개자', '운전자' 등의 표현을 빌어서 나름의 역할과 정체성을 표방해 왔다. 그 결과 한·중·일 3국은 상호 교류와 협력을 위해 그간 많이 노력했으나, 이는 완전히 우호적이지 못한 다소 애매한 관계 속에서 이루어졌다.

한·중·일이 서로 항구적 번영을 이루기 초국경적 협력과 공동체 구축이 필요하다는 비전과 담론도 장기간 제자리에 머무르고 있다. 처음부터 일정한 불안정과 한계점을 갖고 진행된 수준이었던 것이다. 한·중·일은 각자 동북아시아의 다양한 이슈에 있어서 각자의 서로 다른 손익계산을 갖고 있었다. 그래서 현재 동북아 한·중·일 3국의 교류와 협력에 가장 필요한 것은 '제도화'된 확실한 장치나 기구로 보인다.[7]

---

5 김성한, 「동북아 세 가지 삼각관계의 역학구도: 한 · 중 · 일, 한 · 미 · 일, 한 · 미 · 중 관계」, 『국제관계연구』, 20(1), 2015, pp.71-95.
6 양기호, 「동북아공동체 형성을 위한 대안으로서 한 · 중 · 일 지방간 국제교류」, 『일본연구논총』, 20, 2004, pp.33-64.
7 고상두, 「한국의 동북아 지역연구: 한중일 갈등극복을 위한 모색」, 『정치정보연구』, 21(1), 2018, pp.37-61.

쉽게 말해 제도와 기구를 통해 공동의 정책과 집행, 함께 일하는 연습을 배우면 설사 어려운 상황에 봉착하더라도 그 구조는 굴러간다는 것이 논리의 핵심이다. 가다 서다를 오래 반복해 온 교류와 협력을 지속가능하게, 되돌릴 수 없을 정도로 추진하기 위해서는 더욱 공고한 제도화가 절실하다.

이미 제도적으로 한·중·일 3국이 관여된 공동의 협력기구를 구성했다면, 상황이나 환경의 영향을 최소화하고 그것은 그것대로 계속 운영될 수밖에 없다. 그것이야 말로 국가적 외교나 정치적 상황과 관계없이, 동북아 교류와 협력 지속가능성을 보장하는 길이다. 이는 향후 동북아에서 한·중·일 3국의 교류 의지와 협력의 열정을 제도화하는 가장 현실적인 방법이기도 하다.

그런 맥락에서 현재 동북아 한·중·일 3국이 관여된 거의 유일한 공동의 제도와 협력기구는 전혀 없는가를 생각해보면, 그렇지도 않다. 현재 한·중·일의 교류와 협력을 위한 기구로는 '한·중·일 3국협력사무국(TCS)'이 구축되어 있다. 즉 이 기구의 위상과 역할을 통해 도시 및 지역단위의 교류는 실제로 얼마나 제도화, 공식화되어 있는가를 살펴볼 수 있는 것이다.

2. 한·중·일 '3국협력'의 제도화

'한·중·일 3국협력사무국(한자: 韓中日3國協力事務局, 중국어: 中日韓三国合作祕书处, 일본어: 日中韓三国協力事務局, 영어: Trilateral Cooperation Secretariat, TCS)'은 2011년 9월에 설립한 국제지역기구이다. 이는 한·중·일 지역과 도시단위의 교류와 협력사업을 주관하는 '정부간 조직(Intergovernmental Organization)'으로 정의된다.

동북아 주요 3개 나라인 한국, 중국, 일본이 모여서 3국의 평화와 공동 번영의 비전 실현을 목적으로 만들었다. 한국, 중국, 일본은 현재 아세안+3(ASEAN+3)의 회원이기도 하고, 연례적으로 '동아시아정상회의(East Asia

Summit, EAS)'에도 참여하고 있다. 전체 동아시아에서 한·중·일은 그만큼 국제적으로 영향력과 중요도가 가장 큰 나라들이다.[8]

한국, 중국, 일본은 매년은 아니지만 2000년대 이후부터 한·중·일 정상회담을 정기적으로 열고 있다. 이들 3개 국가는 동북아 권역에서 핵심적인 역할자로서 국제적인 교류와 협력이 매년 필요했기 때문이다. 이런 상황에서 3개 국가가 단순하게 정상회담을 주기적으로 여는 수준을 넘어서기 위한 첫 제도화의 시도가 '한·중·일 3국협력사무국'이다.

이 기구는 2010년 3국의 정부와 행정수반이 공동으로 서명한 협정에 의거하여 '3국협력사무국 설립에 관한 협정(Agreement on the Establishment of the TCS was signed, Seoul, ROK)'에 근거하고 있다. 그리고 정상들은 당시에 '3국 협력 비전 2020'을 채택하였는데, 여기에는 한·중·일 도시 및 지방정부간 대화와 교류를 촉진하고, 재난관리, 에너지 안보, 사이버 안보, 전염병, 테러리즘, 대량살상무기 확산 등 비전통 안보이슈를 협력하는 내용이 핵심을 이루고 있다. 한·중·일 3국협력사무국을 통한 제도화는 다음과 같은 의미로 논의될 수 있다.[9]

첫째, 한·중·일 3국협력사무국의 길지 않은 역사에서 보듯이, 동북아 권역에서 한·중·일의 관계는 예상외로 튼실하지 못했다. 즉 외교관계의 정례화, 교류와 협력의 제도화는 다른 유럽이나 아시아 지역에 비해 상대적으로 짧은 역사를 가지고 있다. 20세기 이후에도 동북아에서는 한국, 중국, 일본 사이에 외교나 교류를 담보하는 확실한 제도적 기구가 없었다. 한·중·일 3개국이 개별적 양자관계에서 저마다 갈등의 격랑에 노출돼 있었고, 가시적인 레짐으로 발전되지 못했던 것이다.

둘째, 한국과 일본, 중국과 일본 등의 양자관계 문제와는 별도로 3국의 협력이 지속돼야 한다는 공감대는 갖고 있었다. 그 이유는 동북아 3개 국

---

8 대한민국외교부, http://www.mofa.go.kr, 2023.
9 한·중·일 3국협력사무국, https://tcs-asia.org, 2022.

가의 국제적 위상 및 글로벌 경제규모 등이 적지 않았고, 이를 고려할 때 역내 평화안정 및 번영을 위해서 긴요한 협력체제가 필요했기 때문이다. 즉 동북아 역내 지역과 도시들의 발전과 성장, 시기별로 다양한 현안을 안정적으로 관리하고 해결해 나가기 위해서도 상시적이고 제도적인 대화와 협력의 채널은 필요했다.[10]

셋째, 한·중·일 3국협력사무국의 조직과 운영을 들여다보면, 최근 한·중·일 관계의 고유한 특징이 잘 드러난다. 현재 3국협력사무국의 본부는 한국의 수도 '서울'에 위치하고 있다. 그리고 운영과 예산에 있어서는, 동일한 참여지분을 바탕으로 3국의 정부가 매년 사무국 운영예산의 3분의 1씩을 공평하게 부담한다. 사무국의 수장 격인 사무총장은 2년 주기마다 1번씩 국가별로 번갈아 순환하여 맡고 있다. 당초 '3국협력사무국 설립에 관한 협정'은 형평성과 호혜성을 명분으로 한국이 주도했다.

일단 동북아에서는 한·중·일 사이에는 서로 패권국이 없었기 때문이다. 물론 중국과 일본은 군사력이나 경제규모 등에서 한국에 비해 앞서 있기는 하다. 하지만 일본과 중국 사이는 꼭 그렇지도 않은 것이 현실이다. 그런데 이런 관계에서 중요한 것은 역할과 주도권 싸움이었을 것으로 본다. 만약 중국이 3국협력사무국의 설립을 주도했으면, 일본이 반대했을 것이 자명하다. 반대로 일본이 주도했으면 중국이 반대를 했을 것이다.

넷째, 동북아의 특수성에 비추어 한국이 '중간자'로서 '3국협력사무국'을 주도한 것은 자연스러운 일이었을 것이다. 한국은 상대적으로 중간자적 위치, 교량적 역할을 하면서 중국과 일본이 어느 정도 수긍할 수 있는 모양새를 갖춘 것이다. 본부를 한국의 수도 '서울'에 두기로 한 것도 이와 무관치 않다. 유엔(UN)의 본부가 '미국'에 있고, 대부분의 국제기구 본부가 역내 주도국이나 패권국에 있는 것과는 크게 다르다. 즉 한국은 중국과 일본

---

10 우양호, 「해항도시간 국경을 초월한 통합의 성공조건: 북유럽 '외레순드(Oresund)'의 사례」, 『도시행정학보』, 26(3), 2013, pp.143-164.

사이에서 3국의 '소다자주의(Minilateralism)'를 명분으로 제도적 협력을 이끌어낸 것으로 보인다. 동시에 이것은 일단 정치와 경제를 주도하는 역내 패권국이 아니더라도, 제도적 협력기구가 만들어 질 수 있다는 가능성을 보여주었다.[11]

현재 한·중·일 3국협력사무국은 협의이사회를 필두로 정무, 경제, 사회·문화, 행정의 4개 부서로 구성되어 있다. 협의이사회는 사무국 내 최고의사결정기구로서의 성격인데, 3개 국가가 2년마다 윤번제로 임명하는 1명의 '사무총장(Secretary-General)'과 2명의 '사무차장(Deputy Secretary-General)'으로 구성된다. 정무, 경제, 사회·문화, 행정의 부서는 각 정부에서 파견된 전문인력(Professional Staff)과 일반인력(General Services Staff)으로 구성된다. 그리고 이들 부서에서 각각 도시와 지역을 중심으로 한·중·일 간의 정치·행정교류, 경제교류, 문화교류의 제도화를 이끌고 있다. 여기서는 이러한 네 분야를 중심으로 한·중·일 도시교류와 지역협력의 제도화 수준을 살펴볼 것이다.[12]

3. '제도화' 이론과 그에 대한 준거들

'제도화(制度化, Institutionalization)'의 단어가 함축하는 의미는 "어떠한 대상이나 행위가 제도로 되거나 되게 하는 것"을 뜻한다. '제도'라는 것은 흔히 법제나 규칙화의 형태를 가지며, 명문화된 공식적 질서를 통해서 다자간의

---

11 Yeo, A. I, "China-Japan-Korea Trilateral Cooperation: Is It for Real?", *Georgetown Journal of International Affairs* 18(2), 2017, pp.69-76.

12 정무부는 외교, 안보, 역내이슈, 국제이슈, 재난방지 및 관리, 싱크탱크 네트워크, 공공외교, 대외협력을 관장 및 조정한다. 경제부는 무역과 투자, 교통과 물류, 세관, 지적재산권(IPR), 정보통신기술(ICT), 금융, 과학기술, 표준화, 에너지, 소비자정책, 환경보호, 농업, 수자원, 산림분야를 관장 및 조정한다. 사회·문화부는 문화, 청소년교류, 언론교류, 교육, 보건복지, 관광, 지방정부간 교류, 인사행정, 스포츠분야를 관장한다. 행정조정부는 기획 및 조정, 인사, 행정·법적지원, 예산·회계, 기록관리, 온라인 홍보분야를 담당한다.

'협치(Governance)'를 확산시키는 매개체 역할을 한다.

국가간 외교나 도시간 교류 및 협력에서도 예외는 아니다. 제도는 복잡한 상호작용 과정을 좀 더 이해하고 예측 가능하게 해줌으로써, 서로 다른 생각이나 행동이 쉽사리 조정될 수 있도록 해 준다. 국제사회에서 국가 사이의 교류나 협력을 함에 있어서 제도가 전혀 없다면 신뢰성 있는 약속을 하기 어렵고, 기회주의적 행동을 억제할 수 없게 된다. 또한 그것을 감시하고 처벌할 수도 없다.[13]

제도가 없으면 서로가 상대방의 행동과 의도를 쉽게 파악하고, 적절히 대응할 수 없는 것이다. 제도는 이런 식으로 상호작용에 수반되는 복잡성과 불확실성, 거래비용을 감소시키는 중요한 기능을 갖는다.[14]

이론적으로 지역과 도시교류나 지역협력을 제도적으로 설명하는 기준은 다양하다. 하지만 교류와 협력을 실질적으로 평가하는 기준은 많지 않다. 현실적 성과의 측면에서는 '제도적 장치(Institutional Arrangement)'의 여부나 '제도화 수준(Institutionalization Level)'이 잣대로 가장 많이 쓰인다.

반대로 '제도화되지 않은 협력(Uninstitutional Cooperation)'은 비공식적 교류로 분류되어 그 성과를 측정하기가 불분명하며, 시간과 상황에 따라 부침이 많은 경향이 있다. 즉 제도적 장치나 기구의 존재, 제도화의 양적 혹은 질적 수준은 교류나 협력의 최종 단계이자, 가장 진화된 모습이라 볼 수 있다.[15]

---

13 Jackson, V, "Power, Trust, and Network Complexity: Three Logics of Hedging in Asian Security", *International Relations of the Asia-Pacific* 14(3), 2014, pp.331-356.
14 국가나 지역의 교류나 협력에 있어서 '제도'는 상호 갈등을 사전에 회피하거나 해결할 수 있도록 도와준다. 오늘날 서로 다른 목적을 추구하는 국가나 지역 간의 이해관계, 이로 인한 갈등은 불가피하다. 문제는 어떻게 이런 갈등을 적은 시간과 비용으로 해결하느냐 하는 것이다. 이 때 '제도적 장치'의 존재는 이런 갈등의 원만한 해결책을 제공해 준다. 제도는 동등한 위치에 있는 대상의 갈등을 해결하는 데 기여할뿐만 아니라, 힘 있는 자의 압제나 약자의 손해를 방지해 주는 역할도 할 수 있다.
15 천자현, 「지방분권화 시대의 한·중·일 협력과 지방정부 간 교류」, 『통일연구』, 23(1), 2019, pp.155-179.

현재 지역과 도시의 국제교류에서 제도화를 진단하고 평가하기 위해서는 기준이 필요하다. 이론적으로 제도화의 수준을 가늠하는 잣대는 크게 세 가지를 제시할 수 있다. 양적 기준은 '교류의 다양성', 질적 기준은 '교류의 지속성', 환경적 기준은 '정부 의지와 공공적 투자(Government Will and Public Investment)'를 이론적 기준으로 볼 수 있다. 구체적인 논의는 다음과 같다.

첫째, '교류의 다양성(Diversity of Exchange)'은 제도화의 가시적이고 중요한 준거이다. 교류의 주체는 지방자치단체 또는 지방정부 단위인데, 제도적 형식으로는 '양자교류(Bilateral Exchange)'와 '다자교류(Multilateral Exchange)'가 있다. 기본적으로 지역과 도시교류는 '둘' 사이의 양자교류에서 '셋' 이상의 다자교류로 발전되는 경우가 많다. 그래서 국제교류에서 양자교류보다는 다자교류가 더 어려우며, 제도적으로 훨씬 높은 수준으로 평가된다.[16]

일반적으로 양적 관계가 다양할수록 국제교류는 견고한 제도화를 이룬 것이다. 적어도 현재 동북아 한·중·일 3국의 지역협력과 도시교류는 단순한 '양자관계'에서 유지되기보다 '삼각협력(Trilateral Cooperation)', '다자간 연계'가 거미줄처럼 얽혀지면 협력의 제도화 수준도 높은 것으로 판단할 수 있다. 양자관계와 달리 다자관계는 3국 지방정부의 공식서명 행위와 의회 승인도 받아야 하는 만큼, 협약문서의 제도적 위상도 다르다.[17]

둘째, '교류의 지속성(Continuity of Exchange)'은 제도화를 가늠하는 질적 기준이다. 많은 경우에서 지방정부, 도시 단위의 만남이 단기적이고 일회적으로 그치는 경우가 많다. 일단 시작된 교류와 협력이 단절되는 가장 큰 원인은 제도화되지 않은 비공식적인 협력인 경우가 많기 때문이다. 기존의 많은 사례에서 도시교류나 지역협력이 완전한 제도화 단계로 나아가기까

---

16 Kan, K, "Northeast Asian Trilateral Cooperation in the Globalizing World: How to Re-establish the Mutual Importance", *Journal of International Cooperation Studies* 21(2-3), 2014, pp.41-61.

17 김관옥, 「한·중·일 지방정부 교류협력과 동북아 평화」, 『중국학논총』, 61, 2019, pp.223-239.

지는 많은 과정을 거쳐야 한다. 그 선결조건도 교류와 협력의 지속성, 혹은 역사성이다.[18]

현실적으로도 한·중·일 사이의 지역과 도시외교는 '우호협력(Friendship)'에서부터 시작하여, 점진적으로 나아가 '자매결연관계(Sisterhood Relationship)'가 되기까지 많은 시간을 요구한다. 시간적으로 국제교류의 지속가능성(Sustainable International Exchange)은 지역과 도시의 외교를 질적으로 성숙시키고 안정화시킨다. 현재 산업과 경제, 문화와 예술, 스포츠, 학술과 전문가, 청소년 교류 등의 형태는 처음부터 이루어지기 어렵다. 적어도 수 년 동안의 교감과 논의, 공동의 기획 등을 거친 이후에 실천된다는 점에서 지속성은 중요한 평가기준이다.[19]

셋째, '정부의 의지와 공공적 투자(Government Will and public Investment)'도 제도화의 수준을 평가하는 기준이 될 수 있다. 우선 교류와 협력관계에 있는 기존 2개 혹은 3개 이상의 도시 및 지방정부는 교류와 협력의 분명한 목적과 내용을 갖고 공공인력과 예산을 확보한다. 그 목적과 내용은 도시를 발전시키기 위한 외교적 노력일 수도 있고, 도시이미지 제고를 위한 마케팅 차원일 수도 있다. 통상적으로 동북아 한·중·일 3국의 경우, 국가적 외교관계의 부침 때문에 지역과 도시협력에 대한 정부투자도 많은 영향을 받아 왔다.[20]

이 때문에 많은 지역과 도시들의 사례에서 교류관계의 지속과 사업의

---

18 Muhui, Z, "Growing Activism as Cooperation Facilitator: China-Japan-Korea Trilateralism and Korea's Middle Power Diplomacy", *The Korean Journal of International Studies* 14(2), 2016, pp.309-337.

19 Zhang, M, "Institutional Creation or Sovereign Extension? Roles and Functions of Nascent China-Japan-South Korea Trilateral Cooperation Secretariat", *International Relations of the Asia-Pacific 18(2)*, 2018, pp.249-278.

20 Pieczara, K, *Explaining Surprises in Asian Regionalism: The Japan-Korea-China Trilateral Cooperation*. GR:EEN Working Paper. No.24, 2012, pp.1-28.

연속성 측면에서는 인력과 예산에서 한계를 갖는 것이 일반적이었다. 국제
정세와 국가의 정치적 관계가 좋은 경우에도 전시적이며 상징적인 활동과
사업에 머무른 경우도 많았다. 따라서 도시외교나 국제교류를 유지하는 정
책적, 재정적 지원은 환경적으로 더욱 중요하다. 지역과 도시의 협력에서
꾸준한 정부의 의지와 공공적 투자는 제도화 수준을 가늠하는 여건을 제공
하는 것이다.[21]

　이상 논의된 바와 같이 한·중·일 3국협력의 제도화는 사무국을 중심으
로 동북아시아 지역과 도시간의 정치·행정교류, 경제교류, 문화교류 측면
에 집중하여 제도화, 정례화를 공고하게 구축하고 있다. 그리고 이러한 교
류 부문의 제도적 수준을 진단하기 위해서는 이론적 기준으로 제시된 교류
의 다양성, 교류의 지속성, 정부의 의지와 투자 등에 근거하여 보다 구체
적으로 살펴볼 필요가 있다. 따라서 앞의 이론적 논의를 토대로 종합적으
로 구성된 논거는 다음과 같이 표현된다.

〈그림 16〉 한국, 중국, 일본의 도시 및 지역협력에 대한 논거

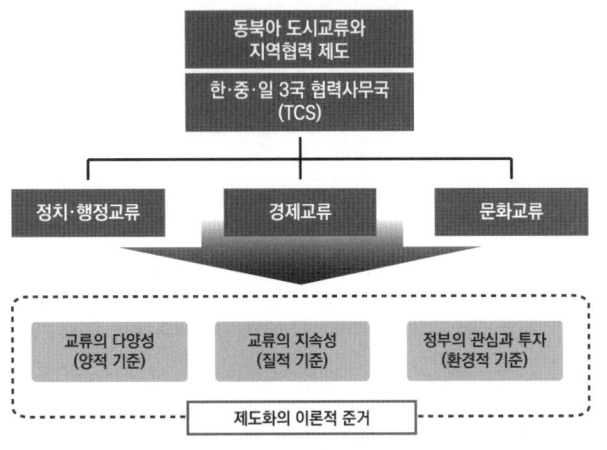

21　Yeo, A. I, "Overlapping Regionalism in East Asia: Determinants and
　　Potential Effects", *International Relations of the Asia-Pacific* 18(2), 2018,
　　pp.161-191.

Ⅲ. 한·중·일 도시교류와 지역협력의 제도적 수준

1. 정치·행정교류의 제도화와 협력의 공고화

동북아 한·중·일 3국협력사무국을 중심으로 정치·행정교류의 가시적인 제도화는 크게 두 가지 형식으로 나타나고 있다. 하나는 '한·중·일 지방정부 교류회의', 다른 하나는 '한·중·일 공무원 협력 워크숍'이 그것이다. 먼저 '한·중·일 지방정부 교류회의'는 3개 국가의 지방정부의 대표자들이 한 자리에 모이는 대규모 국제회의로 1999년부터 제도화되었다. 이는 한·중·일 3국협력사무국이 설립되기 이전부터 정례화되어, 제도적으로는 가장 오래된 역사를 갖고 있다. 최근까지는 사무국이 관장하여 매년 하반기에 개최되고 있으며, 참가 공무원이 증가하는 등 양적으로 큰 성장을 이루었다.

'한·중·일 지방정부 교류회의'는 역사적, 지리적으로 가까운 관계에 있는 지역과 도시 간 국제교류 및 협력을 정치와 행정 차원에서 한 단계 더 끌어올리기 위한 목적을 갖는다. 그래서 한국의 시·도지사협의회, 중국인민대외우호협회, 일본의 자치체국제화협회가 각각 주관한다. 이들 단체는 한·중·일의 국내에서 지방정부 수장들이 모인 최고 권위의 법인들이다. 매년 순환하여 개최되는 대규모 행사에는 수백 명에 달하는 지방정부 관계자들이 이 회의에 참석하고 있다. 그 범위는 도시(都市) 단위를 기본으로, 한국의 '도(道)', 중국의 '성(省)', 일본의 '현(縣)' 및 '구(區)' 까지를 전부 포괄한다.[22]

'한·중·일 지방정부 교류회의'의 프로그램은 주로 3국 지방정부 교류협력의 모범사례 공유, 지방정부 교류협력의 방향 및 지방행정 현안사항 토론, 홍보부스 및 교류광장의 운영, 개최도시의 지방행정 사례 현장시찰

---

22 한·중·일 지방정부 교류회의, https://www.gaok.or.kr, 2023.

등으로 구성된다. 특히 그간의 회의 주제를 살펴보면, 한·중·일 지방정부 교류회의의 성격과 특성이 잘 드러난다. 즉 지방정부 교류와 협력에 관한 다양한 의제들로 논의가 진행되었다.

예를 들면, 지방정부 간 교류 협력의 증진, 지방정부 교류와 협력 전망, 세계화시대에 있어서 지역의 새로운 존립방안, 동북아 경제협력을 통한 지방정부의 공동발전, 지방정부 국제교류와 지역경제 활성화, 상호발전을 위한 바람직한 지역정책, 동북아 공동발전을 위한 지방정부의 역할, 동북아의 우호 촉진과 공동번영 실현, 지역 특색을 살린 동북아 지방정부간 교류 활성화, 인문교류 확대를 통한 교류 활성화, 도시 간 지속적인 교류 및 국제화 발전, 상생협력의 동북아 지역운명공동체 건설 등이다.

〈그림 17〉 한·중·일 지방정부 교류회의 개최

한편, '한·중·일 공무원 협력 워크숍'은 협력사무국을 중심으로 한국의 외교부가 전적으로 주최하고, 중국 및 일본의 외교부와 함께 운영하는 제도로 볼 수 있다. 이 교류는 한국 외교부가 2012년부터 매년 한국에서 중국과 일본을 초청하여 실시하고 있는 행사이다.

한·중·일 공무원 협력 워크숍은 3국 협력에 대한 공무원의 이해 증진, 3국 간 지방차원의 협력 발전방안에 관한 의견 교환, 3국 지방공무원 간 네트워크 구축을 목적으로 한다. 주요 참가자는 지방의 현직에서 국제협력 관련 업무에 종사하는 한국의 지방공무원을 비롯하여, 한국에서 파견근무를 하거나 연수를 받고 있는 중국과 일본의 중앙 및 지방공무원이다.[23]

특히 이 행사는 정기적으로 한·중·일의 지방공무원 간에 실질적 정보 교류의 장이 되고 있다. 중국과 일본에서 참가하는 공무원들 중의 대부분은 한국 지방정부와 자매결연, 우호관계에 있는 지방정부에서 파견된 현직 지방공무원들이다. 매년 대략 100명 정도 내외의 공무원들이 워크숍에 참여한다.

〈그림 18〉 한 · 중 · 일 공무원 협력 워크숍 개최

한·중·일 공무원 협력 워크숍에는 중간관리직과 실무자급에서 참석을 하되, 연령은 30대에서 40대 사이로 비교적 젊은 공무원들이 대부분이다. 이들은 공무원들의 3국 협력사례를 발표하고, 문화공연을 비롯하여 각종

---

23 한 · 중 · 일 공무원 협력 워크숍, https://kr.tcs-asia.org/ko, 2022.

강연과 체험을 통해 문화와 관습의 깊이 있는 상호이해를 도모한다. 또한 이들은 다시 자국으로 돌아가 지방정부간 국제협력과 교류 지원의 실무역할을 담당하고 있다. 그래서 한·중·일 공무원 협력 워크숍은 장기간에 걸친 협력 네트워크 구축과 지방간 교류의 지속성에 기여하고 있다.

2. 경제교류의 제도화와 협력의 공고화

동북아 한·중·일 권역은 유럽(EU), 북미(NATFA)에 이어 세계 3위의 경제권이다. 그래서 지역과 도시 차원에서 경제와 산업교류는 예전부터 가장 중요한 주제였다고 해도 과언이 아니다. 현재까지 동북아 한·중·일 3국협력사무국을 중심으로 경제교류의 제도화는 크게 3가지 형식으로 나타나고 있다. 그것은 '동아시아경제교류추진기구(OEAED: The Organization for the East Asia Economic Development)', '환황해 경제·기술교류회의', '동아시아 지방정부 3농 포럼' 등으로 대표된다.

먼저 '동아시아경제교류추진기구'는 1990년대 초부터 이어져 온 경제특화의 동북아 지역협력 제도로 정의할 수 있다. 지금까지 지속되고 있는 동북아 한·중·일 지역교류 제도 중에서 가장 역사가 긴 플랫폼이다. 현재 한·중·일 3개국의 11개 도시가 참여하고 있으며, 경제교류에 특화된 성격을 갖는다.

현재 이 기구는 회원도시의 연계, 경제교류, 무역과 산업네트워크 강화 등을 목적으로 하고 있다. 이를 통해 경제활동 및 도시교류의 활성화를 추진하고, 동북아의 새로운 광역경제권을 형성함과 동시에 동아시아 경제권 발전에 공헌하는 기능을 추구한다. 좀 더 구체적인 역사와 특징은 다음과 같이 분석된다.[24]

동북아 도시협력 경제플랫폼으로서 동아시아경제교류추진기구의 시작은 1991년으로 거슬러 올라간다. 한국, 중국, 일본은 환황해지역의 새로운

---

24 동아시아경제교류추진기구, http://oeaed.org/ko, 2022.

초국경 경제권 형성을 위해 '동아시아도시회의'와 '동아시아경제인회의'를 발족시켰다. 초기에 이 두 회의는 일본의 기타큐슈, 시모노세키와 자매·우호도시 관계에 있었던 중국의 다롄 칭다오, 한국의 부산과 인천 등 6개 도시로 구성되었다.

<그림 19> 동아시아경제교류추진기구의 구성도

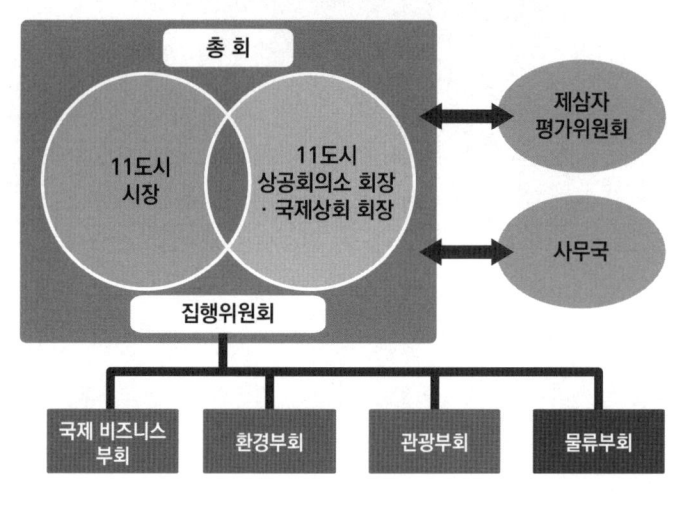

2000년 이후부터는 한국 울산, 일본의 후쿠오카, 중국의 톈진과 옌타이 등 4개 도시가 이 회의에 추가로 가입을 했다. 그리고 2004년에 이르러 동북아 도시간 경제교류에 특화된 플랫폼으로 10개 도시들 사이의 동아시아경제교류추진기구가 설립되었다. 2014년에는 일본 구마모토가 가입을 했고, 현재까지 11개 도시의 교류체제로 운영되고 있다.

동아시아경제교류추진기구는 조직은 총회, 집행위원회, 부회, 제삼자 평가 위원회, 사무국 등으로 구성된다. 총회는 11개 회원도시의 상공회의소 등 행정·경제단체 대표로 구성되는 최고 의사결정기관으로, 회원도시를 2년 주기로 순환하여 개최한다. 집행위원회는 총회를 개최하지 않는 해에 개최되는 실무자 회의로서, 총회를 보좌하고 각종 과제에 대해서 협의한다.

　동아시아경제교류추진기구 총회 산하의 각 부회는 실무사항을 협의해 공동사업을 실시하는 기관으로서 국제비즈니스부회, 환경부회, 관광 부회, 물류부회를 포함한 4개 부회가 설치되어 있다. 제삼자평가 위원회는 기구의 활동과 운영을 유기적으로 조정하기 위해 한국, 중국, 일본에서 1명씩 총 3명의 전문가가 정책조언 및 객관적 평가를 제공한다. 사무국은 기구의 서무 담당 기관으로 일본 기타큐슈에 있다.

　특히 사무국은 기타큐슈와 시모노세키 도시정부, 일본상공회의소가 공동으로 주관하고 있어, 기구에 대한 관심은 일본이 가장 높다. 동아시아경제교류추진기구는 전문적인 사항을 조사, 심의하기 위해 제조업, 환경, 물류, 관광 등 4개 전문부서를 설치하고 있다. 전문부서는 동북아 도시경제교류의 신규 프로젝트 제안 및 제안 프로젝트의 실행가능성 조사·실시에 관한 사항 등을 추진한다. 이와 함께 새로운 비즈니스 발굴 사업, 정책제안 사업, 한·중·일 지역 네트워크 구축 사업, 인재육성 사업, 정보발신 사업 등을 추진하고 있다.

한편, 환황해 경제·기술교류회의는 '환황해 지역경제권' 형성을 목표로 한·중·일 3개국의 연안지역과 도시들이 참여하는 기구로 정의된다. 동북아에서 '환황해권'을 둘러싼 월경지역의 경제권, 즉 환황해 연안에 특화된 국지 지역경제권을 발전·심화하기 위한 월경교류 플랫폼이다.

참여지역을 보면 한국의 부산광역시, 인천광역시, 대전광역시, 광주광역시, 경기도, 경상남도, 충청남도, 전라북도, 전라남도 등 총 9개의 광역시·도이다. 중국은 베이징, 상하이, 톈진, 랴오닝성, 허베이성, 산둥성, 장쑤성 등 7개 성(省)과 대도시들이다. 일본은 환황해권을 마주하는 규슈 전역의 주요 도시들이 여기에 참여한다.[25]

〈그림 21〉 환황해 경제·기술교류회의 개최

지난 2001년에 출범을 한 이 기구는 각국의 중앙정부도 깊이 관여하고 있다는 특징을 갖는다. 한국의 산업통상자원부, 중국의 상무부, 일본의 경제산업성을 주축으로 지방정부, 경제단체, 기업, 연구기관 등이 다층적인

---

25 일본자치체국제화협회, http://korea.clair.or.kr, 2022.

네트워크를 구축하고 있다. 환황해 경제·기술교류회의는 중앙정부와 지방정부 관계자들과 민간기업인, 전문가들이 한 자리에 모여 서로의 무역과 투자, 기술, 인재개발 등 다양한 의제를 논의한다.

또한 각 분야에서 상호협력과 그 방안들에 대해 고민하고, 구체적인 비즈니스 기회를 모색하는 교류의 장이 되고 있다. 환황해 경제·기술교류회의는 제1회가 2001년 일본 후쿠오카현 후쿠오카시에서 개최된 이래, 매년 한국, 중국, 일본의 순환개최를 원칙으로 하고 있다. 최근에는 환황해 도시 간 개방적인 융합, 지역간 교류의 촉진, 신산업과 신시장의 창출과 같은 의제에 집중하고 있다.

마지막으로 동아시아 지방정부 3농 포럼은 경제분야에서 지방의 '농업정책과 영농행정'을 매개로 하여 맺은 한·중·일 지방정부 간 농업교류의 협력 플랫폼이다. 여기서 말하는 '3농(3農)'의 의미는 '농업(農業)', '농촌(農村)', '농민정책(農民政策)'이다. 동아시아 지방정부 3농 포럼은 이 세 가지의 발전방향과 지방정부의 역할을 모색하고 각종 사례를 공유한다.

〈그림 22〉 동아시아 지방정부 3농 포럼의 한국 개최

이 포럼의 목표는 21세기에 동북아 권역의 농업발전, 농촌의 미래와 가치의 중요성에 대한 인식을 확산하는 것이다. 이는 동북아 지역들이 모두

'쌀'을 주식으로 하고, 중요한 산업으로 보기 때문이다. 또한 한·중·일 지방정부의 공통적인 1차 산업인 농업을 근간으로 해서 협력관계를 구축한다.

동아시아 지방정부 3농 포럼은 일본에서 매년 개최되었던 '동아시아 지방정부 회합'에서 그 역사가 시작되었다. 정확하게는 2014년 일본의 나라현에서 있었던 제5회 회합에서 상호 우호적 교류관계에 있었던 한국의 충청남도가 '농업'을 주제로 한 정기적 포럼의 개최를 제안하면서부터이다.

2015년부터 충청남도가 중심이 되어 이 포럼을 시작했고, 일본의 나라현과 충청남도에 자매결연 또는 우호교류 관계에 있는 한·중·일 지역에서 돌아가며 개최가 되고 있다. 예컨대, 충청남도 예산군, 시즈오카현 시즈오카시, 중국 구이저우성 구이양시, 쓰촨성 청두시 등에서 매년 순환하여 개최가 되고 있다.[26]

동아시아 지방정부 3농 포럼은 2015년부터 연례적으로 매번 한·중·일 지방정부, 기업, 농민단체 등에서 약 700명 내외의 참가가 이루어졌으며, 그 규모는 점차 확대되고 있다. 최근까지 동아시아 지방정부 3농 포럼에서는 식·농연계와 건강장수, 산지농업과 녹색나눔운동, 도시와 농촌의 교류, 농업의 6차 산업화, 농업·농촌·농민을 위한 지방정부의 길 등을 주제로 논의가 이루어지고 있다. 따라서 이는 기존에 구축되어 있는 한·중·일 도시의 우호협력 관계를 경제적 측면에서 특정산업을 중심으로 제도적 확대를 도모한 사례로 평가될 수 있다.

3. 문화교류의 제도화와 협력의 공고화

동북아 한·중·일 3국 사이에 문화교류의 제도화는 '동아시아문화도시' 사업으로 나타나고 있다. 한·중·일 3국협력사무국이 총괄하는 동아시아 문화도시 사업은 한·중·일 3개국의 주요 도시들 사이의 대규모 문화·예

---

26 한·중·일 3국협력사무국, https://tcs-asia.org, 2022.

술·학술교류를 도모한 사업이다.

이 사업의 목표는 동북아 지역 및 도시간의 상호 이해와 연대감 형성을 도모하고, 동북아 역내에서 한·중·일 문화의 경쟁력을 강화하는 것이다. 즉 한·중·일 사이의 정서적 거리감은 여러 도시들의 문화적 다양성을 통하여 극복해 나가고, 이를 다시 관광과 지역경제 등으로 파생시켜 성과확대 및 재생산을 도모하는 논리로 보인다.

동아시아문화도시는 유럽연합(EU)에서 1985년부터 성공적으로 진행해오고 있는 '유럽문화도시(European City of Culture)' 사업을 벤치마킹(Benchmarking) 한 것으로 파악된다. 유럽은 1999년부터 '유럽문화수도(European Capital of Culture)' 사업으로 명칭을 바꿔서, 이 사업을 유럽공동체 전체의 도시교류와 지역협력의 가장 중요한 축으로 삼고 있다.

동북아 도시와 지역단위 문화교류의 핵심적 제도인 동아시아문화도시 사업의 기원은 2012년부터로 보인다. 중국 상하이에서 개최된 2012년 제4회 한·중·일 문화장관회의에서 이루어진 3국의 합의사항에 따라, 이 사업이 전격적으로 제도화되었다. 한·중·일 3국은 각 정부가 스스로의 전통문화를 가장 잘 대표하는 문화도시, 그리고 앞으로 문화예술 발전을 목표로 하는 도시를 매년 하나씩 선정해 나가기로 하였다.

그리고 이들 도시에서 최소 1년 동안 다양한 문화예술 행사 및 도시간 문화교류 행사를 집중적으로 추진하기로 했다. 동아시아문화도시 지정은 한·중·일 국제교류 도시의 현황, 후보도시의 문화적 잠재력과 역량, 문화도시 계획과 추진실적, 프로그램 운영의 기획에 따라 매년 3국협력사무국 내에서 협의하여 정한다.[27]

일단 동아시아문화도시 사업으로 인하여 한·중·일의 각 도시들은 '문

---

27 동아시아문화도시일본교토, http://eastasia2017.city.kyoto.lg.jp, 2022; 이용수 · 손예령, 「초국가 도시네트워크로서 동아시아문화공동체에 관한 연구」, 『아시아문화연구』, 51, 2019, pp.65-108. .

화'를 중심축으로 삼는 포괄적인 도시구조 재편을 시도하고, 도시공간의 재생과 개혁을 단행하였다. 해당 지역에 맞는 통합적인 문화계획을 세우고, 이러한 관점으로 도시정책의 시각을 전환함에 따라 '문화자산'은 정책 입안의 핵심에 위치하게 되었다.

〈그림 23〉 우리나라의 동아시아문화도시 선정

동아시아문화도시 사업의 효과는 우선 자신이 살고 있는 도시의 문화적 정체성에 대한 이해 및 문화적 정체성을 외부와 공유했다는 점이다. 이는 현지 단체가 주최하는 문화행사와 교류의 질적 경쟁력에도 기여했다. 즉 한·중·일의 도시들이 서로 공감하고 공유할 수 있는 역사와 문화 조명에 적지 않은 공헌을 한 것으로 평가된다.

나아가 동아시아문화도시 지정을 계기로 한·중·일은 '글로벌 문화도시'라는 큰 그림 내에서 국제적으로 도시이미지를 재정립하기 위한 전략을 추진했다. 일단 거의 모든 도시에서 문화도시 지정을 계기로 중앙정부와 지방정부에서 추가적인 공공재원을 확보하였다. 그리고 문화도시와 관련된 프로그램은 물리적 인프라 프로젝트로 이어졌다. 가장 일반적인 사례로는 콘서트홀이나 미술관, 공연장, 문화거리 조성 등 새로운 문화공간의 창출과 공공공간의 정비, 문화시설과 기념물 조성 등 문화인프라 개선 등으로 나타났다.

한국, 중국, 일본 사이에서 현재 이 사업은 매년 1개씩 각 나라의 새로운 문화도시와 교류의 그룹이 계속 추가되고 있다. 그렇기 때문에 한·중·일 각 지역과 국민들의 문화적 양식과 상호이해 증진을 위한 기회를 제공하고 있다. 실제 한·중·일에서 매년 동아시아문화도시로 선정된 도시들은 각 도시의 문화적 개성을 살리고 알리는 것에 주력한다.

또한 공통적으로 문화예술, 창조와 혁신산업, 관련 관광산업을 연계하여 활성화함으로써 지속적인 도시발전을 추구한다. 이미 동북아에서 국제적 문화도시로 인정받고 있는 도시들은 이후에도 방문객의 유입을 늘리기 위해 문화도시의 명성과 이미지를 강화했기 때문이다.[28]

환언하면, 동북아시아 권역의 도시들이 갖는 문화적 정체성은 '내부의 다양성과 차이'를 바탕으로 한다는 점이 이 사업의 핵심이다. 그리고 창의성 중심의 도시를 만들고자 한다면, 동북아 주요 도시의 모든 측면을 정치, 경제를 배제한 문화적 관점에서 가장 먼저 바라보는 것이 중요하다는 점을 인식하도록 권고한다.

유럽에서는 장기간 유럽문화도시 사업과정에 있어서 해당 도시 간 이해관계가 너무 달랐기 때문에, 그 효과성이 떨어졌다는 교훈에 착안했다. 한국, 중국, 일본 사이에서는 이 사업이 제도적으로 정착됨으로써 다양성을 기반으로 동북아시아 도시들의 문화적 정체성이 마련되었다는 점이 가장 큰 성과로 지적된다. 또한 문화도시는 한·중·일의 '문화'를 명분으로 각 도시들 사이의 인력과 서비스 부문의 교류와 협력으로 이어지도록 만들었다는 데 의미를 둔다.[29]

---

28 이용수·오동욱, 「'동아시아문화도시' 프로젝트의 성공적 운영을 위한 전략방안 연구」, 『지역과 문화』, 5(3), 2018, pp.1-23.
29 한·중·일 3국협력사무국, https://tcs-asia.org, 2022.

결과론적으로 중앙의 지원과 지방정부의 예산이 투입되는 동아시아문화도시 사업에서 특징적인 것은 이것이 1년 단위의 단발성 행사로 끝나지 않는다는 점이다. 한·중·일에서 각자 하나씩 선정되는 문화도시는 해당연도가 지난 이후에도 지역 문화교류 및 청소년교류를 지속적으로 추진하도록 권고하고 있다. 제도적으로 활동연도가 끝난 후에도 교류와 후속사업을 지속해 오도록 보장하는 것이다.

　　정치나 경제와 달리, 문화교류는 단기간에 가시적인 성과를 만들 수는 없기 때문이다. 따라서 동아시아문화도시 사업은 문화교류의 측면에서 그 외연을 가시적으로 확장, 심화시킨 모범사례로 평가할 수 있다. 예컨대, 특정 연도에 문화도시로 선정되었던 도시는 그 이전의 다른 연도에 선정된 문화도시들과도 교류가 지속될 수 있다.

　　2018년의 부산, 2019년의 인천은 각각 동아시아문화도시로 선정된 이후에도 중국과 일본의 다른 여러 도시들과 문화와 예술, 청소년 교류를 적극적으로 추진한 바 있다. 특히 중앙정부와 지방정부의 예산을 지원받은 이후에도 한·중·일 3국의 문화도시들은 재단이나 비영리단체, 공익법인 등의 형태를 유지하면서 문화도시로서의 성과를 계속 축적, 확산하는 경향을 나타내었다.

　　최근 지역과 도시들이 문화로 협력하고 교류했던 소중한 경험을 지속적으로 이어가기 위한 후속적인 행동들이 한·중·일 모두에서 감지되고 있다는 점도 긍정적이다. 이는 장기적인 관점에서 한·중·일 동아시아문화도시의 성과를 하나로 묶어내고, 제도화된 문화교류를 안착시키기 위한 의도를 갖는다.

　　물론 문화·예술의 단발성 프로그램이나 한시적 축제, 공연, 전시행사를 줄이는 효과를 거두고 있다. 일부 한시적 행사들도 있으나, 오히려 최근으로 올수록 '보여주기 식'의 문화도시 행사개최는 오히려 지양되는 모양새로 나타나고 있는 것이다. 그래서 동아시아문화도시 지정 사업을 통한 동북아 도시문화의 교류는 질적 측면에서 공고화 단계에 있는 것으로 평가된다. 현재 한·중·일 3국협력사무국의 협력분야 중에서 '문화'는 가장 뚜렷하게 교류활동의 지속과 영속성으로 나타나고 있는 것이다.

Ⅳ. 한·중·일 도시교류와 지역협력의 제도화 평가

1. 양적 측면: 교류도시의 다양성

한·중·일 3국협력사무국이 지난 2011년에 처음 설립된 이후, 10년 남짓의 기간 동안 동북아 한국, 중국, 일본 사이에는 지역과 도시간 교류의 양적인 확대가 크게 이루어졌다. 1999년에 '한·중·일 지방정부 교류회의'가 개최된 이후, 3개 국가 사이에 동북아 교류도시의 공식적 제도화는 논의가 시작되었다. 그런데 한·중·일 3국협력사무국의 이전까지는 한·중·일 지역과 도시의 '삼각교류(Triad Exchange)' 또는 '삼각협력(Triangle Cooperation)'이 활성화되지 못했다. 그런데 양적 성과를 분석하기 위한 교류도시의 다양성 측면에서는 동북아 한·중·일이 모두 동시에 참여하는 '다자간 네트워크'가 그 기본이 된다.

동북아에서 도시와 지역이 3개 이상으로 묶여진 다자교류와 협력에 그 논의의 초점을 맞추어진 것은 불과 얼마 되지 않았다. 그 이전에는 주로 '지방의 세계화'를 주제로 해서 한국과 일본, 한국과 중국, 중국과 일본 사이의 '양자교류(Bilateral Exchange)'가 일반적이었다. 한·중·일의 지역이나 도시들이 서로 동시에 함께 어떤 일을 한다는 것은 경험이 거의 없었다. 선행 사례와 방법론에 관한 정보도 없었고, 실행방법이나 전략도 전혀 없었다.

그래서 2000년대 후반까지 한·중·일의 지역과 도시가 모두 참여하는 삼각교류와 삼각협력은 실제로 거의 나타나지 않았다. 2011년에 출범한

한·중·일 3국협력사무국은 이러한 기존의 외형과 구조적인 한계를 극복하기 위해 우선 양적으로 삼각교류를 위한 지역과 도시의 다양성 확보에 많은 노력을 했다.

우선 동북아 한·중·일 교류도시의 다양성은 한국과 일본, 한국과 중국, 중국과 일본 사이에 3개의 '이음선'이 만들어지고, 이것이 '삼각형(Triangle)' 모양으로 연결되는 것을 의미한다. 현재 이러한 한·중·일 삼각교류와 협력사례는 총 18개 네트워크가 신규로 구축, 운영이 되고 있다. 그 주된 동기는 크게 두 가지로 보이는데, 하나는 '한·중·일 자매·우호도시'의 선정 유형이며, 다른 하나는 '동아시아문화도시'의 선정 유형이다.

양적으로 한·중·일 자매·우호도시의 협정 체결을 기반으로 한 사례는 13개 정도가 나타나고 있다. 그리고 한·중·일 동아시아문화도시에 선정되어 현재까지 후속적인 교류사업과 협력을 하고 있는 사례는 5개 정도로 나타났다. 주목할 것은 '한·중·일 삼각교류(Triad Exchange)'가 맺어진 도시그룹은 양적으로 매년 증가하고 있으며, 참가도시들도 각 국가의 수도를 포함하여 지방에 균등하게 분산되고 있다는 점이다. 즉 한·중·일 주요 지방정부와 광역도시들이 삼각관계를 형성하여, 양적으로 교류의 다양성을 확보해 나가고 있다. 이런 상황을 구체적으로 살펴보면 다음과 같다.

첫째, 광역시·도 급에서는 '한·중·일 자매·우호도시'의 삼각교류(Triad Exchange) 유형으로 총 8가지 네트워킹 사례가 있다. 한국의 서울특별시 ↔ 중국 베이징시↔일본 도쿄도, 한국의 부산광역시 ↔ 중국 상하이시(上海市) ↔ 일본 나가사키현(長崎縣), 한국의 인천광역시 ↔ 중국 랴오닝성 다롄시(大連市) ↔ 일본 후쿠오카현 기타큐슈시(北九州市), 한국의 강원도 ↔ 중국 지린성(吉林省) ↔ 일본 돗토리현(鳥取縣), 한국의 강원도 ↔ 중국 허베이성(河北省) ↔ 일본 나가노현(長野縣), 한국의 경기도 ↔ 중국 랴오닝성(遼寧省) ↔ 일본 가나가와현(神奈川縣), 한국의 경상남도 ↔ 중국 산동성(山東省) ↔ 일본 야마구치현(山口縣), 한국의 전라북도 ↔ 중국 장쑤성(江蘇省)↔일본 이시카와현(石

川縣) 등에서 매년 다자교류와 협력사업 관계가 제도적, 공식적으로 지속되고 있다.

둘째, 기초 시·군·구 급에서는 '한·중·일 자매·우호도시'의 삼각교류(Triad Exchange) 유형으로 총 5가지 네트워킹 사례가 발견되었다. 한국의 경상남도 창녕군 ↔ 중국 산시성 한중시(漢中市) ↔ 일본 니가타현 사도시(佐渡市), 한국의 경기도 군포시 ↔ 중국 산동성 린이시(臨沂市) ↔ 일본 가나가와현 아츠기시(厚木市), 한국의 전라북도 전주시 ↔ 중국 장쑤성 쑤저우시(蘇州市) ↔ 일본 이시카와현 가나자와시(金沢市), 한국의 서울특별시 중랑구 ↔ 중국 베이징시 동청구(東城區) ↔ 일본 도쿄도 메구로구(目黑區), 한국의 여수시(한)·양저우시(중)·가라쓰시(일) 등에서 매년 다자교류와 협력사업 관계가 이어지고 있다.

셋째, '한·중·일 동아시아문화도시' 지정을 통한 삼각교류(Triad Exchange)의 총 5가지 네트워킹 유형으로는 한국의 부산광역시 ↔ 중국의 헤이룽장성 하얼빈시(哈爾濱市) ↔ 일본의 이시카와현 가나자와시(金沢市), 한국의 대구광역시 ↔ 중국의 창사시(長沙市) ↔ 일본의 교토시(京都市), 한국의 광주광역시 ↔ 중국의 푸젠성 취안저우시(泉州) ↔ 일본의 가나가와현 요코하마시(橫浜市), 한국의 충청북도 청주시 ↔ 중국 산동성 칭다오시(靑島市) ↔ 일본 니가타현 니가타시(新潟市), 한국의 제주특별자치도 ↔ 중국 저장성 닝보시(寧波市) ↔ 일본 나라현 나라시(奈良市) 등이 있다. 이들 도시들은 과거 동아시아문화도시 지정 이후에 매년 같은 연도와 이전 연도의 지정도시들과 다층적 교류를 맺고 있다. 즉 문화·예술을 중심으로 공식적인 협력사업 관계를 현재까지 이어오고 있는 것으로 파악되었다.

2. 질적 측면: 교류활동의 지속성

현재 한·중·일 3국협력사무국에서 관장하고 있는 3개 국가의 지역협력과 도시교류는 그 역사가 오래되었다. 앞서 밝힌 도시들의 관계를 질적인 관점에서 보자면, 현재 한·중·일 사이의 삼각지역 교류와 도시협력은 심화되고 안정화 되어가고 있는 단계로 평가할 수 있다. 그 근거로 우선한·중·일 다자간 삼각관계의 도시교류와 협력의 역사가 체계적으로 쌓여나가고 있다는 점을 지적할 수 있다. 그 사례는 앞의 한·중·일 삼각네트워크에서 약 30개 사업이 넘는 것으로 나타났다.

구체적으로 한·중·일 지역협력과 도시교류는 1990년대 말 혹은 2015년 이후에 시작된 경우가 가장 많이 발견된다. 이미 교류와 협력이 오래된 지역과 도시들은 그 역사가 오래되었으나, 이들은 대부분 자매결연·우호도시들이다. 그 외에는 2015년 이후부터 한·중·일 사이의 각 지역과 도시교류가 대폭적으로 증가하였다. 그 이유는 매년 증가하는 동아시아문화도시가 비교적 근래에 시작된 사업이기 때문이다. 많은 문화도시가 현재까지 교류를 지속하여, 한·중·일 지역과 도시교류 관계의 지속성에 도움을 주고 있다.

시기별로 보면, 1994년 이전에는 1개 그룹이었으나, 1995년부터 1999년에는 4개 그룹이 늘었다. 2000년부터 2010년 사이에는 3개 그룹이 증가하였으며, 2010년부터 2020년 사이에는 13개 그룹이 증가하였다. 지속되고 있는 교류나 협력사업의 내용별로는 청소년교류, 문화·예술교류, 경제와 산업교류, 스포츠교류, 환경과 생태교류 등으로 다양하다. 특히 경제와 문화 분야가 차지하는 비중이 높고, 스포츠 교류도 무척 활발한 편으로 보인다. 질적 기준의 관점에서 이러한 내용과 지속성을 각 사례별로 분석해 보면 다음과 같다.

한국의 서울특별시, 중국 베이징시(北京市), 일본 도쿄도(東京都)는 1979년에 베이징과 도쿄, 1988년에는 서울과 도쿄, 1993년에는 서울과 베이징이 각각 자매협정을 체결하였다. 이 세 도시는 각 나라의 '수도(首都)'이자, 정치·행정·경제의 중심이다. 이에 1995년 3개국의 수도끼리 '베세토(BESETO) 협력에 관한 합의각서'에 서명하면서 삼각협력체제가 제도적으로 구축되었다. 초기에는 미술과 연극제 등 민간교류 중심으로 지속되었다. 그러다가 공공부문에 있어서의 협력은 2000년 이후부터 각 수도가 보유한 국립박물관 교차전시와 역사심포지엄 교류 등을 중심으로 진행하고 있다.

한국의 부산광역시, 중국 상하이시(上海市), 일본 나가사키현(長崎縣) 3개 지역은 1993년 부산·상하이 자매결연, 1996년 상하이·나가사키 우호도시 체결, 2014년 부산·나가사키 우호협력 체결에 따라 한·중·일 삼각교류를 위한 토대가 마련되었다. 이 세 도시는 동북아 주요 '항구도시', '관문도시'로서의 공통점을 갖고 있으며, 항만·물류와 경제교류에 집중하고 있다. 자매·우호협력관계를 바탕으로 민간에서는 '청소년 바둑교류전'도 매년 순환개최하고 있다. 또한 부산광역시는 2018년 동아시아문화도시로서 파트너 도시인 중국의 헤이룽장성 하얼빈시(哈爾濱市), 일본의 이시카와현 가나자와시(金沢市)와도 문화·예술분야 교류를 지속하고 있다. 2019년부터는 계속 서로의 문화행사에 민간예술가를 교환하여 파견하고 있다.

한국의 인천광역시, 중국 랴오닝성 다롄시(大連市), 일본 후쿠오카현 기타큐슈시(北九州市)도 '항구도시'라는 공통점을 기반으로 교류의 역사를 오래 쌓았다. 이들 교류는 다롄과 기타큐슈가 1979년 체결한 우호도시협정, 인천과 기타큐슈가 1988년 체결한 자매결연에서 시작되었다.

1991년에는 기타큐슈 및 시모노세키와 자매·우호관계에 있던 한국과 중국의 4개 도시, 즉 한국의 부산과 인천, 중국의 다롄과 칭다오로 구성된 '동아시아도시회의'와 '동아시아경제인회의'를 발족시켰다. 이는 지금의 '동아시아경제교류추진기구(OEAED)'가 만들어진 모태가 되었다. 1994년에는 인천과 다롄이 우호협정을 체결함으로써 한·중·일 삼각 자매·우호관계가

완성되었으며, 경제와 물류중심의 협력이 진행되고 있다.[30]

한국의 대구광역시, 중국의 창사시(長沙市), 일본의 교토시(京都市)는 2017년 동아시아문화도시로서 다양한 교류사업을 전개하고 있다. 이들 도시는 '동아시아문화도시 2017 교토 공동선언문'에 함께 서명했다. 이 선언은 예술계, 대학생 교류 등 젊은 세대의 지속적인 문화교류를 담보하고 시민, 문화예술단체, 대학, 기업 등 민간교류의 미래지향적인 관계 구축을 담았다. 당초의 공동선언문에 따라 이들 세 도시 간에는 청소년 교류, 문화예술계의 대학생·청년교류가 매우 높은 비중을 차지하는 것이 특징적이다.

한국의 광주광역시, 중국의 푸젠성 취안저우시(泉州), 일본의 가나가와현 요코하마시(横浜市)는 2014년 동아시아문화도시로서 다양한 교류를 해오고 있다. 세 도시는 '동아시아문화도시 우호협력도시 협정'에 서명하고, 2015년부터 활발하게 교류를 계속하고 있다. 각 도시에서 매년 다른 2개의 도시에서 대표단을 초청하여 문화·청소년 교류를 주로 한다. 이 도시들은 서로 큰 규모의 문화행사를 열 때마다, 파트너 도시의 공공 및 민간공연단을 초청하는 사례를 보여주고 있다.

한국의 강원도, 중국 지린성(吉林省), 일본 돗토리현(鳥取縣)은 동북아 경제권 구상을 바탕으로 러시아, 몽골 등 주변국과 함께 1990년대부터 교류를 지속해 왔다. 이 세 지역의 교류는 강원도와 지린성이 1994년 자매결연을 맺고, 지린성과 돗토리현이 1994년 중반에 우호교류를 체결한 후, 강원도와 돗토리현이 1994년 말에 자매결연을 맺으면서 제도화가 완성되었다. 대표적인 정례행사는 2008년부터 순환개최를 하고 있는 '동북아 산업기술포럼'이다. 또한 1994년부터는 '동북아 지방정부 지사·성장회의'를 정례적으로 열고 있으며, 2000년부터는 '동아시아지방정부관광포럼

---

30 인천, 다롄시(大連), 기타큐슈시(北九州) 등의 세 도시는 현재 박물관 교류사업을 중점적으로 운영하고 있다. 최근 인천광역시는 2019년 동아시아문화도시로서 중국 시안시, 일본 도쿄도 도시마구 등과도 함께 문화교류를 전개하고 있다. 기타큐슈시는 2020년 동아시아문화도시에 선정되었다.

(EATOF)'을 순환하여 개최하고 있다.

한국의 경기도, 중국 랴오닝성(遼寧省), 일본 가나가와현(神奈川縣)은 1983년에 가나가와현이 랴오닝성과 우호협력, 1990년 경기도와 각각 우호협력을 체결하고, 경기도와 랴오닝성이 1993년 자매결연을 하면서 삼각교류의 기틀이 마련되었다. 그래서 이들 지역의 삼각교류는 가장 역사가 긴 편에 속하며, 교류사업의 규모와 질적 측면에서도 성장이 크게 된 형태로 볼 수 있다. 1996년에 3개 지역간의 우호교류회의가 매년 정기적으로 시작되었고, 2004년부터는 청소년·스포츠 교류와 학술포럼 등 구체적인 협력사업이 시작되었다. 특히 스포츠 교류사업은 현재까지 매년 수백 명의 참가자와 경기종목을 계속 확대시켜 오고 있다.

한국의 경상남도, 중국 산동성(山東省), 일본 야마구치현(山口縣)의 삼각교류는 1982년 산동성과 야마구치현의 우호협정, 1987년 경상남도와 야마구치현의 자매결연, 1993년 경상남도와 산동성의 자매도시 협정을 기반으로 형성되었다. 세 지역은 동북아 연안에서 서로의 국가를 지정학적으로 잇는 관문이라는 점에서 유사성이 있었다. 특히 1997년에 산동성과 야마구치현의 우호협정 15주년 및 경상남도와 야마구치현 자매결연 10주년을 계기로 세 지역 간에는 포괄적인 협력과 공동의 교류정책을 촉진하기 위한 행보가 시작되어 현재에 이르고 있다.[31]

한국의 전라북도, 중국 장쑤성(江蘇省), 일본 이시카와현(石川縣)은 환경분야의 교류체제를 운영하고 있다. 이들 세 지역 간의 교류는 1994년 전라북도와 장쑤성의 우호교류, 1995년 장쑤성과 이시카와현의 우호도시협정, 2001년 전라북도와 이시카와현의 우호교류에 기반을 둔다. 장기적인

---

31 경상남도, 산동성(山東省), 야마구치현(山口縣)은 지금까지 주로 문화·청소년교류를 중심으로 협력을 해오고 있다. 특히 이들은 대학 간의 학술·학생교류가 활발한데, 야마구치현립대학은 산동성과 경상남도 소재 대학들과 1997년부터 교류프로그램을 매년 진행하고 있다. 2000년부터는 매년 이들 대학에서 교류도시 학생들을 초청하여, 정기적으로 1개월 정도씩 교환학생과 학술교류과정을 운영하고 있다.

정례사업으로는 '삼각환경협력사업'이 있다. 여기에는 환경보전기술 교류, 환경보전 기술자 공동연수, 동북아 국제환경심포지엄 등이 있다. 특히 이 사업은 동북아 국제교류에서 환경분야 사례로는 가장 크고 성공적인 사례로 알려져 있다. 최근에는 세 나라의 지역을 넘어 국가의 환경협력을 이끌어내는 기반과 정보를 제공하고 있기도 하다.

한국의 경상남도 창녕군, 중국 산시성 한중시(漢中市), 일본 니가타현 사도시(佐渡市)는 2012년 이후 '따오기 야생복귀와 서식지 관리' 등에 관한 국제회의를 개최하고 협력을 지속해 왔다. 이들 지역은 한·중·일의 공통적인 '따오기' 서식지로, 멸종위기 야생동물 보호협력을 활발히 전개해 오고 있다. 따오기는 원래 동북아 전체에서 널리 서식했으나, 수렵과 환경오염 등으로 인해 멸종위기에 처했다. 한국과 일본에서는 따오기가 멸종했고, 중국에서는 1981년에 겨우 증식에 성공했다. 1990년대 중국이 우호의 상징으로 한국과 일본에 따오기 한 쌍을 기증하고, 지금은 모두 증식에 성공했다. 세 도시는 2019년 '따오기국제포럼'에서 환경과 생태교류를 더욱 확대키로 했다.

한국의 경기도 군포시, 중국 산동성 린이시(臨沂市), 일본 가나가와현 아츠기시(厚木市)는 청소년 교류 사업을 지속해 오고 있다. 2005년 군포시는 아츠기시와 자매결연, 2008년에 린이시와 우호교류를 맺었다. 2010년부터 세 도시는 청소년 초청사업·파견행사를 열고 있다. 군포시에서는 중국과 일본 도시에서 초청한 청소년을 모아 '국제청소년페스티벌'을 연다. 이는 한·중·일 기초단위 도시의 활발한 삼각교류가 지속 가능함을 보여준 좋은 사례이다.

한국의 전라북도 전주시, 중국 장쑤성 쑤저우시(蘇州市), 일본 이시카와현 가나자와시(金沢市)는 2010년부터 바둑교류를, 2015년 이후에는 도서관 교류를 하고 있다. 이들 3개 도시 간 교류는 1981년 쑤저우와 가나자와가 우호도시협정, 1996년 전주와 쑤저우가 자매결연, 2002년 전주와 가나자와가 자매결연을 맺은 것에 기인한다. 이러한 제도적 관계를 바탕으로, 전주시립도서관, 쑤저우도서관, 가나자와 우미미라이 도서관은 2003년부터 계속 '한·중·일 3개국 도서관 교류 및 전시행사'를 매년 진행하고 있다.[32]

한국의 서울특별시 중랑구, 중국 베이징시 동청구(東城區), 일본 도쿄도 메구로구(目黑區) 등은 2017년부터 스포츠교류 사업을 지속해 왔다. 이들 교류는 중랑구와 메구로구가 1995년 베이징시 동청구와 자매·우호도시 관계를 맺으면서 출발되었다. 그리고 이와 같은 소규모 '구(區)' 단위의 국제교류는 흔치 않은 사례로 평가된다. 현재 3개의 도시가 운영 중인 중학생 스포츠 교류는 2015년부터 실시되었다. 2019년부터는 세 도시가 교육·문화·예술 전체로 교류를 확대하기 위한 논의가 진행 중에 있다.

한국의 충청북도 청주시, 중국 산동성 칭다오시(青島市), 일본 니가타현 니가타시(新潟市)는 2015년 '동아시아문화도시'로서 다양한 교류 사업을 추진했다. 2015년 폐막에 즈음하여 3개 도시는 공동선언을 채택하고, 관계의 지속과 공고화에 합의하였다. 이후 매년 청소년·문화교류 사업을 활발히 운영해왔다. 교류사업을 운영 중인 청주와 니가타는 상대 도시를 정례적으로 초청하여 행사의 글로벌화, 상호이해를 증진하고 있다.

한국의 제주특별자치도, 중국 저장성 닝보시(寧波市), 일본 나라현 나라시(奈良市)는 2016년 동아시아문화도시였다. 폐막식에서 '동아시아 2016 나라 공동선언'을 채택하고 향후 교류를 지속하기로 합의하였다. 이를 근거로 현재까지 청소년·학생교류에 파트너 도시들과 협력하고 있다. 나라시는 글로벌 인재육성 프로그램을 기획해서 한국과 중국에 공유하였고, 닝

---

32 전주, 쑤저우, 가나자와는 모두 '유네스코 창의도시 네트워크(UCCN: UNESCO Creative Cities Network)' 지정도시라는 공통점도 가지고 있다. 2012년 전주시는 '미식(美食, Gastronomy)', 쑤저우시와 가나자와시는 '전통공예(Traditional Crafts)'와 '민속예술(Folk Arts)'에서 각각 유네스코 창의도시로 지정되었고, 이후에 삼각교류는 더욱 활발해지고 있다. 세 도시가 모두 '유네스코 창의도시 네트워크(UCCN)'의 멤버로서 도시의 특색을 살린 장점과 분야로 후속적인 교류를 진행하고 있는 것이다.

보시는 제주도와 나라시에서 추진하는 교류행사에 청소년을 파견하는 동시에, 자체적으로 주최하는 청소년교류·문화예술 행사에도 외국학생을 초청하고 있다. 이 외에도 제주도는 각종 행사에 초청하는 방식으로 중국과 일본의 여러 문화도시와 활발하게 교류하고 있다.

한국의 강원도, 중국 허베이성(河北省), 일본 나가노현(長野縣)은 한·중·일 지역스포츠 교류의 대표적인 사례로 평가된다. 교류의 역사성에서 1983년 나가노현과 허베이성은 우호협정, 평창은 허베이성과 2016년에 우호교류협정을 체결하였다. 이들은 모두 동계올림픽과 동계패럴림픽 개최지라는 공통점이 있다. 중국 허베이성의 '장자커우(張家口)'는 '2022 베이징 동계올림픽'의 '설상종목' 개최도시였다. 이들은 '동북아 동계올림픽 개최 도시'라는 큰 연결고리로 해서 민간스포츠와 학생선수 교환, 대회개최 노하우 교류 등을 활발히 진행하였다.

한국의 전라남도 여수시, 중국 장쑤성 양저우시(揚州市), 일본 사가현 가라쓰시(唐津市)의 삼각교류는 여수시와 가라쓰시가 자매도시 결연을 맺은 1982년으로 거슬러 올라간다. 이어 양저우도 우호도시 협정을 체결했다. 1993년부터 대표자회의가 시작되어, 세 도시는 1999년부터 '한·중·일 친선바둑대회'를 시작하여, 오늘에 이르고 있다. 세 도시는 유명한 바둑인을 배출한 공통점이 있었다. 매년 열리는 이 대회는 20년이 넘어, 그 역사로만 보면 현재 진행 중인 한·중·일 지방교류 중에서 가장 오랜 전통을 가진 사례로 평가된다. 중국 양저우는 한국의 순천, 일본의 기타큐슈와 함께 2020년 동아시아문화도시로 선정되기도 했다.

3. 환경적 측면: 정부의 의지와 공공투자

최근 한·중·일 3국협력사무국의 설치와 운영으로 인해 한·중·일 지역과 도시교류는 환경적으로 크게 장려되고 있다. 우선 한·중·일 사이의 다자간 지역과 도시교류를 제도적으로 관장하고 돕는 사무국의 인력과 예산은 모두 한·중·일 3국의 중앙정부에서 갹출해서 나온 것들이다.

동북아시아에서 공동의 협정에 따라 한·중·일은 매년 사무국 운영예산의 3분의 1씩을 공평하게 부담하는데, 대략 2011년 설립 당시에는 각자가약 20억 원 수준을 부담했다. 한국의 외교부 예산을 기준으로 보면, 최근에는 한·중·일 각자의 예산분담이 약 50억 원 수준으로 크게 증가하였다.이는 도시교류와 지역협력을 위한 한·중·일 3국의 관심과 투자의지를 보여주는 것이다. 그리고 그 구체적인 배경과 이유는 다음과 같이 논의된다.

첫째, 환경적 관점에서 동북아 지역 및 도시교류의 제도화는 최근까지한·중·일 3국협력사무국의 역할이 계속 확대되고 있다는 점에서 큰 성과를 이룬 것으로 보인다. 이 사무국은 한국, 중국, 일본의 동북아 협력의 필요에 순응하여 설립된 이유로, 3국의 협력이 고도로 시스템화되어 구체적으로 현실에 나타난 것이라는 의미가 있기 때문이다.

우선 사무국은 3국 지방정부간 협의체 운영 및 관리 지원, 새로운 협력사업의 발굴, 3국 협력의 이해 증진, 여타 국제기구와의 협력, 유관기관과의 교류 및 조정, 연구와 출판 및 데이터베이스 구축 등을 총괄하고 있다.장기적으로 사무국은 동북아 권역에서 다양한 부문과 이해관계자들을 아우르는 한·중·일 협력의 구심점역할을 하는 것을 목표로 하고 있다. 또한동북아 협력관계의 공고화를 위해서 사업들이 역동적, 미래지향적으로 유지되도록 노력하고 있다.

둘째, 한·중·일 3국의 전면적인 도시외교와 지역협력은 환경적으로 동북아 공동의 이익과 상생에도 부합하는 것이었다. 이런 맥락에서 한·중·일 3국협력사무국은 길지는 않지만 여태까지 이루어 온 교류와 협력의 '제도적 결정체'라고 할 수 있다. 그래서 앞으로 사무국이 그 기능과 역할을얼마나 수행할 수 있느냐의 여부는 중요한 의미를 갖는다.

현 단계 동북아 역내의 국제교류에서 핵심적 역할을 하는 사무국은 지역과 도시간 내부적인 결속체제를 강화시켜 나가고 있다. 한국, 중국, 일본의 각 지역과 도시교류를 지원하고 추진할 뿐만 아니라, 새로운 영역을 발굴하는 데에도 힘을 쏟고 있다. 사무국은 거의 유일하게 3개 국가의 각 지역과 도시교류의 공식화, 제도화를 이끌고 있는 상황인 것이다.

셋째, 한·중·일 3국협력사무국은 2011년부터 최근까지 이미 21개 장관급 회담을 포함하여 70여개가 넘는 정부 간 협의와 소통시스템을 구축했다. 지금까지 가장 모범적인 것은 환경협력이다. 한·중·일 환경장관회의는 1999년 이후부터 매년 빠짐없이 회의를 개최해 왔다. 지역과 도시를 보면, 한·중·일의 시(市) 단위 뿐만 아니라 한국의 '도(道)', 중국의 '성(省)', 일본의 '현(縣)' 및 '구(區)' 차원의 교류도 포함하고 있다.

게다가 과거사나 영토갈등, 안보문제 등으로 난항이 있었을 때에도, 미세먼지 문제 등 지역민의 삶의 질을 좌우하는 환경협력은 계속되었다. 그래서 한·중·일 3국협력사무국은 동북아 협력을 체계적이고 구체적으로 증대시키게 위해 만든 제도로 평가할 수 있다. 동북아 교류와 협력의 역사에서 한·중·일 3국협력사무국은 그 자체만으로 '중요한 이정표'라는 의미를 갖는다.

넷째, 환경적으로 근래에 동북아에서 '한·중·일 올림픽 개최'는 지역과 도시간 삼각교류와 지역협력에 많은 도움을 주었다. 공교롭게도 세계적인 메가 이벤트인 '올림픽'이 도시간 교류에 활력소였던 것으로 분석된다. 순차적으로 한국의 평창 동계올림픽, 일본의 도쿄 하계올림픽, 중국의 베이징 동계올림픽 개최 등이 그러하다.

이에 한국, 중국, 일본 모두 국가와 중앙정부 차원에서 올림픽 개최지를 중심으로, 지역과 도시들에 대한 적극적인 교류와 협력을 정책적으로 장려하고 있다. 나아가 이는 환경적으로 동북아 교류와 협력에 대한 중앙과 지방정부의 관심과 의지를 고양시켜 온 것으로 평가된다.

V. 미래의 협력 방향에 대한 함의들

한국이 위치한 한반도는 3면이 바다이다. 동북아 역내에서 중간지점에 자리했던 한국은 이미 오래전부터 '해역'과 '육지'의 지정학적 '가교(bridge)'를 맡았다. 현재도 경제와 교역, 국제정세와 외교전략 등에서 중요한 역할을 담당하고 있다. 그 대상은 주로 옆에 있는 중국과 일본이다.

한국, 중국, 일본은 동북아 해역을 중심으로 동아시아 정세나 국제질서, 경제권역과 안보공동체 등에서 항상 같이 언급되는 나라들이다. 그래서 지금 한국·중국·일본은 동북아의 공동번영과 균형발전의 분명한 비전, 전략적 목표를 갖고 교류와 협력을 시작해야 한다. 그리고 실천적으로는 '제도적 기구와 장치'를 통해서 그 단위와 영역이 확정되어야 한다. 결론적으로 이 장에서의 논의로 도출되는 핵심적 함의들은 다음과 같이 정리된다.

첫째, 동북아 도시교류와 지역협력의 '제도화'의 문제를 제기하면서, 이 것이 가장 중요하고 시급하다고 말하는 이유는 과거 수십 년 동안의 경험과 기억 때문이다. 앞서 서두와 이론적 논의에서 밝힌 바와 같이, 적어도 동북아 한·중·일 3국 사이에는 관계의 부침과 앙금이 아직 남아 있다. 이에 동북아 교류와 협력의 발전을 위해 각종 제약요인을 완화하는 데 있어서, 현실적으로 '제도화' 이외에 확실한 대안을 발견할 수가 없었다.

특히 유럽이나 동남아 등 다른 지역과 같이 교류와 협력이 활성화되고 성숙되어서 '새 제도'가 만들어지고 발전하는 모양새는 아닌 것으로 보인다. 그래서 오히려 동북아 한·중·일 3국의 경우에는 과거 경험을 토대로 거꾸로 발상을 전환해야 한다는 점을 시사 받을 수 있었다. 즉 한·중·일 교류와 협력의 '선제적이고 견고한 제도화'가 지속적인 교류와 협력을 보장할 수 있다는 것이다.

한·중·일 3국간 다자교류 및 협력의 제도화, 기구화를 실현한다면 정치, 외교, 군사적 상황과 어느 정도 구분해서 움직일 수 있는 동력이 생길 수 있다. 그리고 그 단위와 매개체로서는 국가적 차원보다는 한·중·일의 '지역'과 '도시'가 중심이 되어야 한다. 지역과 도시를 중심으로 제도와 기구를 확충하고 한·중·일 3국이 다각적으로 함께 여러 일들을 해 나가면, 교류·협력의 제도화를 탄탄하게 할 개연성이 있다.

둘째, 한·중·일의 각 지역과 도시들이 서로 아래층으로부터 맺은 튼튼한 끈이 있으면, 위층인 국가들 간에도 영향을 미칠 수 있음을 강하게 시사했다. 이는 앞서 살펴본 한·중·일 3국협력사무국의 제도적 역할 및 위상과 다르지 않았다. 조금 달리 표현하자면, 지역과 도시간 교류를 밑으로부터 제도화한다는 것은 교류와 협력의 '변경불능성(Irrevocability)'을 최소한으로 담보함을 뜻한다. 이는 곧 동북아 3국 관계의 '구조적 안정성(Structural Stability)'을 확보하는 것과 다르지 않다.

한국, 중국, 일본의 동북아 지역과 도시간 협력을 관리하는 제도적 장치, 법규나 단단한 조직적 체제가 전혀 '부재(不在)'했던 상황에서 지금의 '한·중·일 3국협력사무국'이 대안인 것은 분명하다. 여기에서 다룬 한·중·일 3국협력사무국의 제도적 역할과 함께, 각 분야별 지방과 도시교류 사업들이 지금껏 나타낸 성과들도 그러한 맥락에 있었다.

셋째, 동북아 한·중·일 3국 제도화된 현재의 교류와 협력들은 제도화 이전의 상태보다 그 '공과(功過)'를 분명히 하고 있었다. 제도는 성공이든 실패이든 상관없이 그 이전의 제도들보다 분명 개선, 발전이 된다고 이론적으로 논증했다. 앞에서 질적 내용으로 살펴본 한·중·일 지역과 도시의 교류사례에서도 역시 그러했다.

2011년 한·중·일 3국협력사무국의 제도화 이후, 최근 10년 정도의 한·중·일 지역교류와 협력은 진화와 발전을 담보한 것으로 파악되었다. 그 이유는 제도화된 여러 교류와 협력에서 경험하고 체득했던 것들이 후대의 사람이나 유사한 사업들에게 교훈과 영감을 주었기 때문이다. 잘한 부분은 잘한 부분대로 확대되고, 못하거나 미흡한 부분은 자매도시나 우호도시를 '제도적 끈'으로 해서 계속 보완이 되고 있었다. 특히 이전에 개별적, 사안별, 비공식적으로 행해지던 교류와 협력을 삼자간 제도적 틀과 공동의 기구에서 추진되도록 바꾼 것은 환경적 안정성을 높인 것으로 평가된다.

넷째, 동북아 한·중·일 사이에는 최근으로 올수록 제도권 내에서의 교류와 협력이 양적, 질적으로 확대되는 추세에 있었다. 분석의 기준인 교류의 다양성과 지속성 측면에서는 한·중·일 3국협력사무국이 구축된 2011년 이후부터 지역과 도시단위의 삼각네트워크와 협력이 제도화되었다.

특히 '한·중·일 자매·우호도시'와 '동아시아문화도시'를 제도적 축으로 하여, 약 20개 네트워크에 30개 이상의 다자간 교류사업이 지속되고 있었다. 그래서 동북아 현실주의나 국제정치의 시각에서 한·중·일의 교류나 협력이 마치 '신기루'와 같은 부정적 성격으로 간주되면 곤란하다고 본다.

반대로 동북아 한·중·일 3국의 경우에는 태생적 비관론을 극복하고, 이익 확장의 실용적 접근을 제언하려 한다. 즉 자신이나 상대방을 탓하기보다 먼저 다양한 제도권의 영역에서 '지역'과 '도시' 단위로 촘촘하게 협력의제를 발굴하고, 이를 사업화시키는 것에 주력해야 한다. 그래서 향후에도 양적 측면에서는 동북아 한·중·일 3국간 협력지역과 교류도시의 계속적인 확장이 필요하다. 이 때 사업의 양적 확대는 상대적으로 시도하기가 용이하고 실현가능성이 큰 것부터 순차적으로 고려하면 더 효과적일 것이다.

이제 우리는 쌍방향적이고 공동번영을 추구하는 관점에서 새로운 상대방을 마주해야 한다. 달랐기에 불가능한 것이 아니라, 달라도 가능하다는 생각은 동북아 협력의 시발점이라 생각한다. 그런 점에서 동북아의 공동번영을 위해 서로의 자존감과 입장에서 존중하고, 협력자로서 상호책임성을 갖는 관점이 필요하다고 본다.

그리고 이렇게 추진해나갈 교류와 협력이라면, '큰' 국가외교 보다는 '작은' 도시외교 및 지역교류가 효과적이며, 앞으로 매우 높은 수준의 '제도화', '토대화' 역시 계속 필요하다고 본다. 비록 코로나-19 감염병의 장기화로 동북아 교류가 크게 침체되었고 앞으로도 많은 한계와 도전이 있을 것으로 보이지만, 지역과 도시의 공고화된 교류·협력은 미래 동북아공동체의 큰 밑그림에도 긍정적인 영향을 줄 것으로 생각된다.

동북아 한·중·일 3국은 과거 어느 한쪽을 시혜자로 생각하고 '제로섬 관계(Zero-sum Relationship)'를 떠올렸던 관점에서 이제 벗어나야 한다. 물론 이것이 쉽지는 않다. 우리가 목도하는 근래 한·일관계가 특히 그럴 것이다. 다만 대립하는 정치지도자와 정부 권력은 짧고 유한하지만, 국가의 존재와 국민의 삶은 영구적으로 길다. 반일(反日), 반중(反中), 혐한(嫌韓) 정서 사이에서 상생과 협력의 묘수는 있다. 과거 감정에 매몰되는 것도 미래지향적이고 생산적인 관점에서 보면 영구적이지 않다. 그래서 한·일, 한·중 관계에서 국가외교와 정치권 보다는 지방과 도시로 대변되는 하부토대 , 제도적 기반, 시민의 자양분 역할이 중요하다고 제언한다.

제6장

환동해권 북한·중국·러시아의 접경지역 개발

Ⅰ. 머리말

세계적으로 유럽연합(EU)이 공고화된 유럽지역이나 동남아시아국가연합(ASEAN)이 건재한 동남아시아 지역과는 달리, 동북아시아에서 지방정부와 지역 간의 초국경 협력이나 월경개발은 아직 걸음마 단계에 있다. 우리나라·중국·일본이 있는 동북아시아는 그만큼 국민국가의 경계와 민족주의의 성향이 강하기 때문이다. 예를 들어 아직도 한반도 주변에는 중국, 러시아, 일본 등의 정치·군사적 이해관계의 첨예한 대립과 북한의 핵문제가 해결되지 않고 있다.

역내국가들의 경제체제의 이질성 및 발전단계의 다층성과 안보·경제분야에서의 높은 대미의존도, 중국의 경제적 급속한 부상과 일본의 침략 및 과거사 문제 등이 복잡하게 얽혀 있다. 이런 상황은 동북아시아 연안의 국제질서를 항상 불안정하게 하는 요인들이었고, 초국경적 협력과 경제공동체 구축의 장애가 되어 왔다.

그러나 이런 정체된 상황 하에서 최근 주목할 만한 한 가지 변화가 찾아왔다. 지난 2009년 중국은 두만강 주변 북·중 접경지역에 이른바 '창지투(長吉圖)선도구 개발'을 선언하였고, 비슷한 시기에 북한은 '나선(나진·선봉)특구 개발'을 발표하였다. 이는 중국이 두만강 접경지역인 창춘~지린~투먼~훈춘을 전진기지로 삼고, 북한의 나진항과 선봉항의 사용권을 얻어내어 환동해 해역으로의 네트워크 확장을 기도한 하나의 커다란 사건이었다. 이러한 이유로 2010년 이후부터 창지투선도구와 나선특구는 각각 동북아시아의 경제협력 뿐만 아니라, 새로운 국제정치질서 및 세력 재편의 무대로 부상한 상황이다.

예로부터 두만강 주변 북·중 접경지역은 동해를 중심으로 남·북한, 중국, 러시아, 몽골, 일본 등을 포함하는 동북아시아의 새로운 개발 중심지역 등장하고 있으며 대륙국가는 해양으로, 해양국가는 대륙으로 진출하는 게이트웨이로서 관련 국가들의 상당한 관심이 모아져 왔다.

환동해 해역권에서 북한, 중국, 러시아 접경 지역의 변화는 표면적으로 북한이 나선특구를 통한 중국의 동해에 대한 이른바 '출해권(出海權)' 확보에 협조하는 대신, 중국은 북한의 경제를 대대적으로 개선시켜 남한에 의존하지 않겠다는 계산이 엿보인다. 그러나 이는 시간이 지날수록 중국과 북한, 러시아 등 삼자만의 문제는 아닌 것이 되고 있다.

바다와 해역(海域)의 새로운 관점에서 생각하면, 지금 중국의 동해 출해권을 손에 쥐고 있는 북한과 러시아는 중국의 창지투 계획의 궁극적인 목표를 넌지시 들여다보고 있다. 반대로 중국이 생각하는 동북지역과 접경지역의 발전은 동해로의 출항을 필요조건으로 삼고 있다. 여기에 러시아, 일본, 미국, 우리나라 등은 색다른 관심을 가지고 본격적인 참여와 문제개입의 기회를 엿보고 있다.

이러한 점에 근거하여 이 장에서는 '환동해(環東海) 해역의 핵심적 출구(出口)'로서의 의미를 갖는 두만강 주변 북·중 접경지역을 둘러싼 초국경 개발의 관점에서 분석하려 한다. 즉 두만강 유역 접경에 위치한 중국의 창지투(長吉圖)선도구와 북한의 나선특구 개발을 사례로 하여, 최근까지의 경과와 주변국들의 입장을 우선 살펴본다. 그리고 이를 둘러싼 인접국가들의 국제적 경쟁과 협력의 상황을 분석하고, 우리에게 주는 현재적 시사점을 도출해보고자 한다.

두만강 주변 북·중 접경지역에 걸친 중국의 창지투와 북한의 나선특구 개발이슈가 표면적으로는 분명 '지방정부 및 지역간 초국경적 연계개발'이다. 하지만 이 사례가 향후 우리나라의 대북정책과 환동해권의 경제지형, 동북아시아의 국제정세와 안보상황 등에 미치는 중요성은 적지 않다. 이를 감안할 때, 현 단계에서 이를 둘러싼 국제세력들 간의 경쟁 및 협력의 본질을 검증해 보는 것은 상당히 중요한 의미가 있다.

다국적 경쟁과 협력의 공간으로 동북아시아에서 '해역(海域)'이 갖는 현대적 중요성과 그 의미를 재음미하는 기회도 새로운 의미를 갖는다. 즉 여기서는 동해를 '영해(領海)'로 관장하고 있는 우리나라가 취해야 할 자세와 올바른 명제를 국제해양질서의 관점에서 규명하여, 향후 국익을 위한 보다 현실적인 처방과 대안을 생각해보고자 한다.

Ⅱ. '환동해(環東海)'의 현재적 의미와 국제관계

1. '환동해'가 갖는 현재적 의미

동북아시아에서는 지금 동해를 중심으로 미국과 중국의 패권 대결이 가시화되면서 이른바 '신냉전(新冷戰)의 기조'가 높아지고 있다. 외견상으로 동해는 중국과 러시아 중심의 대륙세력과 태평양을 장악한 미국 및 우방인 일본 중심의 해양세력이 서로 만나게 되는 첫 번째 해역이자 관문이기 때문이다. 지정학적으로 북한과 중국, 러시아, 몽골 등에게 동해는 큰 바다(大洋)로 나아가는 중요한 출구이다. 반대로 미국과 일본에게는 광활한 아시아 대륙으로 들어가는 중요한 길목이자 입구이기도 하다.

이런 이유로 지난 2010년부터 미국은 중국의 급격한 부상을 견제하기 위하며 아시아로의 회귀를 천명하고, 동아시아 전 해역에서 해군력 증강을 포함한 군사력 배치를 강화했다. 그런데 막대한 경제성장을 바탕으로 빠르게 부상한 중국도 역시 해군력을 강화하면서, 이제 아시아를 넘어서 전 세계로 영향력을 확대하려 하고 있다. 일본 역시 동해를 '일본해(日本海)'라고 부르면서 자국의 해양세력을 확장하고 있다. 이러한 경쟁구조 속에서 동해는 과거 냉전시대처럼 강대국들의 패권 경쟁을 위한 '전략적 해양'으로서의 의미 마저 커지고 있는 상황이다.

다른 관점에서 청정하고 깨끗한 바다로서의 동해는 동북아시아 5개국 (우리나라, 북한, 일본, 중국, 러시아)에 둘러싸여 있어, 최근에는 '환동해권'으로 명명되어 있다. 그러나 이 다섯 나라의 동해 연안은 모두 자국의 다른 지역에 비해서 저개발 상태이다.

우리나라의 강원도, 북한의 함경도, 중국의 동북지방이 그렇고, 러시아의 연해주와 일본의 서북해안권도 마찬가지 상황이다. 특히 우리나라, 중국, 일본의 주요 항구들은 모두 태평양으로 나가는 방향에만 쏠려 있어, 동해 연안의 항구와 도시들은 상대적으로 발전이 지체된 '주변부(fringe)'로서의 성격이 강했다.

〈그림 24〉 환동해권의 지리적 범주와 주요 도시

* 자료: 부산일보(https://www.busan.com; 2013-11-15).

그렇지만 환동해 지역은 최근 세계경제의 위기에도 불구하고, 21세기의 세계경제를 주도하는 중심지로 부상할 가능성이 높은 것으로 점쳐지고 있다. 두만강 주변 북·중 접경지역, 우리나라의 강원도와 동해 및 남해 일부연안을 포함하는 환동해 지역은 극동러시아의 풍부한 천연자원과 중국과 북한의 노동력, 우리나라와 일본의 우수한 기술과 자본력에 더하여 전략적으로도 유리한 입지여건을 갖추고 있다.

각 나라의 인구도 합쳐서 대략 3억 명 이상이 환동해권에 관계될 수 있으며, 막대한 경제력(GDP)을 바탕으로 다양한 교역들이 진행될 수 있다. 그래서 현재는 동북아시아의 다른 해역(海域)들보다 저개발된 지역임에도 불구하고 앞으로 초국경 사업과 경제협력의 높은 시너지 효과가 기대되는 지역이기도 하다.

2. 환동해 해역권의 국제적 관계

앞서 논의된 바와 같이 환동해와 그 해역권에 대한 여러 긍정적 전망에도 불구하고, 최근 환동해 해역에서의 국제정세는 주목할 만한 변화를 보이고 있다. 앞서 논의했듯이 환동해 지역은 남북한 간 긴장고조와 대치, 중국과 러시아의 상호경쟁과 견제, 이들과의 협력에 대한 일본의 상대적 소극성 등 국제정치와 외교정책 상의 변수를 상시적으로 가지고 있다.

예컨대 동해를 둘러싸고 나타나는 국가들 사이의 영향력 확대시도와 패권 경쟁은 육지에서의 대립뿐 아니라, 해양에서의 경계획정 및 영토문제에서도 치열하게 전개되고 있다. 즉 동해에서 독도, 사할린 등의 영유권 분쟁을 포함하여 해양경계를 둘러싼 여러 갈등의 이면에는 영토확보, 에너지 자원 확보, 힘의 추구라는 서로 상이한 세 차원에서의 지정학적 요인들이 작용하고 있다. 특히 이들 요인은 서로 밀접하게 연관되어 있어 갈등이 더 심화되는 경향이 있다.

환동해 권역에서 여러 나라들은 자국의 경제적·전략적 이익을 추구하며 배타적 주장을 되풀이하게 되고, 이런 상황은 다시 대립과 갈등을 더 심화시키며 상호협력을 어렵게 하고 있는 것이다. 또한 이를 제외하더라도 환동해권 지역 내 경쟁력을 갖춘 연안지역 혹은 해항도시의 숫자가 적고, 네트워킹에 대한 참여가 부족한 상황에서 기존의 중심과 변경의 상호작용이 원활하게 이루어지지 못하고 있는 것은 명백한 현실이다.

이러한 가운데, 동북아시아에서는 동해라는 해역권을 사이에 두고 그나마 상황적 부침이 적은 국가 단위의 헤게모니가 주로 교섭을 진행하고 있다. 특히 중국과 러시아는 지속적인 발전을 위해 동해를 통하는 새로운

〈그림 25〉 환동해 해역권의 게이트웨이 연결

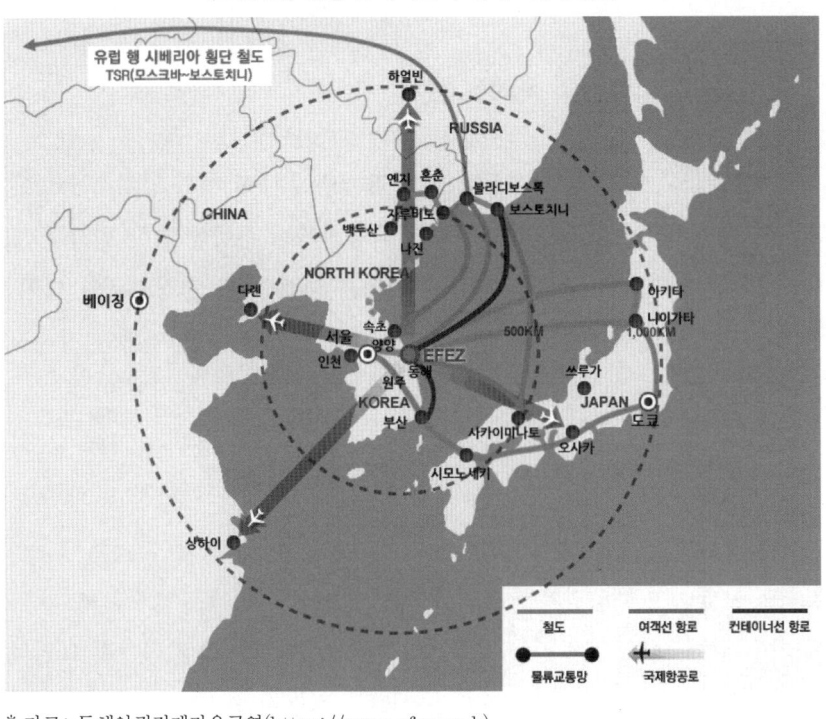

* 자료: 동해안권경제자유구역(https://www.efez.go.k).

경로가 필요하고, 북한은 이를 이용하여 낙후된 경제의 실리를 취하려는 것이 최근의 모양새이다. 그래서 이를 감지한 미국은 경쟁국인 중국과 러시아를 견제하기 위해, 태평양과 동해를 필두로 한 일본과 연합하여 환동해 지역의 새로운 해양세력으로서의 역할을 자처하고 있다.

결국 지금의 동북아시아는 과거에 비해 중국의 부상과 미국의 상대적 약화 현상이 맞물리는 무대가 되었다. 현재의 동해는 이를 이용하거나 저지하려는 북한·중국·러시아의 전략적 협력의 장소이자, 이를 지켜보는 우리나라·미국·일본이 서로 협상의 게임을 벌이고 있는 장소이기도 하다. 하지만 현실적으로 두만강 접경지역을 둘러싼 환동해 전략과 협상의 테이블에서 정작 영해를 가진 우리나라의 목소리는 아직까지 크게 들리지 않고 있다는 점이 아쉬운 대목이라 지적할 수 있다.

미래 우리나라가 환동해권, 환태평양권, 유라시아 대륙권의 중추국가로서 위상을 높이기 위해서는 반드시 지정학적 관점에서 요충지에 대한 전략적 분석과 선점대안이 필요하다. 그런 점에서 중국과 러시아, 몽골 등 대륙세력의 해양출구이자, 일본과 미국 등 해양세력의 대륙입구로서 두만강 주변 북·중 접경지역은 가장 최적화된 장소인 것이다.

3. 논의의 관점과 관계 구도

여기에서 지향하는 논의의 관점은 간단하다. 환동해 접경지역의 핵심인 두만강 주변 북·중 접경지역 개발이라는 하나의 사례를 두고서, 이에 대해 다국적 경쟁과 협력의 구도와 입장을 균형 있게 논의해 보는 것이다. 그 이유로는 우선 근래에 들어서 중국, 러시아, 일본, 미국 등 한반도 주변 강대국들이 한반도 문제에 대한 영향력의 확대를 위해 경쟁하면서, 환동해를 둘러싼 문제의 국제화 정도가 심화되고 있기 때문이다. 세계에서 유일한 한반도의 이념과 체제 분단의 상황은 이를 단적으로 말해준다.

최소한 동북아시아에서만큼은 여전히 자국의 이익을 중심으로 주변의 강대국들이 유기적으로 연결되는 국제질서가 아직까지 안정적으로 형성되지 못한 것이다. 그리고 그 중심에는 지금의 '동해(東海)'가 자리하고 있다. 이미 동해를 경계로 미국의 태평양 함대와 일본의 자위대는 중국과 북한, 러시아의 무력과 대치하고 있는 상황에 있다. 그래서 동북아시아의 소위 '환동해(環東海) 해역'에서 일단 이들은 상호협력을 약속하는 한편, 동북아시아의 미래에 상대방이 미칠 영향에 대해서는 서로 신중한 입장을 보이고 있다.

　　한반도를 둘러싼 중국, 러시아, 미국, 일본 등이 원래부터 서로의 견해차가 크고, 동북아시아의 미래에 대한 소위 '동상이몽(同床異夢)'의 간극이 있었다는 점에서, 현재 어느 특정한 사안에 대한 국제적 민감도 역시 적지 않은 상황이다. 최근 여러 가지 복잡한 상황이 전개되어 온 가운데, 아직 두만강 주변 북·중 접경지역을 둘러싸고 있는 창지투와 나선특구, 환동해권에 대한 논의 구도는 각 나라별로 극명한 시각 및 입장차이를 드러내고 있다.

　　예컨대, 두만강 주변과 환동해 바다의 출구를 둘러싼 중국의 동북3성, 북한의 함경도, 러시아의 극동연해주, 일본의 서해안지역은 각기 새로운 발전구상에 따라 초국경 개발의 프로젝트가 가동되었다. 그리고 각 나라들은 여전히 모두 자국의 중심에서 상대적으로 발달이 지연되거나 저개발된 지역으로 이곳의 대외 정책의제를 다루고 있다. 미국은 경제개발 보다는 동해 연안을 새로운 동북아시아 안보전략의 거점으로 바라보고 있다.

　　이런 와중에 두만강 주변 북·중 접경지역은 동북아시아 자원물류의 거점 및 환동해권의 경제중심 지역으로 부상할 가능성이 점차 커지고 있다. 이미 이 지역에는 2010년 이후부터 우리나라의 기업 전용공단이 개발되어 있어 중국시장으로의 진출로 뿐만 아니라 러시아 및 북한시장 진출에도 용이한 상황이 조성되었다. 중국의 창지투(長吉圖)선도구와 북한의 나선특구를 중심으로 한 두만강 접경지역의 개발은 이미 궤도에 오르고 있으며, 이 것이 동북아시아와 주변국에 미치는 영향력 및 그 파급효과가 어느 정도가 될 것인가는 우리나라 국내에서도 중대한 관심사가 될 수밖에 없다.

기존 학자들의 의견에 따르면, 중국의 '차항출해(借港出海)'와 '화평굴기 (和平崛起)' 전략, 러시아의 '신동방(新東邦) 정책', 일본의 '환일본해(日本海) 경 제권' 정책 등의 일환으로 추진되는 두만강 주변 북·중 접경지역의 개발은 우리의 대북 경제정책에 중국과 러시아, 일본 등을 활용해야 할 당위성을 시사하고 있다. 게다가 우리나라는 대북정책과 남북경협에 관한 정책을 이 들 나라들의 입장과 연계된 다자적 협력 및 동반자적인 관계를 전제로 수 립해야 함도 말해주고 있다. 즉 두만강 주변 북·중 접경지역의 개발은 국 제질서 상에 이미 형성되어 있는 다자주의(multilateralism) 공간을 활용하여 동북아시아 정세의 균형적 복원을 일국적 관점이 아니라 지역공동의 차원 에서 접근한다는 점에서 시사적 의미를 갖는다.

이상과 같이 기존의 이론과 현실에서 나타난 복잡한 국제정세상의 프 레임에 따라, 장기적으로 우리나라는 남·북 경협과 북·중 경제협력의 상 호 경쟁을 지양하면서 서로의 정책을 보완·협력하는 구도로 추진해야 한 다는 새로운 명분을 얻게 된다. 동북아 평화협력의 구축을 위한 미래의 외 교 정책은 러시아 푸틴 정부의 유라시아 연합구상을 포함한 신동방 정책, 중국의 21세기 일대일로(一對一路) 및 신실크로드 정책과도 묘한 교집합을 형성하고 있다.

궁극적으로는 한반도에 위치한 우리나라가 적극 개입하여 앞으로 두만 강 접경의 북·중 경제협력 사업을 다자간 국제협력 사업으로 확대·발전시 켜야 한다는 명분과 당위성을 가질 수 있다. 그래서 우리나라는 중국과 북 한이 국가전략 차원에서 전개하는 두만강 주변 북·중 접경지역 이니셔티 브에 직접 대응하기보다는 이익의 균형점을 세밀하게 모색할 필요가 있다.

여기에서 두만강 주변 북·중 접경지역의 초국경 연계와 개발에 대해 다국적 경쟁과 협력의 입장을 균형 있게 논의해 보려는 이유가 바로 이것이다. 북·중 두만강 접경지역의 개발에 대해서 우리나라가 어떠한 대책을 강구해 나가야 할 것인가 하는 문제는 향후 다국적 협력과 경쟁의 게임에서 우리나라가 배제된 상태를 만들지 않게 한다는 점에서도 상당히 중요한 국익차원의 의제가 될 것임은 분명하기 때문이다.

Ⅲ. 환동해권 두만강 유역의 접경지역 개발

1. 북한의 접경지대 개발

두만강 접경지역의 나선특구는 원래 지정학적으로 중국, 러시아, 북한의 3각 무역이 가능한 국경지대이며, 중국이 북한을 통하여 동해로 나갈 수 있는 유일한 지리적 요충지라는 점에서 유리한 입지조건을 가지고 있다. 그래서 북한은 이미 1995년부터 나진·선봉시를 직할시로 통합하여 승격시켰고, 1997년에는 환율 현실화 조치와 외화사용 규제를 폐지하였다. 1998년에는 자본주의식 자영업 허용과 국제자유시장을 개설했다.

제도적으로 북한은 대외경제협력을 담당할 중앙노동당의 '대외경제협력추진위원회'를 설립하고 외국인투자법·자유경제무역지대법 등 57개 항목의 외자유치법령을 제정하였다. 그러나 이러한 노력에도 불구하고 외국인 투자는 매우 저조했고, 2000년대 중반부터 나선특구 개발은 소강상태에 진입했다. 이에 북한은 2005년 나선경제무역지대로 개칭하고, 경제특구에 대한 통제를 이전보다 강화하였는데, 이런 조치들로 상당한 기간 동안 이 지역은 활성화의 길을 찾지 못했다.

두만강 접경지대에 위치해 있는 나선특구가 대외적으로 새롭게 각광을 받기 시작한 것은 2009년 중국의 창지투선도구(長吉圖先導區) 개발의 공식발표와 2010년 김정일의 두 차례의 중국 방문이 기점이 되었다. 즉 2009년에 중국의 접경개발 정책발표에 화답하는 북한의 행보에 따라 북·중 경제협력은 강화되기에 이르렀다. 이것은 김정은 시대에 접어들어서도 계속 이어지고 있다.

〈그림 26〉 북한 나진항의 부두와 배후지 항공사진

북한은 2010년 창지투 지역과의 연계된 개발전략으로 나선특별시 승격과 함께 '나선경제무역지대법'을 개정했다. 개정된 이 법에는 북한 지도기관 및 지방기관의 자율성과 권한 확대, 투자기업 인센티브 및 세제혜택 강화, 상품가격에 대한 국가의 개입 축소 등 특구개방을 확대하는 혁신적 내용이 대거 포함되었다. 특히 우리나라 기업의 나선경제특구 참여를 전격적으로 허용하는 내용도 담겨 있었다.

북한은 내부적으로 나진은 관광, 상업중심으로 특화시키고, 선봉은 공장을 주체로 해서 제조업과 기간산업 중심으로의 육성을 표방하고 있다.

특히 나선특구가 중국의 창지투 개발과 연동됨으로 인해, 지금은 북한은 중국에게 많은 지원을 요구하고 있는 형국이다. 예를 들면 나선지구에 중국으로부터의 전력 공급, 훈춘과 북한 선봉간 교량 및 철도 건설, 나선 시멘트 공장 건설, 나진항의 항만 추가 건설, 나진항을 통한 대외 금강산 관광사업 활성화를 시도하고 있다.

〈그림 27〉 북한 두만강 철교와 접경지역 사진

나선특구는 나진항을 중심으로 인접한 선봉항, 웅기항 등이 종합적으로 연계된 개발이 진행되었으며, 중국의 투자와 연동하여 개발이 느린 속도로 진척되었다. 2000년부터 2019년까지 약 20여 년에 이르는 장기구상 아래 개발이 추진된 바 있었다. 2020년대에는 중국과 러시아의 부동항 확보와 북한의 경제난 타개를 위한 나선특구 개발이라는 상호간의 필요·충분조건이 형성되어, 이곳에서는 중국과 러시아, 북한과의 삼각협력이 공고해지는 형국을 보였다.

중국과 러시아 정부의 적극적인 지원 아래 나선특구에 대한 독점적 지위를 얻기 위한 민간투자도 늘고 있으며, 이러한 현상은 당분간 지속될 것으로 전망된다. 그러나 여전히 북·중 관계의 외교적 부침이 심하다는 점, 중국 공산당과 북한 김정은 정권의 내부 기류 변화는 예측이 어렵다. 이에 따라 이러한 접경 개발의 진척은 부침이 있고, 시기에 따라 많은 영향을 받을 것으로 분석이 되고 있다.

2. 중국의 접경지대 개발

중국은 자신들의 동북지역과 두만강 주변 북·중 접경지역에 대한 개발의 관심을 오래 전부터 가져 왔다. 특히 두만강 유역과 인접한 중국 동북지방의 지린성은 랴오닝성과 헤이룽장성의 중간에 위치하며, 북한 및 러시아와 접경하고 있다.

풍부한 산림자원과 광물자원을 보유하고 있으며, 자동차산업을 비롯해 석유화학산업, 식품산업, 제련산업이 발달해 일찍부터 중국의 대표적인 중공업기지로 자리 잡았다. 그런데 중국 동북지방은 과거 근대화의 효자노릇을 했던 중화학 산업이 몰려 있었으나, 1980년대 이후 개혁개방의 과정에서 상대적으로 낙후되었다.

중국 동북지방의 소위 '노공업(老工業)' 지대는 2000년대부터 오히려 중국 경제의 부담으로 작용하기 시작했고, 지속적인 고도성장을 위해 이 지역의 풍부한 천연자원을 적극 활용할 필요성이 제기되기도 했으나, 전반적으로 낙후된 교통과 수송인프라가 걸림돌로 부각되었다. 또한 대련(大連)을 제외하고는 동북지역 전체에서 항구가 전혀 없다는 점도 발전에 치명적인 약점이 되었다. 이에 중국은 국경을 넘은 발상의 전환을 꾀하였고, 그 중심에는 동북지역 끝자락의 창지투와 북한 두만강 접경지역이 자리하고 있다.

1860년 연해주를 잃은 중국은 오랫동안 동해로 나가는 부동항을 얻기 위해 노력을 기울여왔는데, 부강해진 지금 동북지역과 남부를 연결하는 해상수송로를 확보할 경우에 한반도 주변의 환동해권과 환황해권을 마치 내해(內海)처럼 사용할 수 있기 때문이다. 그래서 원래 두만강 접경유역과 창지투 개발사업은 동북3성 가운데 경제규모가 가장 작은 지린성 중심의 지역단위 개발전략으로 구상되었다.

초기에 동북 지린성과 창지투선도구는 내장된 천연자원이 풍부하고 기술력이 뛰어난 데 비해서 인건비가 저렴하다는 점, 유럽과 아시아 육로운송의 대륙종착역으로 발전시킬 수 있는 전략적 위치라는 점, 유럽에서 극동지역을 잇는 에너지 수송로역할을 한다는 점 때문에 많은 전문가들의 주목을 받았기 때문이다. 그러나 창지투를 중심으로 한 지린성의 발전구상은 2009년에 갑자기 국가급 개발사업으로 승격되어 그 추진이 가속화되었다.

1990년대까지 중국은 북경, 상해, 대련 등 대도시 개발로 여력이 없어, 동북지역과 두만강 접경에 대한 관심은 가질 수조차 없었다. 그러던 중국이 2000년대에 들어 그간의 개혁개방을 통해 무역흑자와 경제국력이 대폭 상승하고, 막대한 재정적 여력이 생긴 것은 2009년 창지투 개발이 두만강 주변 북·중 접경지역에서 본격적으로 진행된 또 다른 배경으로 생각할 수 있다.

이 지역의 다수 전문가들은 중국의 경제가 성장가도를 달리는 범위에서 이 지역에 대한 중앙의 막대한 투자는 계속 이어질 것으로 내다보고 있다. 중국은 두만강 유역의 접경지대를 향후 동북아시아 최대의 자유무역지대로 키우겠다는 야심을 보이고 있다.

중국 입장에서 환동해권 접경개발 사업의 관건은 북한, 러시아 접경과의 원활한 월경협력이다. "우리는 항구를 빌려 바다로 나아갈 것이다(借港出海)"라는 선언은 이를 잘 말해준다. 즉 중국이 두만강 유역의 접경지대 개발의 의미를 과거 민감했고 해결되지 못하던 접경지역의 정치와 안보문제를 경제문제로 전환시켜 새로운 돌파구를 마련한 것으로 전문가들은 평가하고 있다.

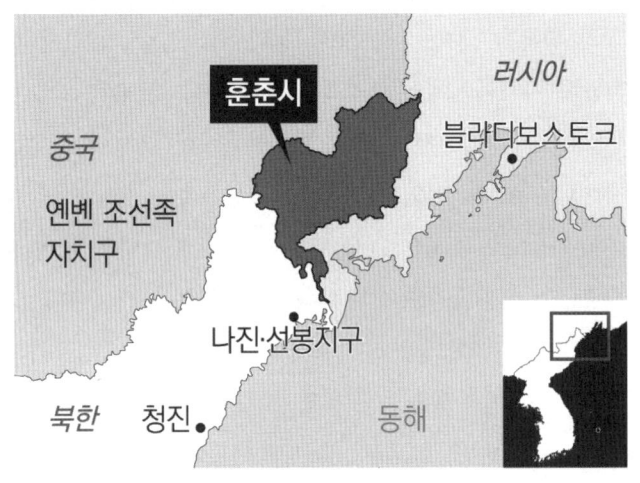

〈그림 28〉 환동해 두만강 유역 접경지역 연결 현황

* 자료: 통일뉴스(http://www.tongilnews.com).

Ⅳ. 환동해 접경지역에 대한 국제관계의 다양성

1. 북한의 환동해권 외교 전략

북한은 과거 중국과 일방적 지원과 원조를 통한 수혜적 관계에 기초하고 있었으나, 창지투와 나선의 연결을 통해 자의 반, 타의 반으로 경제적 밀월관계를 심화시키고 있다. 일단 북한은 대외무역의 약 80%이상을 중국에 의존하고 있으며, 정치·군사적인 우방국임을 자처하고 있다. 그럼에도 불구하고 북한은 과거 중국과의 교류에 적극적인 자세를 취하지는 않았다.
북한은 이미 중국과 러시아가 겪은 개혁개방의 명암(明暗)을 지켜보았고, 이에 따른 딜레마를 잘 알고 있었으며, 정권 자체의 폐쇄성도 심했기 때문이다. 그리고 북한은 과거 중국과 러시아와 사회주의 이념에 함께 묶여 있었지만, 중국과 러시아가 서로 경쟁과 견제를 하던 시절부터 이런 상황을 정치적으로 잘 활용해 왔다. 과거 북한의 김일성과 김정일은 소위 '민족자주외교'의 명분을 내세워 근 50년 동안 어느 한쪽의 편에 서지 않은 채, 양자의 틈바구니 사이에서 실리적 외교를 했던 것이다.

이런 이유로 지금의 창지투 개발과 나선특구에 대하여 북한은 중국과 이른바 '동상이몽(同床異夢)'식의 해석을 내리고 있다는 것을 쉽게 예상할 수 있다. 일단 외견상으로 중국의 2009년 창지투 국가사업 승격에 대해 화답하듯 북한은 2010년에 함경도의 나선(나진-선봉)시를 특별시로 승격, 지정하였다. 그러나 창지투 계획의 근본 목적은 두만강 하류의 항구를 확보하는 계획이며, 나진항의 이용권을 중국에 넘겨주는 것이 핵심이라는 점을 북한 당국은 잘 파악하고 있다.

실제로 최근 10년 간 중국은 북한 접경지역의 모든 도로, 철도 인프라 건설을 전액 부담하고, 그 대신에 북한 영토 내의 채굴권을 갖는 방식으로 막대한 자원을 획득하였다. 2000년대 중반에 이미 중국은 북한 내 20여 곳 이상의 무연탄, 금, 은, 동, 철, 아연, 몰리브덴 광산개발과 운영권, 채굴권 계약을 맺고 있는 상태이다. 게다가 북한은 중국, 러시아의 물동량을 나선특구의 항구들로 끌어들이기 위해 수송인프라 개선과 신항로 개설에 박차를 가해야 하지만, 장기적으로는 제조업 분야의 투자 유치를 활성화시킬 필요가 있음을 잘 알고 있다.

이런 상황에서 향후 50년 동안이나 북한이 나선의 항구이용권을 가진 중국, 러시아 등이 자신들에게 어떤 영향을 미칠 것인지에 대해 아직은 내부적으로 찬반양론이 엇갈리는 것으로 추정된다. 즉 나선특구가 단기적 관점에서 북한에 경제적 이익을 주면서 선진자본주의를 실험하는 계기가 될지 모르지만, 가장 중요한 체제유지의 관점에서는 대체로 부정적 결론을 내려두고 있다. 환언하면, 최근 북한은 국제적 고립이 가속화되고 극심한 경제난을 겪고 있는 가운데, 중국에 대한 경제의 예속화 우려를 잘 알면서도 창지투와 나선특구의 개발 행보를 대외적으로 함께 하면서 경제난 타결의 해법을 찾고 있는 것이다.

결국 북한은 김정은 3대 세습체제의 안정적 구축, 대북 경제제재 하에서 부족한 재화를 마련해야 하는 절박성, 우리나라와 중국의 친분으로 냉랭해진 중국과의 최근 관계 등을 볼 때, 지금까지 고수해왔던 '필요에 따른 선택적 수용'의 입장은 점점 한계에 봉착하고 있다. 이에 김정은의 정치적 장래 및 북한의 경제회복에 대한 중국의 지원과 동해로 나가는 출해권을 서로 맞바꾸는 거대한 '외교적 거래(big deal)'의 가능성도 완전 배제할 수는 없다. 그리고 우리는 실제로 그런 거래가 앞으로 이루어 질 가능성을 대비해, 그 대응책은 무엇인가를 미리 생각해두어야 할 것이다.

2. 중국의 환동해권 외교 전략

중국은 오래 전부터 중국은 두만강 하구가 북한·러시아의 공유수면인 탓에 동해와 직접 연결된 뱃길이 없었고, 경제발전으로 동북지역의 물류비 부담이 커지자 북한의 동해 항구를 외교적으로 이용하는 방안을 적극 타진해왔다. 이에 처음부터 중국으로서는 창지투 개발과 나선특구의 연계방안을 북한이 어떻게든 받아들이도록 해서, 러시아로부터는 기대하기 어려운 출해권(出海權)을 확보하려는 심산이었다. 즉 중국 쪽에서 먼저 시작하고 지원해서 좋은 환경이 성숙하게 되면, 연이어 접경지역의 러시아와 북한도 자연스럽게 참여하게 될 것으로 전망하였고 이러한 예측은 그대로 현실화된 것이다.

원래 창지투 지역과 두만강 접경유역의 개발은 중국이 독창적으로 처음 만든 구상은 아니었다. 이것은 당초 1991년부터 국제사회의 손에 의

해 만들어진 유엔개발계획(UNDP) 산하의 광역두만강협력이니셔티브(GTI, Greater Tumen Initiative) 및 두만강개발프로그램(TRADP, Tumen River Area Development Program)으로 기획, 추진하려던 사업이었다. 물론 유엔의 의도는 접경지역의 교역과 교류를 통한 동북아시아의 항구적 평화유지를 도모하는 것이었다.

그러나 1990년대 중반 북한 핵실험과 미사일 발사 위기로 국제사회의 관심과 지원은 전면 중단되었다. 이후 거의 진행되지 못했던 이 사업을 2009년 중국이 앞장서서 부활시키고 추진한 이유는 두만강 개발로 동해로의 출구를 확보하게 되면 스스로가 가장 큰 이익을 얻을 수 있었기 때문이다. 그리고 크게는 '화평굴기(和平崛起)'에 입각한 강대국 외교전략을 통해 미국과의 대립을 우회하면서, 러시아 및 북한과 우호적인 주변관계를 형성하기 위한 구상도 포함된 것으로 보인다. 중국이 창지투과 나진항을 연결해 미래의 군사거점으로 이용할 수 있다는 안보상의 지적도 무리는 아니다.

이보다 현실적인 관점에서 중국은 지금 1억 명 이상이 살아가는 동북지역 전체의 물류가 유일한 항구인 대련 쪽으로만 집중되는데 큰 부담을 느끼고 있다. 물류와 교통의 분산을 위해 국가적으로 두만강을 이용한 동해 출구가 절실한 가운데, 지린성 역시도 해외로 나가는 통로가 없어 오랫동안 지역발전에 어려움을 겪어 왔다. 심지어 동북지역은 통로가 막힌 내륙의 고립된 지역으로 인식되어, 중국 자체의 개발정책에서도 장기간 소외되어 왔다.

이에 중국은 창지투와 나선특구의 활성화된 해상운송을 통해 상대적으로 발전된 자국의 남부연안, 우리나라, 일본 연안과의 교류가 활발해지기를 기대하고 있다. 또한 최근 10년 동안 중국은 초국경 경제활동인 이른바 '콰징경제(跨境經濟)'를 표방하면서, 동해로 나가려는 의도를 북한에서 극동러시아 지역으로 빠르게 확장하고 있다. 즉 북한의 나진항과 러시아 자르비노항을 이용한 동해 진출을 동시에 추진하고 있는데, 자르비노항은 부동항이 아니기 때문에 상대적으로 가치가 높은 나진항에 더욱 집중하였다.

실제적으로 2012년 중국 동북지역 지린성의 석탄, 곡물을 북한의 나진항에서 배에 실은 후에 상하이까지 운행한 결과, 내륙철도는 15일이 걸렸지만 동해의 바닷길로는 3일이면 충분하였으며, 물류비용도 1/3 수준으로 줄어들었다. 이미 중국은 영토 안에서 '내내(內內)' 수송보다 동해를 통한 '내외내(內外內)' 수송이 경제적인 것으로 검증을 마친 것이다. 이에 동해로 나가려는 목적은 국제적 교역의 목적도 있었지만, 장기적으로는 국토가 광활한 중국 자국 내의 원활한 물류와 지역균형발전의 목적도 상당부분 차지했던 것이다. 중국이 지금 '일대일로(一對一路)' 전략에 따라 육로 보다 해양 실크로드 개발에 박차를 가한 것도 이와 무관치 않다.

중국은 천안함 침몰사건, 연평도 포격사건, 지뢰도발 및 미사일 발사 등으로 우리나라와 미국의 지원이 끊어지고 국제사회의 압력이 거세지면서, 외교적으로 막다른 골목에 내몰리고 있는 북한을 다소 중립적으로 지켜보고 있다. 현재 시진핑과 김정은 집권 초반기에 다소 냉랭해진 관계를 토대로 중국은 사정이 더 급한 북한을 압박해 두만강 접경지역에 대해서 소위 중국식 개혁개방시스템을 주입, 이식할 수 있는 기회를 엿보는 것으로 풀이된다.

특히 두만강 유역의 창지투 지역과 연계한 나선특구를 중국식 개혁개방모델로 만들고자 하는 의도가 다분하게 드러난다. 중국은 이미 나선시에 대사관 형태의 '경제대표부'를 설치했고, 통행, 통신, 통관 문제를 유리한 방향으로 타결한 것으로 전해진다. 그리고 지금 중국은 두만강 유역에서 훈춘과 나진간 고속도로 유지보수 비용을 전액 부담하고 있을 뿐만 아니라, 나선시의 모든 전력을 공급하는 시스템까지도 고려하고 있다.

이런 상황에서 중장기적으로 중국은 북한의 대중의존도를 더욱 심화시킬 의도도 없지 않은 것으로 해석된다. 두만강 북·중 접경지역의 창지투선도구에 대한 중국 국무원과 중앙의 일방적 시책들이 막대한 자금력을 앞세운 자원확보 트랙을 답습하고 있기 때문이다. 이는 중국이 베트남, 중앙아시아, 미얀마 등의 여타 접경지역 및 소수민족지구에 취한 개발정책과 크게 유사한 측면을 가지고 있기도 하다.

이를 안보적으로 재해석하면, 중국은 창지투를 통한 나선특구와 동해 진출을 통해 북한에 급변사태가 발생했을 때 우리나라, 미국, 일본이 이 해역에 접근할 것을 대비한 장기적 포석을 깔았을 수도 있다. 이는 20세기 초 러시아가 나진항을 군사기지로 적극 활용한 선례를 볼 때도, 그 가능성을 완전히 배제할 수 없다. 특히 지난 몇 년간 중국이 창지투와 나선특구에 기반시설만 계속 마련해 나가고, 그 이용을 본격화하지 않은 것은 단지 북핵문제와 정권세습 때문으로 추정된다. 유엔 안보리 상임이사국으로서 중국은 국제사회 차원의 대북 제재에 참여한 상황이기 때문에, 조용한 투자만을 계속 해온 것이다. 이는 러시아의 입장도 크게 다르지 않다.

이런 점에서 중국이 앞으로 나선특구 이용과 동해로의 항로 개척을 본격화한다면, 이것은 곧 북한의 핵보유와 김정은 정권을 어느 정도 받아들인다는 의미가 될 것이다. 또한 우리나라와 미국 주도의 기존 대북정책은 그 효력이 떨어진다는 의미도 될 것이고, 역시 최대 수혜자는 중국이 될 것이다.

여전히 중국 입장에서는 두만강 유역과 창지투 지역의 장기적인 성공을 위해서 북한정세의 안정과 기다림이 필요하고, 이를 위해서 향후 대북 투자의 전체 규모도 보이지 않게 확대할 것으로 전망된다. 2015년 중국이 비교적 조용하게 '아시아인프라투자은행(AIIB: Asian Infrastructure Investment Bank)'을 만들어 세계를 놀라게 한 전례를 볼 때 그 가능성은 충분하다.

3. 러시아의 환동해권 외교 전략

러시아는 중국 측의 환동해권 두만강 개발에 대해 일단 '외교적 수사(外

交的 修辭)'로는 찬성과 찬사를 보내고 있다. 그러나 중국과 러시아는 동해로의 출해권에 대한 사안을 두고서는 양보 없는 갈등을 빚어 왔다. 예컨대, 1860년 베이징 조약으로 연해주를 잃은 중국이 동해로의 통로가 막힌 것은 이미 잘 알려진 일이다. 그런데 러시아는 이를 빌미로 약 30년 동안 중국이 동해로 나갈 수 있게 자국의 접경지역 항구를 언젠가 이용할 수 있게 해주겠다는 지키지 않을 약속을 반복했었다.

심지어 1950년대 중국이 '건항출해(建港出海)' 전략을 세우고 훈춘에 항구를 만들어 동해로 나가려고 했을 때도 러시아는 북한과 공조하여 이를 좌절시켰다. 물론 오랜 세월동안 중국과 러시아 사이의 구애와 반목, 협상은 계속 되었고, 사정이 급했던 중국은 점점 지쳐 갔다. 그리고 이는 중국이 막대한 예산을 투입해 먼저 북한 쪽으로 창지투 개발을 시작하게 만든 하나의 이유도 되었다.

냉전 시대가 끝난 후 러시아는 극동 아시아 지역 개발에 관심을 가지기엔 경제사정이 너무 어려운 형편이었다. 이런 이유로 중국이나 북한에 비해 두만강 접경지역의 개발에 별로 적극적인 태도를 보이지 않았다. 단지 중국의 세력을 견제하기 위한 목적으로 장기적인 나진항 사용권을 확보하는 쪽으로 전략을 선회하였다.

환언하면, 러시아의 중앙정부 입장에서는 두만강 유역이 수도에서 먼 가장 변경지역이기도 하지만, 최근 세계의 경제중심으로 우뚝 서고 있는 중국과 한반도 지역에 경제적 거점을 마련하는 한편, 이 지역에서 중국의 과도한 영향력을 견제하려는 의도도 가지고 있다. 그래서 러시아 역시 중앙정부가 이 지역에 대한 관심표명에 앞장서고 있는 것으로 파악된다.

여기에서 주목되는 것은 러시아가 북·중 두만강 접경지역 인근에 이미 블라디보스토크(Vladivostok)와 포시에트(Posyet)라는 항구를 가지고 있어, 중국보다 동해로 나가려는 절박함은 상대적으로 덜하다는 점이다. 하지만 러시아는 북한의 나진항과 선봉지구, 청진항을 포괄하는 나선특구에 대하여 부동항(ice-free ports)이라는 천혜의 입지, 더 효율적인 국제물류기지로서 무척 중요하게 평가하고 있다. 러시아의 극동 항구들은 겨울철에 얼어버리는 약점이 있고, 오랜 세월 군항(軍港)으로서의 성격이 강했기 때문이다.

게다가 극동 유일의 컨테이너항인 블라디보스토크의 보스토치니(Vostochny)항은 이미 물동량이 포화상태에 이른 이유도 있다. 이는 최근 자국내 러시아대륙철도 및 시베리아 횡단철도(TSR: The Trans Sinerian Railaway)의 늘어난 교통과 운송기능마저 제한시키고 있는 상황이다. 따라서 부동항 확보로 북·중 두만강 접경지역에서 쉼이 없는 국제무역을 통해 극동 러시아의 경제를 촉진하는 것은 러시아가 오랫동안 몰래 품어온 바램인 것이다.

이제 중국 주도의 접경개발과 나선지구와의 연계점 건설은 이제 동북아시아의 협력구도에서 주도자를 스스로 바꾸고, 오히려 러시아를 '객(客)'으로 끌어들이는데 중요한 역할을 하고 있다. 즉 러시아도 내심 막대한 투자비용을 아끼기 위해 협력에 소극적으로 동참하고 있는 것으로 보인다.

일례로 러시아 역시 최근 중국의 동북지역 개발에 관심을 갖고, 이와 보조를 맞추기 위해 내륙의 바이칼 호수 주변 광역권의 경제발전을 기획하고 있다. 중국의 동북 개발과 러시아의 바이칼 개발은 기존 노후산업의 한계, 자국 내에서 상대적으로 고립되고 낙후된 내륙지역이라는 유사점이 있기 때문이다. 나아가 러시아의 '신동방(New Eastern Policy)' 정책으로 인해, 시베리아 석유와 석탄, 가스자원을 환동해 항로를 통해 전 세계로 수출하겠다는 복안도 깔려 있다.

이러한 큰 문제에 대해 중국과 러시아의 공동협력이 얼마나 실천되었냐하는 점에서는 아직 가시적인 진전이 없는 것 같다. 다만 2010년 이후부터 중국과 러시아는 동해로의 진출을 놓고 패권싸움을 벌이는 동시에 조금씩 협력체계도 갖추어나가고 있다는 점은 고무적이다.

중국과 러시아가 합작하여 러시아의 자루비노항에 대한 공동개발을 시작했고, 동해로 뻗어 나오려는 이들의 경쟁적 행보와 실천적 움직임은 더욱 치열해지고 있기 때문이다. 따라서 중국의 동북지역과 러시아 극동지역 개발의 동시적 행보는 활발하게 지속될 것으로 보인다. 물론 이러한 상황은 장기적인 동북아시아 지역협력 차원에서는 긍정적인 기여와 역할을 할 것으로 생각된다.

〈그림 29〉 러시아의 라진–하산 프로젝트 추진

4. 미국의 환동해권 외교 전략

미국은 1991년 유엔개발계획(UNDP)의 광역두만강개발프로그램(GTI)이 나왔을 때부터 동북아시아에서의 다자간 경제협력을 적극 지원하겠다고 밝혀 왔다. 미국은 이것이 냉전 이후 이 지역의 안정화된 분위기를 가져올 것이라고 기대했기 때문이다. 그러나 최근 중국 주도의 두만강 유역에서의 창지투 개발과 관련해서 미국은 이전과는 전혀 다른 입장을 보이고 있다.

왜냐하면, 미국은 최강대국이기는 하지만 지리적으로 북·중 접경지역에서 너무 멀리 떨어져 있고, 개발의 직접적인 참여자도 아니기 때문이다.

그러나 동맹관계 국가들인 우리나라와 일본을 비롯해, 서방의 어느 나라도 미국이 가진 국제적 영향력을 무시할 수 없다. 물론 실현가능성은 낮지만 여건만 된다면, 세계에서 가장 많은 글로벌 기업을 가진 미국이 직접투자를 통해 창지투 지역과 접경지역 개발에 깊게 개입할 개연성도 있다.

그렇다고 하더라도 동북아시아 경제협력과 평화분위기 조성을 위한 미국의 참여와 지원은 그 깊은 내면을 다시 들여다보면 문제가 달라지게 된다. 그럴 가능성은 낮지만 만약에 미국의 다국적 기업이 두만강 접경의 창지투와 나선특구에 참여한다면, 그것은 이 지역에서 점차 커지는 중국의 세력을 견제하려는 목적이 담겨 있을 것이다. 뿐만 아니라, 시시각각 변하는 북한의 움직임을 예의 주시하기 위한 목적도 가질 것이다. 물론 이러한 미국의 의도를 중국과 북한도 충분히 알고 있으므로, 현재로서는 북·중 두만강 접경지역과 관련한 미국의 역할은 그저 주변에 머물게 될 공산이 크다.

향후 미국은 두만강 접경의 중국과 북한 나선특구의 연계를 통한 북·중 경제협력이 그동안 북한의 핵개발 저지를 위한 효과적 방안으로 시행된 미국의 경제제재조치를 사실상 무력화시킬 가능성에 가장 신경을 쓸 것으로 보인다. 즉 북·중 두만강 접경지역에서 창지투 지역과 나선특구가 예상외로 번창할 경우, 북한의 핵개발 저지를 위해 미국이 취할 수 있는 조치는 더욱 한정될 것으로 보는 것이다.

쉽게 말해 이 지역으로 중국, 러시아, 일본, 우리나라의 막대한 외화를 벌어들일 수 있는 북한은 미국의 금융제재와 경제고립정책을 부담스러워하지 않을 수 있다. 그래서 현재 미국은 우리나라와 일본과의 안보동맹을 더욱 굳건히 하면서도, 중국과 북한의 정치·경제적 결속도 지속적으로 확인하고 있는 입장이다. 북·중 두만강 접경지역에 의한 경제적 이점이 거의 없는 미국으로서는 오히려 동북아시아 외교와 안보에 초점을 맞출 수밖에 없는 것이다.

5. 일본의 환동해권 외교 전략

일본은 일단 두만강 북·중 접경지역의 창지투와 나선특구 개발에 일단 적극적으로 찬성하는 입장이다. 일본과 북한은 아직 정식수교는 맺어지지 않았으나, 최근 우리나라와 북한의 대치상황과는 다소 거리를 두고 있다. 일본은 중국의 동북지역과 일본의 북서지역의 핵심 해항도시인 '니가타(Niigata)'와의 연결구상을 검토하고 있기 때문이다.

일본은 소위 환동해권을 '일본해 경제블록(Sea of Japan rim economic bloc)', '환일본해경제권'으로 간주하고 있다. 사실 일본의 이러한 구상은 자국 내에서는 상당히 논의가 진전된 상황이다. 이 구상의 구상이 나타난 배경에는 두만강 접경지역의 배후지역인 중국 동북지역과 러시아 극동내륙지역이 미래 시장성이 높다는 일본 스스로의 평가가 자리하고 있다.

나아가 환동해권을 이용하여 일본을 대륙의 경제블록과 연결함으로써, 자국내 다른 지역에 비해 상대적으로 발전이 더딘 홋카이도와 북서연안 권역의 부흥을 생각하고 있다. 이에 일본은 창지투와 나선특구 개발에 적게나마 지분을 확보하기 위해 적극적으로 움직이고 있다. 심지어 그동안 외면해 왔던 거액의 일제강점기 피해보상금을 북한에 전격 지불하여, 이 돈의 일부 또는 거의 전부를 북한의 나선특구 개발에 사용되도록 하는 방안까지 신중히 검토하고 있다. 물론 북·중 관계만큼 북·일 관계도 유동적이어서, 일본 정부도 확정적인 시책은 내놓지 못하고 있다.

일본이 가진 환일본해 경제권 발전계획은 1988년 최초 제기되어 약 30년이 다 되어가는 비교적 오래된 비전이다. 이는 쉽게 말해 태평양을 바라보는 '앞쪽 일본' 보다는 '뒤쪽 일본'의 발전구상이다. 즉 낙후된 북서연안 전체 지역경제의 활성화를 위해 동해를 중심으로 한 다국간 경제교류의 활성화를 주창하고 있는 것이다. 이는 기존 동경과 오사카 등을 중심으로 한 일본 주류경제의 이해관계와는 일치하지 않는다. 그래서 매년 니가타에서 열리는 동북아경제포럼 등에서조차 이 구상은 오랜 세월 주목을 받지 못했다.

우리나라와 중국에서는 환일본해 경제권구상을 그 명칭으로 인해 전범 국가 일본의 국가개발전략, 혹은 대동아공영권의 부활로 바라보는 견제의 시선들도 남아 있다. 그러나 현실적으로 일본은 미래 환일본해 경제권 구축의 전제조건으로 실제 연안의 해상운송인프라 확충에 주력해왔다. 최근 환일본해 경제권 구상을 뒷받침하기 위해 사회간접자본을 정비하는 작업도 주로 일본 남서해안의 항만시설에 집중되고 있다. 다만 "머지 않은 미래에 일본에서 한국, 북한, 중국을 거쳐 영국까지 자동차로 달리게 된다"는 환일본해 경제권 구축의 주장을 액면 그대로 받아들일 수 있을지 우리나라와 북한, 중국의 전문가들은 고민을 거듭하고 있다.

하지만 더 중요한 점은 일본이 현재 다른 나라에게는 없는 여러 걸림돌을 해결해야만 하는 입장이라는 것이다. 이것은 중국 주도의 창지투와 나선특구 개발, 나아가 환동해권의 지분 확보와 동아시아를 통한 외연의 확대를 위해서 선결되어야 하는 조건이기도 하다. 예를 들면 오래된 무력침략과 반목의 역사적 관계, 독도와 센카쿠 열도(댜오위댜오)로 대표되는 해양영토분쟁, 심각해진 우경화와 역사 부정, 자위대의 무력확대에 따른 국제사회의 비난 등이 그것이다. 이런 문제들은 지금의 환동해를 일본해 경제권으로 만들려는 시도와 연동되어 있어, 동해를 둘러싼 일본의 초국경 구상은 단기간에 쉽게 이루어지는 않을 것으로 예측된다.

6. 우리나라의 환동해권 외교 전략

최근까지 우리나라는 환동해권 및 두만강 유역 창지투 개발과 나선특구 발전에 대해 장기적으로 어떠한 방향성을 가지고 대응하여야 할 것인지 제대로 갈피를 잡지 못한 것으로 추정된다. 지난 2009년 중국이 창지투 지역 개발을 발표한 직후부터 우리나라는 그 의도와 배경을 알고 싶어

했다. 그런데 여기에는 중국이 북한과의 관계발전 및 개발전략을 밑바탕에 깔고 있는 게 아니냐하는 단순한 의문만이 주를 이루었다. 지금까지 보고된 창지투 개발과 나선특구와 관련된 국내의 기존 전문가들도 주로 이러한 배경을 묵시적으로 전제하고 있다.

지금껏 우리나라에서는 나선특구가 열악한 환경이고, 공항이 없기 때문에 외국인들의 이동에 제한이 있으며, 과거 남북관계의 특성상 자유로운 투자 및 경영이 제대로 보장되지 않았다는 점이 현재의 미온적인 태도를 유지하는 원인으로 작용한 것 같다. 게다가 북·중 접경지역은 조선족과 탈북자가 많은 지역으로, 원주민의 사회적 영향을 많이 받기 때문에 우리나라 기업투자의 불안요소가 항시 존재하고 있었다.

전략적으로 볼 때 우리나라는 투자와 참여의 직접적인 수혜자가 되기 어렵다는 판단이 작용한 것으로 보인다. 두만강 주변 북·중 접경지역에 대한 국내의 참여나 투자가 현재로서는 이익이 전혀 나지 않는다는 것이다. 또한 천안함 피격, 연평도 포격, 지뢰도발 등 북한에서 저질러 온 일련의 국지적 무력도발과 여러 차례에 걸친 핵실험, 그리고 우리나라 역대 정권들의 서로 다른 성향도 사안의 무관심에 적지 않은 영향을 미친 것으로 추측된다. 그러나 과거의 부정적 경험과 잣대로 앞으로의 현상을 섣불리 전망하면 곤란하다는 의견도 있다.

아직 접경지역 특구에 대한 중국 민간기업의 투자가 불확실하기 때문에 실패할 가능성이 더 높다는 우리나라 언론계의 주장도 나와 있지만, 실제로 중국에서는 시진핑 체제 출범 이후에 지금까지 더 많은 중국기업의 동북3성지역 투자가 진행되고 있다. 더욱이 지금 창지투와 나선특구 개발은 우리나라와 북한의 경제적 이익뿐만 아니라 정치적, 외교적 이익이 교차하는 지점에 기초하고 있다.

오랫동안 북한은 한반도 역내의 경제적 통합을 가로막는 장애물이 되어왔는데, 우리나라는 두만강 접경유역의 창지투와 나선특구의 사례를 통해 북한을 적극적으로 동북아시아 초국경 지역협력의 구도 안으로 끌어내는 것을 가장 중요하게 보고 있다. 여기에는 북한의 개혁·개방이 향후 우리나라가 부담할 막대한 통일비용을 줄여줄 것이라는 장기적인 기대가 섞여 있다.

심지어 우리나라에서는 나선특구 만이라도 5·24조치를 해제해 우리나라가 인프라 투자에 적극 참여해야 한다는 의견도 있다. 2014년 APEC 회의와 한·러 정상회담 등에서 유라시아 이니셔티브 및 한반도~유라시아 연계철도(TKR~TSR) 구상이 거론된 가운데, 이 철도의 길목 요충지로서 창지투와 나선특구는 다시 주목을 받고 있기 때문이다.

우리나라는 2014년 시베리아의 유연탄이 나진항을 통해 중국 화물선으로 포항에 입항한 선례가 있어 간접적으로 나진항을 활용한 바도 있다. 이 물량은 이제까지 우리나라 서해안과 접해 있던 중국의 대련항(大連港)을 통해 이루어지던 것이었으나, 대련항의 화물취급량이 표준하역능력을 상회하여 수송의 효율성이 저하한 데 따른 것이다. 불확실하지만, 물동량이 안정적으로 계속 확보된다면 나진과 부산 간의 정기항로도 활성화될 것으로 장기 전망이 된다.

우리나라는 대북정책과 동북아시아 외교에 미치는 중요성을 감안해야 하므로, 두만강 유역의 창지투와 나선특구 개발에 관심을 두고서 다국적 협력의 본질과 향후 전망을 지속적으로 검증하는 것은 상당한 의미를 갖는다고 볼 수 있다. 같은 맥락에서 우리나라와 국제사회의 입장에서 문제가 있건 없건 남북교섭과 협력은 계속되어야 하고, 이를 위해서 지금으로서는 서로의 정치적 신뢰가 중요하다.

현재까지 보여준 북한의 국제사회에 대한 비협조적이고 예측불허의 행동은 당장 지금으로서는 우리나라의 이익보다 감수해야 할 손실을 더 크게 고려하도록 만든다. 즉 신뢰의 부재는 우리 사회 내부에서조차 북한이 관장하는 나선특구에 대한 섣부른 참여와 행동을 망설이게 하는 것으로 보인다. 이에 단기적으로 우리나라는 단순히 신뢰를 이유로 관망만 하거나 북한이 중국의 영향권에 편입되는 것을 우려하는 소극적 자세에서 벗어나는 것이 급선무로 판단된다.

같은 맥락에서 남북관계가 장기적으로 긴장과 대립국면을 지속하는 가운데, 강화되는 중국 주도의 두만강 유역 초국경 연계개발 상황은 우리나라 주도의 남북관계 구축 및 한반도 평화유지가 갈수록 점점 힘들어진다는 논리와 다르지 않다. 게다가 우리나라가 배제된 상태에서 중국이 주도적으로 추진하고 북한이 소극적으로 받아 주는 두만강 북·중 접경 연계개발은 먼 미래 '남북통일'과 '동북아시아 경제공동체'의 주도권을 확보하려는 우리의 비전과도 서로 상충될 수밖에 없다.

환언하자면 중국과 러시아에 의해 독점되다시피 하는 현재의 개발구도에 가능하다면 북한의 신뢰를 담보시킬 수 있는 여러 행위자가 추가되어야 한다. 즉 우리나라, 미국, 일본 등 다양한 환동해의 주체들이 참여할 수 있는 소위 '다자협의기구(Multi-Stakeholder)'의 조성이 확실히 필요해 보인다. 다자협의기구는 남·북·중·러·일 정부의 장관급으로 구성하고, 실무집행을 위해 민간중심의 가칭 '두만강개발국제공사(IATRD: International Agency for Tumen River Development)' 형태도 제안할 수 있다. 여기에 2015년에 중국 주도로 만들어진 아시아인프라투자은행(AIIB)의 다국적 프로젝트 파이낸싱을 통한 재정지원도 충분히 고려할 수 있을 것이다.

우리나라는 남북관계, 해양영토 문제 자체에 매몰되지 말고 동북아시아 전체의 이익을 위한 협력적 인식전환이 필요하다. 중국과 러시아가 동해로 진출할 경우, 우리나라 부산과 동해안의 항구들이 매개역할을 할 수 있기 때문에 우리나라에 미치는 긍정적 효과도 분명 있을 것이기 때문이다.

V. 맺음말

최근 환동해권과 북·중 접경지역에서의 초국경 개발은 동북아시아 국제질서의 새로운 화두가 되고 있다. 즉 근래에 시작된 창지투와 나선특구의 개발은 당초 동북아시아에서 미국과 일본 중심의 국제질서 구도를 중국 중심의 국제정치 구도로 전환시키고자 하는 의도가 내포되어 있었다.

중국과 북한, 러시아 사이의 초국경 통합경제권의 출현과 중국의 동해로의 출구 확보는 동북아시아의 지정학적 측면에 영향을 미칠 수밖에 없기 때문이다. 물론 일각에서는 두만강 유역 창지투 지역과 나선특구 개발의 일부 '허수(imaginary)'가 포함되어 있고, 그 성과나 파급효과가 다소 과장된 내용들이 많다고 하는 견해들이 있기는 하다. 중국과 북한의 최근 상황으로만 보면, 이것은 일견 타당성 있는 지적이기는 하다.

현실적으로 중국의 적극적인 접경지역 개발의지와 북한의 유연한 정책변화가 시도되고 있지만, 여전히 남은 숙제는 많다. 상호간 소통과 교류를 통한 공생·공영의 매개체라 할 수 있는 초국경 인프라의 속성상 일부 국가가 관련된 나머지 국가들을 배제한 채 일방적 건설을 추진한다는 것은 그 의미나 효과 측면에서 제한적일 수밖에 없을 것이기 때문이다.

특히 북한이 끝내 핵개발을 포기하지 않고, 국제적으로 대북제재가 지속되는 상태에서 나선특구에 대한 해외의 적극적 투자는 한계가 있을 수밖에 없다. 즉 상습적인 북한의 안보불안 야기 및 국제사회의 불신을 어떻게 극복하여 대외개방의 성공적 실험장으로 만들 수 있는지는 여전히 이 사례의 과제로 남아있는 상황이다.

개성공단의 전면 중단 사태와 남북관계의 경색으로 당분간 이 문제는 풀기가 더욱 어려워졌다. 나아가 국제사회 차원의 유례 없는 대북제재가 강도 높게 진행되고 있다. 북한에 대한 다국적 투자와 그 수익이 핵실험과

로켓개발에 사용될 수 있다는 우리나라와 서방세계의 의구심은 한층 강해졌다.

그래서 북·중·러 모든 접경지역에 대한 기존의 초국경 개발, 그리고 모든 남북경협 사업들도 일단 중단되거나 기약 없는 기다림 상태로 다시 접어들었다. 향후 우호적인 남북관계의 복원이 몇 년이 걸릴지는 아직 예측이 어렵다. 게다가 중국에 비해 북한에서는 개발의 명분과 그 이익을 나누는 합리적 메커니즘이 구축되지 않았고, 초국적인 차원의 조율기구도 아직 없다. 명확한 이익의 보장 없이 다국적 기업의 참여나 투자가 접경지역에 지속되기는 어려울 것이다.

그럼에도 불구하고 중국이나 러시아의 입장에서 환동해의 접경지역은 분명히 동해로 나가는 '출구(出口)'임은 분명하다. 이를 반대로 생각하면 우리나라에게 나선특구는 중국 대륙과 러시아의 시베리아로 가는 '입구(入口)'가 된다. 더구나 지금 급격히 발전하는 북방연안의 도시들이 이러한 입구를 더 크게 만들려 하고 있다.

중국의 동해 진출로 확보 목적과 북한의 김정은 권력승계 이후 경제난 타결의 이해관계가 합치되어 양자의 동기도 여전히 높으므로, 상당기간 협력이 원활하게 이루어질 것으로 기대된다. 그렇지만 여전히 우리나라는 이 지역들에 대해 '동해의 입구'라는 생각을 별로 가지지 못하고 있으며, 다소 방관자적 입장을 견지하고 있는 것으로 생각된다. 즉 두만강 접경지역에 대한 협력과 투자가 기존의 개성공단에 비해 열악한 환경이라는 점과 상시적으로 불안정한 남북관계의 특성, 북한의 계속되는 무력도발의 잠재성 때문에 굳이 적극적일 필요가 없다는 생각을 할 수 있다. 물론 이러한 생각들은 세계적인 글로벌 권역화의 커다란 흐름에서는 다소 근시안적인 사고가 아닐 수 없다.

대륙의 강대국인 중국은 환동해 거점인 북한 나진항 및 청진항의 장기사용권 확보로 이미 동해로 나가는 출구를 확실히 뚫어 놓았다. 그러면서 바다를 통한 출해권 확보, 낙후지역 발전, 미국과 일본 견제라는 '일석삼조(一石三鳥)'의 효과를 거두고 있다. 문제는 중국이 러시아와 함께 이 출구를 확장시키는 순간, 앞으로 전개될 한반도와 동해의 상황이 크게 달라질 것이라는 점이다.

북·중 두만강 접경지역의 개발과 동해로의 진출을 중국, 러시아, 미국, 일본 등 강대국들간의 협상으로만 풀어갈 경우, 우리나라의 이익이 배제되고 반사이익도 줄어들 것은 자명하다. 앞서 논의된 바와 같이 아직 창지투와 나선특구, 환동해권에 대한 논의 구도는 각 나라별로 극명한 시각 및 입장차이를 드러내고 있기 때문이다. 앞으로 더 크게 진행될 경쟁과 협상, 개발과 협력의 과정에 우리 스스로 개입하지 않은 대가는 누구도 장담할 수 없다.

따라서 남북관계의 규범론이나 방법론을 떠나 우리나라도 여기에 대한 확고한 지분을 마련할 수만 있다면, 향후 우리나라 동해연안을 중심으로 한 동북아시아 외교와 네트워크 전략에 중요한 포석을 마련할 수 있을 것이다. 경제적으로 버려졌던 환동해가 동북아시아의 주변부에서 새로운 중심부로 떠오를 가능성을 우리 모두가 주목할 때가 바로 지금인 것이다.

제7장

호주와 동아시아의
새로운 해양지정학

Ⅰ. 머리말

과거 민주주의와 사회주의의 이념과 논리적 대립, 자본주의와 공산주의의 체제적 대립은 지정학(地政學, Geopolitics)의 전성기를 만들었다. 동서냉전의 시대로 대변되는 20세기에 지정학은 국제정치학, 외교학, 국제관계학 등에서 한 분과로 확실한 자리매김을 했다.

그런데 1991년에 '소련(The Soviet Union)'이 해체되고 사회주의의 맹주가 몰락하자, 경쟁과 대결 상대가 없어진 미국과 자본주의의 독주 상황은 기존의 지정학이 가졌던 논리와 위상을 떨어뜨렸다. 20세기 말부터 글로벌 패권주의와 체제의 경쟁, 힘의 대결논리를 전제하는 지정학은 설 자리를 크게 잃는 듯 보였다.

하지만 그로부터 오랜 시간이 지난 지금, 여전히 세계 최강대국인 미국과 경쟁구도를 형성하는 나라는 전혀 없는가? 지금은 완전한 글로벌 평화와 협력의 시대인가? 그 대답은 '아니오'에 가깝다. 21세기에 미국과 패권경쟁을 하는 국가라고 하면, 아마도 '중국'이 가장 먼저 떠오를 것이다.

중국은 20세기 사회주의의 맹주였던 소련의 자리를 대체하면서, 국제정치와 경제력 등 거의 모든 면에서 미국과 대결구도를 형성하고 있다. 현실적으로 지금 미국과 중국은 국가의 체제와 이념보다는 오히려 실리와 국익을 위해 경쟁한다. 그렇기 때문에 과거 냉전시대의 대결보다 더 치열하고 위험해 보인다.

미국의 국제정치학자이자 외교전문가인 월터 러셀 미드(Walter Russell Mead) 교수는 2014년 자신의 논문 "The Return of Geopolitics: the Revenge of the Revisionist Powers"에서 이것을 '지정학의 귀환(the return of geopolitics)'이라 표현했다. 그리고 21세기 미국 독주의 패권주의에 새롭게 도전하는 국가로 중국, 러시아, 이란을 제시했다.

미국과 중국, 둘 사이에 있는 우리나라도 예외가 아니다. 전통적 해양 지정학의 지적처럼, 한반도는 대륙과 해양 사이에 끼어 있는 형국이다. 미국과 중국 사이의 한반도에 위치한 우리나라는 계속적인 양자택일의 선택을 강요받고 있다. 아시아의 대륙세력인 중국과 그렇지 않은 미국, 일본 사이에서 우리는 최근 동전의 양면과 같은 선택에 자주 직면하고 있다.

그래서 지정학, 특히 해양지정학은 지금의 한반도를 포함한 동아시아 권역, 나아가 글로벌 패권 다툼이 있는 모든 지역에서 아직도 유용한 설명력을 갖는다. 적어도 동아시아 바다와 한반도에서의 지정학 시대는 끝나지 않았다는 점에 대해 일단 많은 전문가들이 동의를 한다.

이런 가운데 이 장에서는 대륙세력과 해양세력을 구분하는 해양지정학의 새로운 관점을 제기해 보려 한다. 그것은 전통적 해양지정학에서 한걸음 더 나아간 '해역(海域)과 항구(港口)의 지정학'이다. 국가와 글로벌 세력의 위치, 이들 간의 힘의 구도와 역학관계를 논하는 지정학은 이제 육지보다는 바다와 해역, 항구에 더 어울릴 듯하다. 국경선이 명확하고, 자주권 수호를 위한 군대가 상시 주둔하는 육지나 내륙지역은 국가나 세력 간의 다툼과 경쟁이 과거보다는 줄어드는 추세로 보인다.

이와 반대로 패권세력 간의 다툼과 경쟁을 전제하는 지정학은 이제 다른 새로운 곳에 눈을 돌리고 있다. 바다와 외교의 시각에서 보자면, 그것은 바로 '해역'과 '항구'로 정의될 수 있다. 항구는 지리적인 위치에서 이동과 교역의 중요한 거점이다. 특히 우리나라와 동아시아 항구도시는 사람과 물자, 군사력과 경제력의 이동으로 성장이 가능했다. 예로부터 그러했지만, 오늘날 항구는 힘의 역학관계로 다국적 경쟁의 구도를 짐작할 수 있는 좋은 증거가 될 수 있다. 특히 다른 나라에 위치한 항구를 특정 강대국이 거점으로 확보하거나, 국제항구에 대한 외인의 투자와 치열한 견제가 있다면 더욱 그러할 것이다.

이 장에서는 호주의 다윈항에 대한 글로벌 패권국의 투자와 견제를 사례를 지정학적 관점에서 논해보려 한다. 다윈항은 호주 영토 북단의 작은 항구지만, 근래에 중국이 이를 99년 동안 조차하였고 미국이 이를 크게 우려하면서 적극적인 견제를 하였다. 사태의 심각성을 깨달은 호주도 뒤늦게 항구의 반환을 중국에게 다시 요구하면서, 국제적으로 해양안보와 외교 갈등이 점점 심각해지고 있다. 이는 흔치 않은 최신의 사례이며, 동아시아 해역의 현재적 의미와 항구의 미래 전략적 가치를 깊이 되새기게 만든다. 그리고 이것은 기존 동아시아 안보와 지정학 논리와는 약간 변화된 취지나 의도와 무관치 않다.

이 장에서는 호주 다윈항의 사례를 학술적으로 국내에 시론적으로 소개하고, 사례의 배경과 주요 원인을 되짚어보면서, 현재적 의미와 향후의 전망을 논해보고자 한다.

이 책에서 이 장의 주제가 독자에게 던지는 핵심적인 질문은 다음과 같다.

첫째, 21세기 동아시아 '신(新) 해양지정학'으로서 해역과 항구의 지정학이 새로운 모델이자 탐색적 가설로 제안될 수 있는가?

둘째, 이런 모델과 가설이 사례를 통해 구체적으로 증명될 수 있는가?

셋째, 동아시아 해역의 다국적 경쟁과 패권주의의 발현, 강대국간 길항과 분쟁의 장(場)이 바로 '해역(Sea Area)'과 '항구(Sea Port)'가 될 수 있는가?

넷째, 사례의 결과를 통해 21세기 달라지고 있는 동아시아 해역과 항구의 가치를 재조명하고, 우리나라 한반도와 동북아 정세를 바라보는 새로운 시각을 만들어 볼 수 있는가?

Ⅱ. 해역과 항구의 지정학에 대한 논의

1. 해양지정학의 전통과 그 의미

지난 1980년대까지 이어졌던 냉전시대 이후, 지정학(地政學, Geopolitics)
은 점차 우리에게 잊혀져 가는 학문이자 용어가 되고 있다. 원래 지정학
은 지리적인 위치와 그 관계가 정치 및 안보, 국제관계, 외교질서 등에 미
치는 영향을 다각적으로 연구하는 학문이다. 사회과학 등에서는 지정학을
'정치지리학(Political Geography)'이란 이름으로 부르기도 한다. 이러한 지정
학은 과거 세계를 동과 서로 양분했던 미국과 소련으로 대표되던 냉전 시
기에 고개를 들었다.

전통적 지정학을 의미하는 '육지지정학(Geopolitics)'은 랜드파워(Land
Power), 즉 육지의 경계선을 가르는 무력과 군사력을 중요시한다. 이것은
19세기 영국의 지리학자 맥킨더(Halford John Mackinder)가 창안한 개념이다.
그의 육지지정학은 고전적 전략지정학(Geostrategy)으로서, 20세기가 유라
시아 중심의 육상전력이 득세하는 시대가 될 것으로 예측했다. 그의 예상
대로 20세기 초는 소련과 독일의 육상 중심의 팽창전략과 더불어 육지지
정학이 전성기를 맞았다. 하지만 육지지정학은 바다와 해양의 중요성은 간
과하였으며, 이후의 해양지정학은 이와 정반대의 논리로 등장하였다.

알려진 바와 같이, 해양지정학(Maritime Geopolitics)의 창시자는 미국의
'알프레드 세이어 마한(Alfred Thayer Mahan)'이다. 마한의 해양지정학은 '해양
력 이론(Sea Power Theory)' 혹은 '해양세력론'으로 불린다. 해군 제독 출신이
자 학자로서 그는 특히 해양군사력, 해군력(海軍力)의 중요성을 강조하였다.

그는 역사적 고찰을 통해 영국, 스페인, 포르투갈, 네덜란드, 프랑스 등
유럽의 사례를 들어 "바다를 지배하는 자가 세계를 지배한다"는 명언을 남
겼다. 그의 해양력 이론은 1914년 그가 사망한 이후에도 20세기 열강들의

해군력 증강과 미국의 해양패권주의 발현에 큰 영향을 미쳤다.

당초 마한(Mahan)의 해양지정학은 강한 해군력으로 제해권을 장악하여 자국의 해상교통로를 보호하는 것이었다. 그리고 외부나 적의 해상교통로 위협에 대비하여, 해상무력으로 격퇴시켜야 한다고 보았다. 또한 장기적으로 미국이 바다에서 국력을 확보하기 위해서는 해외의 항구기지를 확보하여, 전함과 선박에게 연료공급지과 정박기지를 담보하는 것이 중요하다고 보았다.

미국의 글로벌 제해권과 함대작전에 절대적으로 필요한 해외 거점항구의 필요성은 일찍부터 강조되었다. 세계의 중심 해양세력으로 미국이 팽창하기 위해서는 강력한 해양력, 즉 세계 각지에 함대와 기지를 갖춘 '대양(大洋) 해군'을 건설해야 한다는 점을 논증했다. 물론 마한의 해양지정학 논리는 현재까지 미국의 태평양·대서양 패권과도 깊은 연관이 있다. 그리고 과거 2차 세계대전을 일으킨 독일 및 일본의 제국주의 확장 논리에도 결정적 영향을 미쳤다.

마한(Mahan)의 전통적 해양지정학은 현재 동아시아에서 충돌하는 대륙세력과 해양세력의 관계에도 깊은 통찰을 심었다. 오늘날 대륙세력과 해양세력은 세계의 질서를 만들어 가는 과정에서도 서로 깊은 상관성을 갖는다. 미국은 동아시아에서 스스로를 중국에 대응하는 해양세력(Sea Power)이라 칭하고 있다. 적어도 중국은 원래부터 아시아의 대륙세력이었다.

마한도 지적했듯이, 문제는 어느 한쪽이 부상하면 다른 한쪽은 가라앉는 특성을 갖는다는 점이다. 결국 기존 강자와 신흥 강자, 해양세력과 대륙세력이라는 두 진영 간의 패권경쟁은 불가피하고 해결의 실마리도 찾기 어렵다. 그래서 21세기 동아시아 해역에서 강대국의 패권경쟁을 전통적 해양지정학을 적용하여 풀어내기는 쉽지 않은 문제로 보인다.

다만 확실한 사실은 21세기에 새로 등장하는 해양세력의 공통점은 과거에는 대륙세력이었던 국가라는 점이다. 앞서 지적한 중국과 러시아가 대표적이다. 이들이 표방하는 것은 해양세력이지만, 그것의 궁극적인 목표는 '대륙세력(Land Power)'의 확대와 다르지 않아 보인다.

21세기에 해양은 강대국의 목적이 아니라, 노골적인 수단으로만 쓰이고 있는 것이다. 특히 해양영토 확보라는 미명하에 대륙적 관점의 주권(Sovereign Power) 확장에 많은 공을 들이고 있다. 중국과 러시아가 미국과 서로 겹치는 동아시아 해역에서 갈등과 분쟁의 지점은 바로 여기인 것 같다.

이 책이 제기하는 해역과 항구의 지정학적 관점이 마한의 전통적 해양지정학을 다시 소환한 이유는 둘 사이의 유사점 때문이다. 즉 여기서 다루는 해양지정학 관점이 마한의 해양력 이론과 서로 통하는 이유는 간단하다. 그것은 '제해권(制海權, Command of the Sea)'과 '항구(Sea Port)'의 중요성을 강조한다는 점이다. 다만, 차이점은 바다에 대한 제해권과 그 기반이 되는 거점 항구를 해군력과 무력으로 확보하느냐, 아니면 세계경제와 자본의 힘으로 확보하느냐의 차이로 판단된다.

마한의 이론은 전자에 가깝고, 여기에서 제기하는 해역과 항구의 지정학은 후자에 가깝다. 그래서 사실 해역과 항구의 지정학은 크게는 해양지정학의 전통에서 파생된 논리라고 봐도 무리가 없다. 단지 오랜 세월동안 군사·안보 쪽에서 경제·자본 쪽으로 강대국 패권경쟁의 무게중심이 변화되었고, 이로 인해 지정학적 방법론의 미묘한 차이가 생겼을 뿐이다.

현실적으로 해역과 항구의 지정학은 그 적용 가능성 또한 점점 높아지고 있다. 적어도 오늘날 해양강국들은 해군력과 해상무력보다는 경제적 제해권과 해상항로를 통한 국제무역과 경제외교의 논리를 자주 표방한다. 21세기 강대국의 해양패권경쟁에서는 명시적인 무력시위나 군사적 충돌 보다, 최소한 겉으로는 평화로운 경제전쟁의 흐름으로 가고 있기 때문이다.

현존하는 강대국 중에서 최근 일대일로와 해양실크로드 대외정책을 통해 이를 가장 잘 이용하고 있는 국가는 '중국'으로 평가된다. 그리고 그 대상은 동아시아 전체 해역과 태평양 일부 해역으로 설정되어 있다. 21세기

보이지 않는 해양력의 대결, 즉 자본력과 경제적 주권에 기반을 둔 서로 다른 강대국의 이해충돌 지점은 바로 '동아시아 해역'인 것이다. 여기서는 이러한 현상을 21세기 '신(新) 해양지정학', 해역과 항구의 지정학으로 제안하려 한다.

전통지정학으로 오늘날의 해역과 항구를 바라 볼 경우, 주의해야 할 점이 있다. 전통적 해양지정학을 너무 정치적으로 곡해할 경우에는 자칫 위험한 길로 경도되기 쉬울 수 있기 때문이다. 해역과 항구의 지정학을 안보와 군사적 관점에서만 이해할 경우, 동아시아 해역과 바다를 단순한 패권주의와 힘의 대결로만 그릴 수 있다. 다른 고려사항은 배제된 채로, 해역과 항구도 그러한 강대국들의 경쟁무대로만 비춰질 수 있다. 이 장에서의 논의는 이런 가능성을 막는 것에도 무게를 둔다.

2. 동아시아 해역과 항구의 지정학

1980년대 소련의 붕괴로 인한 냉전이 끝나고, 21세기 초까지 약 30년 동안은 이른바 '차이메리카(Chimerica)'의 시대였다. 이것은 '중국(China)'과 '미국(America)'의 합성어로, 기존의 패권국가였던 미국과 경제대국으로 성장해 온 중국의 밀월관계를 지칭하는 말이다. 2008년 출판된 미국 하버드 대학교 니얼 퍼거슨(Niall Ferguson) 교수의 책 『돈의 힘: 금융의 역사(The Ascent of Money: A Financial History of the World)』에서 이 말이 유래되었다.

쉽게 말해 생산의 중국, 소비의 미국을 중심으로 21세기 세계경제를 두 국가가 상호의존적으로 이끌고 있다는 논리다. 중요한 점은 중국의 '시진핑(習近平)' 체제가 들어서고, 미국이 트럼프(Trump)와 바이든(Biden) 행정부를 거치면서 이러한 차이메리카 시대가 붕괴되었다는 지적이다. 이를 지정학적으로 해석하자면, 동아시아에서 적어도 해양세력 미국과 대륙세력 중국의 이종교합으로 탄생한 '시한부 평화의 시대'가 완전히 끝났음을 의미한다.

21세기에 변화되고 있는 해양지정학의 논리에 의하면, 오늘날의 동아시아 해역을 밀고 들어오는 외부의 해양세력은 모두 강대국들이다. 오세아니아 대륙을 차지한 호주와 이들을 식민지 시절에 지배한 영국, 그리고 현재의 미국은 글로벌 해양세력의 중추 국가라고 볼 수 있다. 호주와 미국은 깊은 동맹관계이며, 호주와 영국은 식민지 독립 이후에도 서로 돈독한 관계이다.

그런데 이러한 해양세력의 연합에 맞서는 아시아 대륙세력의 힘은 '중국'이다. 중국은 동아시아 대륙세력의 중추로서 최근 경제력, 자본력, 해양 군사력을 집중적으로 키워 왔다. 특히 중국은 분쟁 중인 남중국해의 해양 영토 확보를 위해 해군력을 획기적으로 증강해 왔다. 이제 중국은 세계의 대양에 흩어져 있는 미국의 해군력과 대결을 스스로 장담할 정도로 성장했다. 그러면서도 동아시아 해역에 대해서 중국은 미국을 크게 의식하면서, 군사·안보에서는 상당히 조용하고 조심스러운 접근을 하고 있다.

실상 중국은 기존 미국과 호주가 동아시아 해역에서 추구했던 20세기 지정학적 질서(geopolitical settlement)의 전통을 지금껏 한 번도 인정한 적이 없다. 오히려 아시아 패권국으로서 이 질서를 부정하고, 뒤집으려는 시도를 할 것이다. 그 방식은 무력이나 해군력도 있겠으나, 그 이전에 은밀하고 보이지 않는 자본과 경제력을 이용한 방법이 유력해 보인다. 그리고 그 대상지역은 동아시아 해역과 주요 항구들이며, 향후에도 계속 그럴 것으로 예측된다. 결국 이러한 예상은 소위 '일대일로(一帶一路)'를 통해 '중국의 꿈(中國夢)'을 실현하려는 21세기 중국의 동아시아 지정학 구상과도 크게 다르지 않다.

지금의 동아시아는 미국과 중국의 힘겨루기로 인해, 새로운 국제질서나 안정적인 정세가 자리 잡기에는 여전히 불확실한 상황으로 보인다. 21세기 경제대국이 된 중국의 자본력은 동아시아 해역을 경제적으로 장악하고 있다. '일대일로(一帶一路)'의 두 줄기는 육상실크로드와 해양실크로드지만, 실제로 중국이 밝히고 있는 주변의 협력국가와 전략지역은 해양실크로드 쪽이 훨씬 많다.

그래서 해양실크로드가 본격적으로 착수된 2010년 이후부터, 동아시아 국가들의 주요 항구는 중국 자본이 없는 곳을 찾기 어렵다. 문제는 그 의도가 순수한 경제투자에 그치느냐 인데, 현재까지 상황으로는 그렇지 못한 것 같다. 그래서 해역과 항구의 지정학은 새로운 동아시아의 정세나 질서, 지역주의와 패권주의의 변동을 판단하고 예측하기에 좋은 준거가 될 수 있다.

육지지정학과 마찬가지로 해양지정학에는 정치나 국제관계 등 여러 많은 요소가 있지만, 지리적인 요소인 해역과 항구는 변하지 않는다. 고정불변의 상수로서 늘 그 자리에 있는 해역과 항구는 미래 해양지정학 논리와 해양력 경쟁에서 가장 중요한 요소가 될 수 있다. 강대국이나 패권국가들이 동아시아에서 지정학적 경쟁(Geopolitical Competition)을 할 수 있는 유력한 장소는 '육지와 접경지역' 보다는 이제 '해역과 항구'가 더 큰 설득력을 갖는다. 해역과 항구의 존재는 동아시아의 어제, 오늘과 미래를 설명하는 지정학적 '중심축(Pivot)'으로 볼 수 있는 것이다. 나아가 여기서는 이런 가설을 증명할 수 있는 최근의 특정한 사례를 심층적으로 다루고자 했다.

지금까지의 논의를 토대로 21세기 동아시아 해역의 '신(新) 해양지정학'으로서 해역과 항구의 지정학을 하나의 가설이자, 이론 모델로 제안하려 한다. 앞선 기존 이론들의 논의를 요약하자면, '일대일로(一帶一路)'와 '21세기 해양실크로드(21世紀 海上丝绸之路)'는 대륙세력인 중국이 거시적으로 표방한 대외정책이다.

그런데 이는 동아시아 거점항구와 해상항로 확보를 경제와 민간투자로 포장하여, 적어도 미국의 안보견제와 군사충돌을 우회적으로 피하도록 만들고 있다. 동아시아 주요 거점 항구들에 대한 외자유치나 임차를 명분으로 중국은 미국의 군사적 제해권과 정면충돌을 회피하는 전략을 쓰고 있다. 하지만 경제적 원조와 투자를 명분으로 무역항을 개척한다는 중국의 명분은 제해권과 해군력을 유지하는 미국의 기존 군사거점과 절대 겹치지 않는다는 보장은 없다.

오히려 중국이 경제대국으로서 동아시아 여러 국가들에 대해 막대한 자본력을 동원한 항구의 임대나 조차 행위는 이들 해역에서 미국 중심의 기존 질서, 즉 해양세력들의 패권적 우위나 안보동맹을 동요시키려는 목적도 있어 보인다. 그래서 이는 미국 오바마 행정부부터 바이든 행정부까지 계속 이어진 '동아시아로의 회귀정책(Pivot Strategy to East Asia)', '인도−태평양 전략(Indo-Pacific Strategy)'과 논리적으로 충돌이 불가피 할 것으로 보인다. 결과적으로 현재와 미래에 전개되는 동아시아의 지정학적 경쟁무대는 바로 '해역과 항구'이며, 이는 미국과 중국이라는 두 강대국의 해양패권과 분쟁과도 밀접한 연관이 있을 것이라는 가정이다.

〈그림 30〉 동아시아와 주변부의 새로운 해양지정학 모델

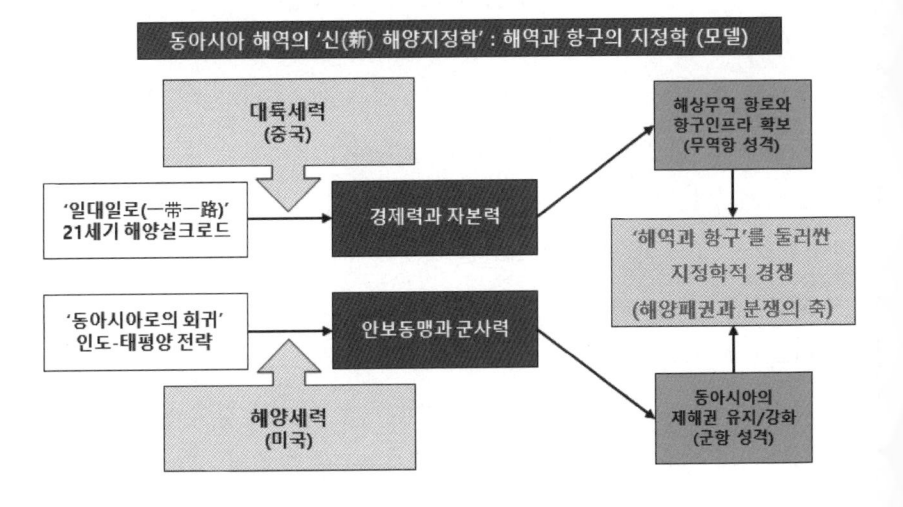

여기서 이러한 새로운 논리와 모델을 통하여 호주 다윈항의 조차 문제를 둘러싼 강대국의 패권경쟁과 갈등의 사례를 소개하고, 새로운 해역과 항구의 지정학 관점에서 심층적으로 분석해 보고자 한다. 이 장에서 동아시아 해역과 매우 인접한 호주 다윈항의 사례를 선정한 이유로는 크게 세 가지 정도를 밝힐 수 있다.

첫째, 호주 다윈항의 사례는 '신(新) 해양지정학'으로서 해역과 항구의 지정학 모델을 동아시아 현실에서 정확하고 시의성 높게 증명할 것으로 기대된다.

둘째, 이 사례는 국내에 아직 학술적으로 소개된 적이 없는 최신의 사례이며, 장기적으로도 여전히 현재진행형이라는 점이 중요하다.

셋째, 사례의 희소성 차원인데, 약소국이나 빈곤국이 아닌 호주에서 무려 99년간이나 항구가 조차된 원인과 그 과정은 비슷한 처지의 우리나라에게도 다양한 시사점을 줄 것으로 판단되었다.

III. 호주 '다윈항'의 개관과 현재적 의미

1. 다윈항의 역사와 지정학적 의미

'다윈항(Darwin Port)'은 호주 북부지역(Northern Australia), 대륙의 북단 쪽에 위치한 작은 항구이다. 항구가 속해 있는 다윈시(City of Darwin)는 호주 북부 준주(Northern Territory), 즉 노던 테리토리의 주도(州都)이다.

알려진 바와 같이, 호주는 대륙이 무척 넓다. 참고로 호주는 우리나라 면적의 78배 정도이고, 행정구역은 총 6개 주(State)와 2개 준주(Territory)로 구성되어 있다. 북부 준주만 해도 그 면적이 142만㎢ 정도로, 우리나라의 10배가 넘는다. 반면에 인구는 약 32만 명 수준인데, 그 이유는 사막과 사바나 지대가 북부 준주의 대부분이기 때문이다. 북부 준주 인구의 거의 절반인 약 15만 명 정도가 다윈항 연안에 살고 있다.

호주 대륙의 북부는 인구가 드문 가운데, 다윈항은 그나마 중심적인 역할을 하고 있다. 도시 이름도 영국의 생물학자, 진화론으로 유명한 '찰스 로버트 다윈(Charles Robert Darwin)'의 이름을 딴 것이다. 다윈 지역에는 원래 원주민 '라라키아(Larrakia)족'이 거주했다. 1839년 영국 개척자들이 탐사선을 타고 와서, 다윈에 작은 항구와 마을을 세웠다.

이후 다윈항은 영국의 동남아시아 개척과 호주 식민지 대륙 탐사를 위한 전초기지와 같은 역할을 했다. 일찍부터 영국은 동아시아의 주요 항로 및 거점항구의 하나로 다윈항을 선정한 것이다. 다윈은 영국의 식민지 개척항구에서 출발했지만, 20세기에 이르러서는 호주에서 원주민과 이주민이 뒤섞인 다문화 도시로 발전을 했다. 아직도 백인은 소수이며, 원주민 외에도 인도네시아 이민자들이 다수 거주하고 있다.

다윈항 연안은 호주 대륙 중앙의 가장 북쪽 끝에 위치한 관계로, 현지에서는 '꼭대기 끝(Top End)'이라는 별칭으로도 불린다. 다윈항 주변지역은 그만큼 오지이며, 소외된 곳으로 호주의 중심과는 멀다. 호주는 인구 대부분이 대륙 동남쪽에 살고 있고, 도시의 발달이나 개발 측면에서 서북부 쪽과는 차이가 무척 크다.

그래서 호주의 북쪽 연안은 오랜 세월 동안 글로벌 기업이나 자국 연방 정부의 주목을 받지 못했다. 초창기 영국 식민 항구도시에서 2차 세계대전 시기에는 호주 연방의 군정(軍政)이 실시되었다. 도시와 항구의 자치권을 다윈시가 지금과 같이 획득한 것도 1978년 무렵에 이르러서다.

그렇지만 다윈항은 지정학적으로 호주에서 '동아시아와 가장 가까운 항구'로 정의할 수 있다. 이른바 호주 대륙의 북쪽 해상관문으로 자리를 잡고 있는 것이다. 실질적으로는 동아시아 해역에 속한 항구로 봐도 무리가 없다. 다윈항은 지도상에서 가로와 세로로 보면 모두 전략적 요충지, 거점지역임을 한눈에 알 수 있다.

동아시아 해역 지도에서 좌우로 보면 태평양과 인도양으로 뻗어가는 거점항구로 평가된다. 세로로는 동남아시아와 동북아시아 한·중·일과 연결되는 선상에 위치해 있다. 다윈항은 호주의 수도 '캔버라(Canberra)'나 '시드니(Sydney)' 등 주요 도시들이 있는 자국의 남부 연안지역 보다 오히려 해외인 동아시아 섬, 연안과 거리상으로 더 가깝다.

〈그림 31〉 다윈항(Darwin Port)과 동아시아 해역의 거리

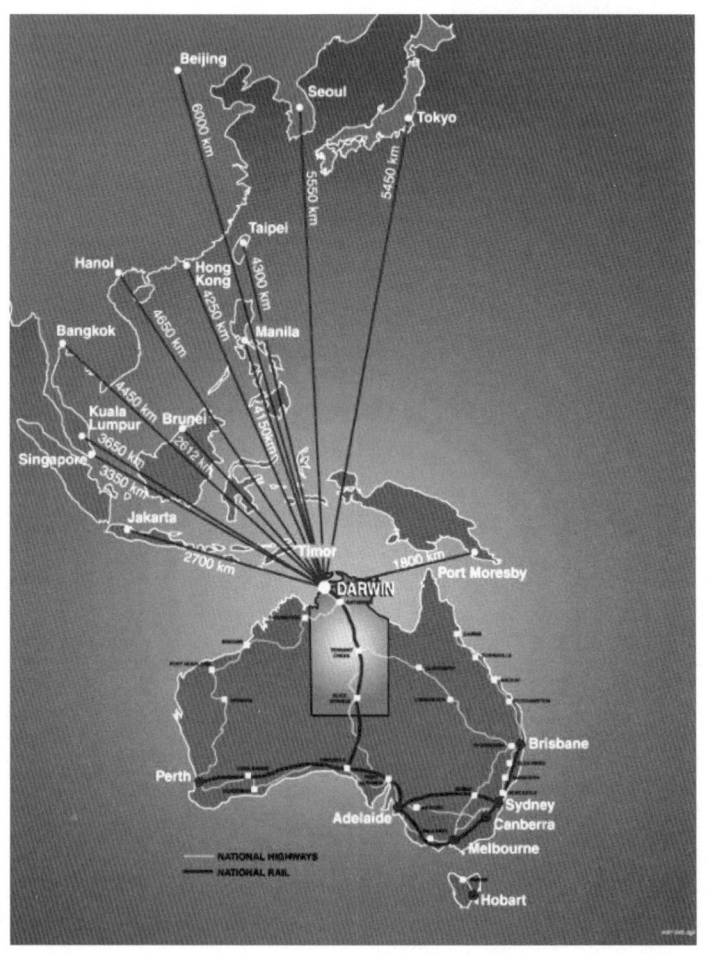

다윈항은 동남아시아의 핵심국가인 싱가포르, 인도네시아의 자카르타, 태국의 방콕, 홍콩 등과 상당히 가까운 거리에 위치해 있다. 호주 다윈항은 동아시아 허브항구인 싱가포르까지는 3,350km이고, 필리핀 마닐라항까지는 약 4,150km이며, 대만과 홍콩까지는 약 4,300km 거리에 있다. 해상로도 근접하여 호주에서 인도네시아, 동티모르 등의 지역으로 나갈 때 중요한 해상관문이 되고 있다. 우리나라 부산항과 일본 연안까지도 약 5,000km 정도이므로, 호주 다윈항은 명실상부하게 태평양에서 동아시아 전체와 통하는 전략적 요충지로 볼 수 있다.

동아시아에서 상대적으로 가장 가깝다는 이유로, 호주 다윈항은 제2차 세계 대전 중에는 일본군의 폭격을 당하기도 했다. 1942년 2월에 일본은 다윈항이 명백한 호주 영토임에도 불구하고, 태평양 전쟁의 전략적 해상거점으로 간주하고 공습을 단행했다. 진주만을 공습한 전투기 188대의 공격으로 다윈항은 폐허가 되었다. 그 이후, 항구와 도시가 재건하는 데는 오랜 시간이 걸렸다.

항구와 도시가 재건된 이후, 20세기 후반부터 다윈항은 경제적으로 다시 주목을 받기 시작했다. 다윈항은 아라푸라 해, 티모르 해, 서호주 연안에 산재된 해양유전 및 해상가스 매장지의 개발에 중요한 거점이 되고 있다. 물론 동아시아 해역 물류와 경제적인 관점에서도 호주 북부의 중심적인 요충지로 평가할 수 있다.

현재 다윈항은 중국 기업 소유의 이스트 암 워프(East Arm Warf)에 해운과 컨테이너 물류용 상업부두를 운영하고 있다. 포트 힐 워프(Fort Hill Warf)에는 유람선 및 크루즈 터미널, 미국과 호주의 해군 함정시설을 공동으로 운영하고 있다. 호주의 대 중국 및 동아시아 지역으로의 수출과 수입, 대형화물과 특수화물을 처리할 수 있는 해상공급망을 제공하고 있다

그런데 문제는 경제적으로나 안보적으로 이렇게 중요한 의미가 있는 다윈항이 호주 영토나 호주 정부의 소유가 아니라는 점이다. 지난 2015

년 호주 다윈항은 중국의 대기업에 무려 99년간이나 임대가 결정되었다. 이것은 일종의 현대판 조차지(租借地, Leased Territory), 혹은 조계지(租界地, Concession)와 비슷한 의미로서, 명목상으로는 중국 기업이 호주의 주정부와 다윈시로부터 빌린 경제영토의 일부가 되었다. 더 크게 보자면, 사회주의 국가인 중국 정부의 통제를 받는 대기업 자본이 호주 정부로부터 거점 항구를 초장기간 사들인 것이다.

2. 호주의 다윈항 임대 배경과 원인

호주의 다윈항이 동아시아 해역에서 국제적 논란의 중심에 선 것은 최근의 일이다. 그 이유는 중국 기업이 2015년부터 무려 99년 동안이나 임대한 초장기적인 '조차지(租借地)'의 성격을 갖게 되었다는 점이다. 산술적으로 항구와 배후지의 임대가 끝나는 시기는 서기 2114년이다. 그래서 다윈항에 대한 중국의 권리는 향후 22세기까지 거의 영구적인 성격을 갖는다.

다윈항의 공식 로고에는 중국 회사 '랜드브리지 그룹(Land Bridge Group)'의 이름이 들어가 있다. 이 회사는 조차 계약에 따라, 2015년부터 향후 99년간 호주 북부 거점항구의 모든 시설, 관할수역의 관제와 항계관리권까지 독점적으로 운영한다.

그러면 호주는 왜 다윈항과 주변 수역을 중국에게 순순히 내주었을까? 오늘날 자국의 영토에 무려 100년에 가까운 임차권을 준다는 사실은 상식적으로 납득이 어려울 수 있다. 근본적으로 보자면, 다윈항의 지정학적 가치에 대한 호주 정부의 총체적 무지와 무관심이었다고 할 수 있다.

하지만 그 이전에 일단 표면적으로 살펴보자면, 그 이유는 크게 두 가지 정도로 분석된다. 하나는 광활한 영토를 가진 호주의 '정치·행정 체제적 특성'이며, 다른 하나는 '자본과 돈의 힘'으로 풀이된다. 중국에 대한 호주 다윈항의 '조차(租借)' 사건 전말에 대한 의미를 풀자면, 이 두 가지 구조적인 문제를 먼저 이해할 필요가 있다.

<그림 32> 호주 다윈항(Darwin Port)의 관할수역

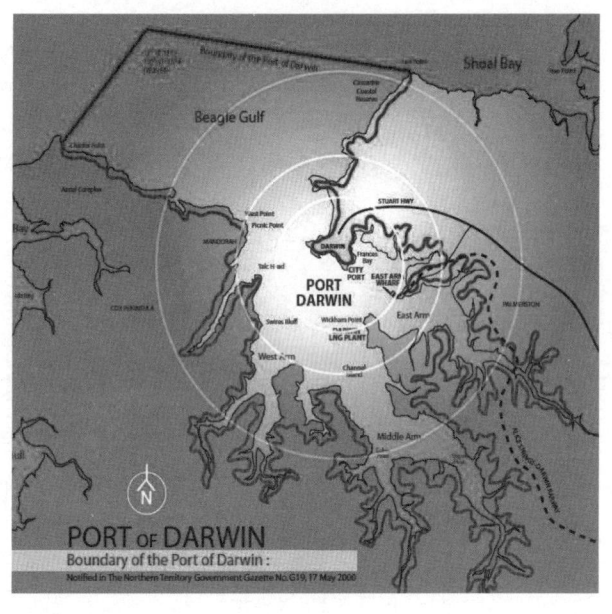

우선 호주는 연방정부와 주정부가 별도로 구성된 '연방제 국가'이다. 오세아니아 대륙 영토가 너무 크기 때문에 생긴 불가피한 제도적 선택이다. 결론부터 말하자면, 다윈항을 관할하고 있는 호주의 다윈시, 주정부, 연방정부는 모두 자국 항구의 지정학적 중요성을 인지하지 못했다.

더 정확하게는 지역발전이 시급했던 도시와 주정부가 안보문제를 먼저 고의적으로 등한시 했다는 표현이 적절할 것이다. 즉 이 사례의 최초 발단은 다윈시 정부와 북부 준주(Northern Territory)의 주정부가 다윈항 재개발 및 지역개발을 독자적으로 추진하면서, '외자유치(Foreign Direct Investments)'를 결정한 것으로 볼 수 있다.

당초 도시와 주정부는 항구의 재개발과 지역발전을 위해 투입할 시와 주의 공공재정이 풍부하지 못했던 상황이었다. 이에 호주 연방정부, 연방의회를 상대로 지역개발에 쓸 예산을 지원해 달라고 장기간 요청을 했다. 그러나 사막지대로 뒤덮여 있고 원주민이 많이 사는 호주북부(Northern Australia) 지역과 별 상관이 없었던 연방과 중앙정치인들은 이 지역의 개발과 발전에 대해서도 관심이 없었다.

특히 연방정부와 연방의회는 선거 유권자 숫자가 적은 다윈시와 주정부의 거듭된 요청을 거절했다. 재래식 항구와 원도심이 오랜 기간 방치되면서, 다윈시는 원도심의 슬럼(Slum) 지역이 증가하고 여러 문제들이 발생하게 되었다. 도시재생과 항구재개발은 그렇게 다윈시와 북부 준주의 오랜 숙원사업이 되었다.

그런데 2012년에 이르러 북부 준주의 정치지형에 큰 변화가 생겼다. 호주 총선에서 북부 원주민 계층을 기반으로 하는 '지역자유당(Country Liberal Party)'이 승리해서 다수 의석을 차지한 것이다. 그리고 2013년에는 '애덤 가일스(Adam Giles)'가 최초의 원주민 출신 주지사로 선출되었다. 지역자유당과 주지사의 핵심공약에는 다윈시를 포함하여 저개발되고 소외된 호주 북부 경제를 살리는 것이 포함되었다.

당의 지지와 주지사의 주도로 주정부는 항구와 지역개발 자금 전액을 외자유치, 즉 외국자본 투자방식으로 조달할 것을 결정한다. 그리고 2013년 말에 다윈항 임차권을 외국에 팔기로 결정하고, 이를 연방정부에 통보하였다. 이 때, 호주 연방정부는 별다른 이견 없이 승인을 해주었다.

이러한 호주 내부의 사정과 달리, 중국 쪽의 자본력과 돈의 힘도 다윈항 조차 사건에 있어서 무시할 수 없는 요인이었다. 호주 북부 준주의 주정부는 2014년에 다윈항의 임차권을 걸고 국제입찰을 진행했고, 글로벌 물류기업과 해운기업 여러 곳이 입찰에 참여했다. 가장 높은 가격을 제시하여 최종 선정된 기업은 중국 물류운송기업 '랜드브리지 그룹(Land Bridge Group)'이었다.

〈그림 33〉 호주 다윈항(Darwin Port)의 항계와 항로

2015년에 주정부는 이 회사에 다윈항에 대한 99년 임차권을 내주었다. 그 반대급부로 5억 6,000만 호주달러(AUD), 당시 한화로는 약 4,700억 원 상당을 받기로 했다. 당시 주정부와 다윈시로서는 적지 않은 투자금을 받은 것이다. 이 금액은 호주 지방정부 수준에서는 만져 보지 못한 돈이었다. 다윈항이 기존에 1년간 벌어들이는 전체 항만수입의 60배가 넘는 액수였다. 게다가 현금 유입으로 인한 지역경제 활성화 일자리 창출, 다른 글로벌 기업들의 관심과 투자 등 부수적인 효과도 기대되었다.

다윈항은 2016년부터 중국 자본에 의해 곧바로 항만시설의 현대화와 물류 인프라 공사에 착수하였다. 2017년 랜드브리지 그룹은 다윈항 주변과 물류배후지 정비, 연결철도와 도로망, 전력망, 가스공급라인 기반시설 등에 2억 호주달러(AUD), 한화로 약 1,700억 원 상당의 추가 투자도 주정부와 약속했다.

이에 2015년 계약 이후부터 2022년까지 7년의 기간 동안 다윈항에 투

자된 중국 자본은 가파르게 증가하는 추세에 있었다. 비교적 단기간에 약 1조 원에 가까운 중국의 공격적인 자본투자로 인해, 항구 조차의 초장기 계약은 점점 되돌릴 수 없는 단계로까지 나아갔다. 그리고 동아시아 해역권과 바다의 미래는 더욱 불투명해졌다.

3. 중국의 다윈항 투자 배경과 전략적 인식

중국이 호주의 다윈항에 투자한 배경도 해양지정학적 관점에서 상당한 의미가 있다. 다윈항 투자는 동아시아 주변에서 중국식의 해양거점을 확보하기 위한 전략적 인식이 작용한 것으로 보인다. 구체적으로 형식적 측면에서 '외국 항구의 초장기 조차(租借)'라는 점과 더불어, 내용적 측면에서 '동아시아 주변부의 제해권 확보를 위한 포석'이라는 논의가 가능하다.

먼저 항구 확보의 형식적 측면에서 중국은 과거에 자신들이 당한 역사적 기억과 방식을 지금 그대로 재현해서 활용하고 있는 것으로 보인다. 아편전쟁과 난징조약으로 인해 중국이 영국에 99년 동안 할양했었던 '홍콩의 기억'이 대표적인 경우이다.

지금 21세기가 전·근대 식민지 시절도 아닌데, 한 국가의 항구와 영토가 타국에 임대된 기간이 너무 길다는 것이 일단 상식 수준 밖인 것으로 지적될 수 있다. 동아시아 기존 개발도상국 항구에 대한 중국의 조차 형식은 통상적으로 99년 이내의 기간이 자주 있는데, 이런 이유로 중국의 조차 개념은 전·근대 식민지와는 달리 영토의 '할양(割讓)'에 가까운 형태로 볼 수 있다. 즉 한 국가의 영토에서 그 일부를 조약이나 계약을 통해 합법적으로 빌리는 것이다. 중국은 지금 일대일로와 해양실크로드를 통해 이러한 '조차(租借)'의 선례와 방식을 자주 사용하고 있다.

중국이 현지투자로 선호하고 있는 '조차(租借)'는 영구히 임대를 주거나, 임대 계약을 체결하고 보통 갱신을 하는 형태로 운영된다. 그러나 조차는 영토의 한 부분을 떼어주는 것과 사실상 다르지 않다. 하지만 명목상으로는 분명히 '임대(Lease)'의 형식이기 때문에, 적어도 조차를 받는 정해진 계약기간 동안에는 임대한 국가가 우선권을 갖는다.

물론 계약이나 임대기간이 끝나고, 조차지에 대한 포기를 하면 다시 원래 임대를 내준 국가에 자동적으로 귀속이 된다. 반면에 할양은 영토를 완전히 넘겨주는 것이기 때문에, 할양을 받은 국가가 원래 국가에게 돌려준다고 명확하게 선언하지 않으면 무주지(無主地), 즉 '주인 없는 땅'이 된다. 그래서 할양은 국경과 국민국가로 구분된 오늘날 현대 사회에서는 거의 없는 경우로 볼 수 있다. 따라서 99년에 달하는 호주 다윈항 조차의 계약기간은 사실상 이 항구가 중국 방식의 경제식민지나 영토 할양과 다를 바 없다는 해석도 가능하다.

더 나아가 중국은 홍콩 조차의 선례, 그리고 과거 영국, 프랑스, 독일, 일본 등에 대한 중국 항구들의 조계지 사례를 동아시아 개도국들이나 정부에게 적극적으로 설명하는 것으로 보인다. 공교롭게도 중국이 과거 열강들에게 내어준 조계지는 모두 연안의 거점 항구들이었다.

중국의 상하이, 톈진, 한커우, 광저우, 샤먼, 항저우 등에는 영국, 프랑스, 미국, 독일, 오스트리아, 벨기에, 러시아, 이탈리아, 일본의 조계지 혹은 조차지가 있었다. 오늘날 이들 중국 항구에서 보존된 외국의 조차 흔적들은 모두 역사·문화·관광자원으로 활용되고 있으며, 중국은 이런 점을 오히려 타국에 홍보하고 있다. 중국은 오히려 해외 항구에 대한 투자과정에 자신들이 겪은 방식에 별다른 문제가 없음을 정당화시키는 것으로 풀이된다.

다른 한편으로, 내용적 측면에서 호주 다윈항에 대한 중국의 투자는 동아시아 주변부의 제해권 확보를 사전 포석이라는 인식도 크게 엿볼 수 있다. 중국은 경제적으로 조용하게 제해권 확보를 하며, 동아시아 곳곳에서 미국 해군력과의 충돌을 전략적으로 피한다는 추정이 가능하다. 그 현실적 근거와 이유는 다음과 같다.

먼저 최근까지 동아시아의 저개발 국가와 도시들은 중국 일대일로와 해양실크로드 자본에 막대한 빚을 졌거나, 항구운영권을 담보로 대신 내주고 있다. 예컨대, 최근 10년 동안 중국 자본이 장악한 동아시아 해역의 거점항구는 방글라데시의 치타공항구(Chittagong), 캄보디아의 코콩항구(Koh Kong), 스리랑카의 함반토타항구(Hambantota), 미얀마의 짜욱퓨항구(Kyauk Phyu), 말레이시아의 말라카 게이트웨이(Melaka Gateway), 인도네시아의 탄중프리옥항구(Tajung Priok), 파키스탄의 과다르항구(Gwadar) 등이다.

이들 항구들의 개별적 사례를 구체적으로 논하기 어렵지만, 최근까지의 장기임대 혹은 투자과정을 보면, 중국은 경제적 투자로 안보적 전략을 추구하는 모양새로 해석된다. 중국은 표면적으로 일대일로와 해양실크로드 구상에 따라, 호주 다윈항을 동아시아 국가들과 남중국해로 향하는 호주의 해상교통의 관문이자 무역허브로 만들 것이라는 계획을 내세우고 있다. 크루즈 전용부두를 확장하여 중심의 고부가가치 해양관광에도 집중하고 있다.

나아가 호주와 미국의 영향권인 남태평양 도서국가에 대한 무상지원이나 투자도 늘리고 있다. 그런데 장기적으로 보면 중국이 경제적으로 임대하거나 투자한 기존의 동아시아 항구들이 경제와 무역의 기능에만 그치지 않는 것으로 나타나기도 했다.

해양실크로드의 항구 투자 및 확보방식에서 중국은 최소한 겉으로 민간기업이 먼저 들어가고, 후에 정부가 들어가는 방식을 취한 것으로 추정된다. 이른바 '선민후군(先民後軍)' 전략으로 동아시아 항구들을 중국자본(China Money)으로 빠르게 확보했다. 특히 민간자본이 장기 임대한 동아시아 몇몇 항구에 중국 해군이 주둔하게 된 다른 선례는 이런 점을 강하게 암시해 준다.

예컨대, 다윈항처럼 99년 임대 계약을 체결한 스리랑카 함반토타항(Hambantota), 파키스탄 과다르항(Gwadar) 등에는 이미 2017년부터 중국 해군의 기항이 결정되었다. 중국 자본이 장악한 캄보디아 연안의 림항(Ream)과 코콩항(Koh Kong)에는 중국 해군기지가 몇 년째 건설이 되고 있다.

그 결과로 중국은 최근까지 일대일로와 해양실크로드를 통한 공격적인 자본투자를 통해서 동아시아 제해권이 크게 확장되었다. 중국과 얽혀진 동아시아 몇몇 빈곤 국가들은 막대한 부채와 이자를 감당하지 못해 항구 자치권과 해역 주권을 중국에 속속 내주고 있다. 더욱이 이들 항구의 투자계약에서 중국 정부의 활동이나 투자자금의 성격에 대해 일체 조건을 달지 못하도록 정한 경우도 있다.

중국의 이런 행보는 겉으로 드러나지는 않지만 미국 중심의 '동아시아 제해권과 해양안보 경쟁'과도 결코 무관치 않아 보인다. 그래서 중국 기업들의 동아시아 해상루트 확보와 항구매입 행태를 미국, 호주 등은 더욱 주의 깊게 바라볼 수밖에 없을 것으로 보인다. 특히 2021년에 미국이 호주, 영국과 전격적으로 결성한 신흥 3자 안보동맹인 오커스(AUKUS)도 이런 맥락에 있을 것이다.

Ⅳ. 해역과 항구의 지정학적 재조명

1. 문제의 인지와 갈등의 시작: "이해관계자의 시각차"

다윈항의 중국기업 조차(租借) 문제의 심각성은 계약이 끝나고 몇 년이 지나서야 인지되었다. 호주 연방정부 스스로 문제를 처음 인지한 것은 외부요인, 즉 미국 측의 항의와 정보제공 때문이었다. 다윈항은 원래 미국 태평양 함대의 함정들이 상시적으로 자주 정박을 하는 항구였다.

원래 다윈항은 상업용 부두와 군사용 부두, 즉 무역항과 군항이 함께 공존했다. 그리고 다윈항과 멀지 않은 곳에는 '다윈국제공항(Darwin

International Airport)'도 있는데, 이는 호주 대륙북부 전체의 거점 공항이다. 이곳에 함께 있는 '다윈공군기지(Darwin Air Base)'는 미국 공군의 거점이기도 하다. 즉 국제공항과 민간 활주로를 공유하며 전투기와 폭격기, 공중급유기 등을 상시 운용하고 있다. 여기에 미국 해병대(U.S. Marines)도 사실상 지상군으로 배치되어 있다. 그래서 미국은 중국 기업이 다윈항을 독점적으로 관리·운영하면서, 미 해군과 공군의 동태를 자연스럽게 감시할 개연성을 제기하였다.

2015년 말에 미국의 '버락 오바마(Barak Obama)' 대통령은 당시 호주의 '턴불(Malcolm Bligh Turnbull)' 총리에게 정상외교 석상에서 이런 점에 대한 깊은 우려를 표시했다. 오히려 중국의 다윈항 조차 사실을 미리 알려주지 않은 점에 대해 오바마 대통령이 크게 화를 냈다는 미국 언론의 보도도 있었다. 2016년 미국 국무부와 국방부도 호주와 태평양안보와 중국기업의 정보를 공유하면서, 호주 연방정부에 대해 다윈항 초장기 조차의 위험성을 경고했다. 그렇지만 호주는 여전히 미국이 과민하게 반응하는 것이라 여겼고, 당장은 별다른 행동을 취하지 않았다.

대략 2018년 이후부터 호주 총리와 연방정부는 다윈항의 중국 조차가 자국은 물론, 태평양 전체의 지정학적 안보를 위협할 수 있음을 구체적으로 깨달았다. 중국 기업이 다윈항을 99년 동안 조차계약(99-Year Lease) 하는 과정을 알았고, 이 계약을 승인까지 했었던 호주 연방정부는 뒤늦게 태도를 바꾸기 시작했다. 그 위험성과 손해를 크게 느끼고 뒤늦은 후회를 한 것이다.

공교롭게도 이는 2차 세계대전 당시 다윈항이 일본과 미국에 전략적으로 주목을 받은 지 70년이 지난 뒤였다. 2019년부터 호주 연방정부는 중국에게 다시 항구의 반환을 계속적으로 촉구하고 있다. 막대한 계약금과 투자금을 되돌려 줄 수 있다는 의사도 공공연히 밝히고 있다. 하지만 중국 기업과 중국 정부는 호주 정부의 촉구에 전혀 반응을 하지 않고 있다. 다윈항 조차는 시장경제와 민간기업의 일로, 중국 정부는 관여하지 않는다는 입장이다.

호주와 중국의 관계는 다윈항 조차 문제 때문에 향후에도 장기간 계속 불편할 것으로 예상된다. 게다가 코로나-19(COVID-19) 팬데믹 상황 이후에, 호주는 중국의 책임론을 거론하여 양국의 외교관계는 더 악화되었다. 2020년 이후에는 호주산 쇠고기와 곡물의 중국 수입 중단, 중국인의 호주 여행이 전면 금지되기도 했었다.

근래 두 국가의 외교는 1972년 첫 수교 이래, 반세기 만에 최악의 시기를 맞이했다고 봐도 과언이 아니다. 두 국가의 외교적 악화에는 다윈항 문제도 보이지 않게 일조했다. 그래서 한적하고 작은 항구였던 다윈항은 호주와 중국 사이에서 향후 외교분쟁의 씨앗이자, 최대의 갈등 요인으로 계속 남을 것이다.

다른 한편으로, 호주는 최근 다윈항 조차로 인한 국가 내부적인 갈등과 후유증도 장기간 심각했다. 당시에 국가수반이었던 호주 턴불 총리는 다윈항의 조차계약에 대한 자세한 보고를 받지 못했다고 책임을 회피했다. 주무부처인 호주연방 해외투자청(Foreign Investment and Trade Policy Division)은 순수 민간기업의 투자유치 사안이었기 때문에 정치적 개입은 없었고 지금도 그러하다는 입장이었다.

호주 국방부 장관도 항구의 조차 문제가 기밀사항은 아니었고 승인은 했었지만, 세부내용은 잘 몰랐다는 입장을 밝혔다. 아이러니하게도 현재 호주 총리인 '스콧 모리슨(Scott Morrison)'은 다윈항의 중국 임대 계약 당시 연방정부 재무장관(Secretary) 직을 맡고 있었다. 다윈항 조차 사건에 대해 도시와 주정부는 연방정부의 안일함 탓을 했고, 호주 총리와 연방정부는 주정부와 도시의 책임으로 돌렸다.

호주 안에서 중앙과 지방 양쪽의 책임공방이 거세지만, 한 가지 확실한 점은 다윈항의 중국 기업 임차에는 중앙정치권과 연방정부도 분명한 책임이 있다는 것이다. 제도적으로 호주 북부지역은 '주(State)'가 아닌 '준주(Territory)'였기 때문이다.

주(State)는 자치입법권을 가지고 스스로 통치가 가능하고, 외자유치도 완전히 독자적인 결정과 실행이 가능하다. 주정부는 독립된 행정부, 입법부, 사법부도 갖는다. 하지만 준주(Territory)는 자치입법권이 없고 연방법을 따르며, 외자유치도 연방정부의 승인을 반드시 받아야 한다. 다윈항의 중국 외자 유치에 대한 최종 승인은 2015년에 연방정부의 해외투자청과 국방부, 연방의회의 손으로 직접 해준 것이다. 그래서 중앙정부가 사안의 중요성을 몰랐다고 보기에는 이해관계자가 확실하고, 승인까지의 공식 절차가 명백하다.

반면에 항구재개발과 외자유치를 위한 다윈시와 주정부의 입장은 일견 납득될 수도 있다. 공공재정이 부족하면, 민자유치가 다른 해결책일 수 있기 때문이다. 호주는 국토가 넓어 수도 캔버라와 시드니 등의 남부연안을 제외하면, 지역발전의 격차가 매우 크다. 특히 북부 준주와 다윈항 연안도시는 크게 소외된 지역이었다.

도시와 주정부가 장기간 동안 연방정부에 예산을 요청했으나 정치적으로 거절당한 측면도 크고, 원주민 중심의 고립된 지역정서도 있다. 다윈시와 주정부는 아직도 중국계 기업인을 위한 '일대일로 국제회의'를 개최할 만큼 외자유치에 적극적이다. 하지만 앞서 나타난 정황들로 보면, 호주 연방정부와 중앙정치권이 동아시아 연안 쪽에 있는 자국 항구의 지정학적 중요성을 높게 인식하지 못했다는 해석은 가능할 것이다.

2. 미국과 호주의 행보: "안보 우려와 뒤늦은 동맹 강화" ·

동아시아 해역에서 경쟁하는 미·중 패권국가의 팽팽한 긴장구도에서 호주 다윈항에 대한 중국의 새로운 거점 확보는 커다란 사건으로 평가된다. 특히 군사·안보적 관점에서 미국과 호주는 '궤(軌)'를 같이 하는 것으로 보인다. 이는 해군력과 제해권을 중심으로 한 전통적 해양력의 '세(勢)' 변화를 가늠해볼 수 있게 만든다.

우선 다윈항의 조차에 대해서는 당초부터 호주와 안보 동맹국인 미국이 강력하고 지속적인 우려를 제기해왔다. 앞서 논의된 바와 같이, 다윈항은 미국과 호주의 해군함정이 공동 정박하면서 미 해병대가 순환 주둔을 하고 있는 항구기지이다. 동시에 군사 및 민간 목적으로 호주와 미국이 공동으로 사용하는 국제공항과의 근접성에 대한 군사·안보적 우려를 가장 크게 제기하고 있다.

당초 호주와 미국 간 안보동맹의 결성, 다윈항에 미군이 주둔했던 이유는 다음과 같다. 호주를 관리하던 영국은 2차 세계대전 당시 독일과 유럽에서 전쟁을 힘겹게 치르고 있었고, 남태평양에 신경을 쓸 여유가 없었다. 이 때, 미국은 영국을 대신해 호주와 뉴질랜드를 포함한 남태평양 방어권과 해역안보를 넘겨받은 것이 지금까지 이어지고 있다. 원래 호주는 미국의 전통적인 동맹이었으나, 제2차 세계대전 이후부터 미군 상설 주둔기지는 없었다.

하지만 미국 오바마 행정부가 동아시아로의 귀환과 인도-태평양 전략을 선언하면서, 2012년부터 미 해병대가 다윈항에 배치되었다. 이에 따라 지금껏 호주는 동아시아 해역과 남태평양의 해양안보는 미국이 당연히 지켜줄 것으로 믿었다. 그리고 국내 정치와 경제성장, 동남부 연안지역의 개발 등에만 몰두했다. 호주는 해양안보의 의미와 항구의 지정학적 중요성을 자연스럽게 잊은 것이다.

미국과 호주에 의해 다윈항 조차에 대한 안보적 우려가 표명된 이유는 인도·태평양 전략에서 서로가 핵심적인 동맹국 관계이기 때문이다. 그들의 시각에 따르면, 중국의 일대일로 계획의 일부로 다윈항의 조차 문제가 포함되었다는 것 자체가 군사전략적 의미도 부여된 것으로 볼 수 있기 때문이다.

쉽게 말해 미국과 호주의 동아시아 해군활동, 즉 제해권을 능동 감시할 수 있는 최전선의 해양영토를 중국이 돈으로 샀다고 보고 있다. 특히 2차 세계대전 당시, 동아시아 해역과 남태평양의 제해권을 놓고 일본과 치열하게 다투었던 미국의 기억은 아직도 생생할 수 있다. 지금은 과거 일본의 자리를 중국이 대체할 가능성을 우려하고 있는 것이다.

극단적인 예를 들자면, 다윈항의 반영구적인 조차권을 빌미로 해서 향후 중국의 군함과 항공모함이 호주 북부 연안에 정박할 수도 있다. 그런데 이런 우려가 앞으로 99년간의 항구 조차로 인해, 확실한 현실이 될 것으로 미국은 내다보고 있다. 그 이전에 다윈항 조차권과 자금을 지렛대로 해서, 적어도 작은 도시정부와 주정부에게는 정치·안보적 양보를 계속 얻어내고 쥐어짜는 식의 소위 '중국식 부채식민주의(Debt-Colonialism)'를 미국은 더 우려하고 있다.

호주도 이미 계약이 끝나버린 항구의 조차 문제는 어쩔 수 없지만, 북부 연안의 핵심 인프라 기반에 대한 중국 투자를 뒤늦게라도 경계해야 한다는 목소리가 크다. 교통, 전기, 가스 등은 군사시설과도 무관치 않기 때문이다. 그리고 이 모든 것은 미 태평양 함대가 장악하고 있는 제해권, 호주와 미국의 태평양 안보동맹에 대한 심각한 도전이자 위협으로 해석이 된다.

이런 점들에 공감한 호주 연방정부는 최근 중국에게서 다윈항 조차권을 회수하는 방안을 제기하고 나섰다. 2020년 호주 연방정부 노동당의 '닉 챔피언(Nick Champion)' 의원은 다윈항의 조차권을 정부가 다시 사들이고, 곧바로 국유화(Nationalization) 시킬 것을 제안했다. 중국이 호주 최북단 항구를 지배하는 점은 호주의 주권과 안보에 반하는 것으로 강한 문제점을 제기했다.

하지만 이런 주장은 호주 정치권에서도 경솔하고 급진적이라는 논란을 남겼다. 연방의회는 호주 경제와 무역에 막대한 영향력을 가진 중국을 자극할 우려를 표명하고, 공식의제로 발전시키는 것을 유보했다. 결국 연방의회는 여당과 야당 사이에 다원항의 중국 자본을 바라보는 두 개의 시선이 묘하게 엇갈렸다. 또한 중국 기업으로부터 다원항 조차권 환수를 위한 논리와 계약상의 위법 증거가 매우 빈약하다는 이유도 있었다.

구체적으로 호주 연방의회 다수를 차지하는 집권 여당인 '자유국민연합(Liberal-National: LN)'은 중국 외교관계와 경제적 영향을 고려하여 다원항 조차권 환수에 미온적인 태도를 견지하고 있다. 반면에 야당인 '노동당(Australian Labor Party: ALP)'은 안보와 경제 주권을 명분으로 다원항 조차권 환수와 국유화를 주장하고 있다. 여당 출신의 호주 총리는 조차권 환수에 대해 신중한 입장이다. 차라리 중국 기업에게 준 조차권을 되사는 비용이라면, 다원항 인근에 안보 목적의 새로운 항구를 만드는 것이 낫다고 주장하였다.

그도 그럴 것이 랜드브리지(Landbridge) 그룹은 일단 중국의 국영기업이 아니며, '예청(Ye Cheng)'이라는 재벌이 소유한 회사였다. 다원항의 조차 과정에서는 중국 정부의 개입 증거가 전혀 드러나지 않았다. 이 기업이 중국 공산당이나 군대와 연결된다는 증거도 없었다. 이는 미국(CIA)과 호주(ASIS)의 정보력으로도 밝히지 못했다. 그러나 다원항의 조차권을 다시 내놓으려 하지 않은 문제에 있어서는 사정이 달라진다. 호주 정부의 뒤늦은 입장 변화와 임차권을 가진 자국기업에 대한 부당한 압박이 있으면, 중국 정부가 공식적으로 개입하는 것은 불가피해 질 것이다.

무엇보다 중요한 것은 호주 정부가 2007년 '쿼드(QUAD)' 창설 직후에 여기서 빠졌다가, 태도를 바꿔 최근에 다시 참여한 것도 이런 맥락에서 읽힌다는 점이다. 이는 미국과의 동맹관계를 중국이 자본으로 비집고 들어앉은데 대한 호주 정부의 대처로 보인다.

비록 실수와 무관심으로 거점 항구를 내주었지만, 향후 미국과 남태평양 안보동맹을 강화하여 중국의 해양세력 확장에 더 적극적으로 대응하기 위한 포석으로도 분석이 된다. 오바마, 트럼프, 바이든 행정부까지 호주는 미국의 동아시아 정책과 인도-태평양 전략에 가장 적극적인 동참 국가가 되었다.

특히 미국 주도의 쿼드(QUAD: Quadrilateral Security Dialogue)는 태평양 지역의 미국, 일본, 호주, 인도를 포함한 4개국의 안보대화협의체이다. 미국이 주도하는 인도-태평양 대화협의체로서, 자유롭고 열린 '인도-태평양(Free and Open Indo-Pacific)'을 비전으로 한다.

2007년 초기에는 외교장관급 회담이었고 호주의 탈퇴 등으로 일시 중단되기도 하였으나, 2017년에 다시 회담이 재개되었다. 그런데 이것은 중국의 '일대일로(一帶一路)'를 견제하기 위한 지정학적 협의체의 성격이 강하다. 즉 미국은 동맹국인 우리나라와 뉴질랜드, 여기에 베트남 등을 쿼드에 추가로 가입시켜 쿼드플러스(QUAD+)로 확대하려는 구상도 갖고 있다.

남중국해, 동아시아 해역과 남태평양으로 세력을 확장하려는 중국의 길목을 쿼드 국가들이 둘러싸는 형국이다. 하지만 노골적인 중국 견제용 협의체 가입에 대한 부작용을 우려하여, 우리나라와 베트남 등은 쿼드에 대해 일단 유보적인 입장을 취한 바 있다. 본고에서 자세히 다루긴 어렵지만 우리나라 정치, 외교, 안보학계와 전문가들 사이에서도 쿼드 가입에 대한 찬반논쟁은 엇갈려 있다.

이에 중국 외교부는 최근까지 미국과 호주의 쿼드(QUAD) 공조에 대한 불편한 기색을 감추지 않는다. 또한 다윈항 외에 호주의 다른 도시들이 일대일로에 참여하는 것을 방해했다는 점을 지적하며, 호주 외교부에 공식 항의하기도 했다. 결과적으로 이런 일련의 흐름들은 호주를 포함한 동아시아 해역에서 미·중 패권국 사이의 '신냉전(New Cold War)'으로 격화될 개연성과도 통한다.

다윈항 조차를 호주가 이전으로 되돌릴 가능성이 매우 희박하다고 판단하는 미국의 행보도 급박하게 전개되고 있다. 미국 입장에서는 중국의 해양팽창을 견제하기 위한 기존의 전진기지 하나를 이미 잃었다고 판단할 수도 있다. 2020년 미 해군은 다윈항에서 불과 40㎞ 떨어진 '글라이드 포인트(Glyde Point)'에 새로운 해군기지를 건설하기로 결정했다.

글라이드 포인트에 새 해군기지를 건설하기 위해 배정된 예산은 약 2억 1,000만 달러로, 동아시아 해역에서는 대형급 해군기지로 건설된다. 또한 기존 다윈항에 순환배치를 했던 미 해군 2,000여 명도 향후에 새 해군기지 이전과 함께 병력규모를 대폭 증원하기로 발표하였다. 향후 호주 북부 연안에서 미국과 호주의 해군 합동훈련과 정보공유도 강화된다. 과거 일본이 호주의 다윈항을 폭격했듯이, 미국은 그 자리를 중국이 대체할 가능성까지 염두에 두는 것으로 보인다.

미국과 호주의 이런 견제조치에 대해 아직까지 중국 정부나 랜드브리지 그룹의 반응은 없다. 군사기지와 군대배치에 불편한 내색을 하는 것이 오히려 의심을 살 수도 있기 때문이다. 확실한 것은 다윈항이 전략적 거점이기는 하나, 미·중 패권주의의 군사적 충돌은 서로 원치 않는 모양새로 보인다.

하지만 중국이 차지한 다윈항 지척에 대규모 미군시설이 완성될 경우에 호주 북부 연안, 나아가 동아시아 해역의 관문항구에서 미·중 긴장이 고조될 개연성은 충분한 것으로 예상된다. 결국 다윈항은 중국의 '자본'과 미국의 '해군'을 동시에 받아들임으로써, 앞으로 치열해질 해양패권 경쟁에서 거점 항구로 인식될 개연성은 있어 보인다.

3. 중국의 시각과 행보: "자본과 경제논리의 포장"

다윈항을 차지한 중국은 지금까지 안보와 군사적 측면에 대한 언급을 전혀 하지 않았다. 오로지 철저하게 민간기업과 경제적 입장만 밝히고 있다. 다윈항 운영도 주식회사(Darwin Port Corporation) 형태에 호주국적의 백인이 사장(CEO)을 맡고 있다. 또한 중국 정부는 계약 후에, 호주의 다윈항 조차권의 반환 요구에도 직접적인 응답을 하지 않고 있다.

다만 외교부를 통해 우회적으로 다윈항의 조차는 민간이 참여하는 순수한 경제투자의 의미라고 주장한다. 바꿔 말하면, 중국의 일대일로와 해양실크로드 사업의 일환에 민간부문과 기업자본이 스스로 참여한 모양새라고 밝혔다. 기업은 스스로 항만운영을 통한 해외 영리사업을 하고 있을 뿐이며, 모든 것은 이윤을 극대화하려는 목적일 뿐이라 말한다. 하지만 순수하게 이런 주장으로만 판단해 봐도 다윈항을 차지한 중국 자본의 성격, 그 정체성에 대한 호주 정부의 '몰이해(沒理解, Unappreciation)'가 엿보인다.

표면적으로 다윈항의 확보는 중국 기업의 '랜드브리지(Landbridge)'라는 이름에서도 추정할 수 있듯이, 민간회사가 주체이기는 하다. 그런데 중국은 자국 투자기업들을 내세워 동아시아의 주요 항구들을 선점하고 있다.

이것은 일대일로와 해양실크로드 사업으로 포장되어 있으나, 막대한 자본력과 민간투자를 통해 바다의 경제영토를 넓히려는 전략으로 해석된다. 보통은 수십 년에서 많게는 99년까지 항구를 반영구적으로 임대하거나, 소유권을 사들이고 있다. 사회주의 국가인 중국의 색깔을 지우기 위해서, 모두 기업 스스로의 자율적 판단과 투자를 표방하고 있다. 하지만 중국에서는 실질적으로 다수 기업이 친정부 자본이며, 국가의 보이지 않는 통제와 관리를 받는다는 것은 널리 알려져 있다.

이에 관한 일례로 예청(Ye Cheng)은 자수성가를 이룬 억만장자이자 당시에 랜드브리지 그룹의 총수로 알려져 있었지만, 특히 중국 정부와의 교감과 상관성이 간접적으로 추정되는 인물이었다. 랜드브리지 그룹이 국책은행인 중국수출입은행의 막대한 자금 대출을 받는다는 점, 이 회사가 파나마에 대한 해외투자로 대만과 파나마의 외교단절 및 중국 수교를 이끌어 낸 점, 총수의 친·인척이 중국 공산당 현직 간부인 점 등이 정황증거로 유추되고 있었다.

다른 한편, 최근까지 중국 자본이 장악한 동아시아 주요 수역과 항구만 해도 그 규모와 질 면에서 적지 않다. 이들 동아시아 항구들은 일대일로와 해양실크로드 사업의 저개발지역의 인프라 지원과 발전의 명목으로 장악되고 있다.

최근 일대일로와 해양실크로드 사업은 국제학계와 전문가 일각에서 동아시아 거점항구와 도시들에 대한 '21세기판 경제적 약탈사업', 동아시아 국가들의 해양 주권을 흔드는 일방적 대외정책으로 평가되고 있다. 호주 다윈항 조차의 시작과 그 후유증도 이런 맥락에서 크게 벗어나지 않는다. 또한 호주는 중국의 이러한 대외원조와 경제정책이 설마 호주 북부 연안까지 미친다는 점을 인지하지 못했거나, 적어도 이해를 하지 못했다.

중국의 설명에 따르면, 호주의 다윈항 임차는 남중국해와 동아시아 해역, 그리고 남태평양의 해상교통로의 경제적 '연결성(Connectivity)'을 위한 것으로 주장한다. 그럼에도 불구하고 중국의 해양실크로드 사업을 통한 동아시아 해역의 항구 확보는 당장 경제적 타당성이나 이윤추구 가능성이 희박한 경우가 많았다. 다윈항도 결코 예외가 아니었다. 당초 중국 기업이 제시한 국제입찰가는 다윈항 감정평가액의 거의 3배에 달하는 금액이었다. 항구개발 자금투자의 방식도 일부 차관이나 지분확보가 아닌, 자본금 전액 출자라는 점에서 투자의 위험성은 더 높아졌다.

실제로 2016년부터 랜드브리지 그룹의 다윈항주식회사(Darwin Port Corporation)는 운영적자가 장기간 누적되고 있다. 이런 현상들은 다윈항에 단독으로 투자하는 중국 기업의 순수한 이윤추구 행위라고 보기에는 무색한 수준이다. 그래서 호주와 미국은 사실상 중국의 다윈항 투자가 경제와 무역보다는 군사·안보전략의 성격이 더 짙은 것으로 의심하고 있다.

아마도 중국은 '일대일로'와 '해양실크로드'를 통한 전방위적 물류 네트워크를 구축함으로써 미국과 일본이 주도하고 있는 동아시아 해양패권 및 중국 포위의 해상교통 구도를 약화시킬 수 있다고 여기는 것 같다. 또한 여러 증거와 정황으로 추정컨대, 중국은 자본과 경제논리를 다윈항에 포장한 채로 아주 긴 호흡을 하면서 지정학적 기회를 노릴 개연성이 있다.

결과론적으로 중국은 호주와 미국, 영국 사이의 해양세력의 관계에 있던 미세하고 작은 틈을 정치성을 희석시킨 '일대일로'와 '해양실크로드' 사업을 통해 파고들었다. 모두의 관심이 적었던 호주의 작은 항구였지만, 동아시아 전체 해역을 관제할 수 있는 '다윈항'에 대한 중국의 초장기적인 권리 확보는 그런 맥락에서 읽힌다.

또한 중국 기업의 다윈항에 대한 99년 조차권 확보는 그 의도와 상관없이 동아시아 해역에서 미국 중심의 패권적 우위를 크게 동요시킬 것이 분명해 보인다. 그래서 이것이 장기적으로 동아시아 권역에서의 새로운 국제분쟁과 갈등의 씨앗이 될 가능성은 높다고 판단이 된다.

V. 맺음말

국제사회에서 항상 새로운 질서는 거대한 혼란의 소용돌이를 낳는다. 이 소용돌이가 잦아든 후에야 비로소 질서는 그 정연함을 찾게 된다. 호주 다윈항 조차로 인한 갈등과 혼란의 사례로 보건대, 앞으로 동아시아 해역은 미·중 패권경쟁의 소용돌이 한가운데에 자리할 가능성이 높다.

여기에 더해 20세기 탈냉전과 21세기 신냉전이 서로 얽혀 있고, 지역주의와 패권주의가 혼합된 동아시아 해역의 지정학적 현실은 어느 하나의 관점으로 풀어내기가 쉽지 않다. 또한 동아시아의 해양지정학은 미국과 호주, 그리고 중국으로 대변되는 대륙세력과 해양세력의 치열한 패권경쟁을 염두에 두지 않을 수 없다. 여기서는 이러한 지정학적 동태성의 새로운 가능성으로 해역과 항구의 중요성을 시론적으로 제안하였다. 결론에 갈음하여, 이 장에서 새로이 주창한 해양지정학 이론과 사례가 갖는 주요 함의를 다음과 같이 요약해 본다.

첫째, 새로운 해양지정학적 관점으로의 변화 가능성에 대한 제안이다. 전통적 해양지정학은 '군사적 제해권'과 '안보적 동맹관'으로만 해역과 항구를 바라보는 경향이 짙다. 사례에서는 미국과 호주의 행보가 그러했다. 이에 비해 21세기 '신(新) 해양지정학'의 성격을 갖는 해역과 항구의 지정학은 중국의 경우처럼 패권세력이 경제와 자본의 포장된 논리로 항구를 계속 확보할 가능성을 전제한다. 현재 동아시아 해역의 주요 거점 항구들의 상황이 그러하며, 이 해역의 주변부에 있는 호주 다윈항도 예외는 아니었다. 문제는 이럴 경우에 기존 전통적 해양안보와 동맹의 논리에 빈틈이 생긴다는 점이고, 당장 대응할 방식이 마땅치 않을 개연성을 시사했다.

둘째, 동아시아 저개발국이 아닌 중견국, 즉 우리나라와 같은 경우도 사례를 크게 주목해야 함을 지적한다. 우리나라와 동일하게 호주의 입장에서 미국과 중국은 결국 둘 다 중요하다. 호주에게 미국은 안보의 깊은 '동맹'관계이고, 중국은 경제적으로 최대의 '고객'이다. 특히 호주 중·북부 도시와 지역들은 당장 중국의 자금을 필요시 했던 반면, 연방정부는 안보가 더 중요해서 내부적인 입장도 크게 엇갈렸다. 지방 자치권이 보장된 선진국 호주가 스스로 다윈항의 조차 문제에 쉽게 접근조차 하지 못하는 이유도 바로 여기에 있었다.

이 지점에서 사례가 주는 교훈은 현실세계의 안보와 경제가 완전히 독립적이지 않다는 것이다. 어느 한 쪽을 거부하면 고립되고, 반대로 어느 한쪽에만 서면 갈등과 분쟁을 부른다. 군사무력보다는 경제와 자본력을 무기 삼아 다윈항을 빠르고 조용하게 확보한 중국은 적어도 이런 점을 알고 있었을 것이다. 그래서 향후 동아시아 국가들은 자국 항구의 지역개발과 경제가치, 안보와 전략적 가치 상호 간의 무게를 더욱 신중히 따져두어야 할 것이다.

셋째, 다윈항 조차의 명분인 '일대일로 경제벨트'와 '21세기 해양실크로드' 사업은 향후 '중국' 스타일(China Way)'의 동아시아 해양지정학을 대변해주었다. 중국은 해양실크로드를 향후 2050년까지 추진할 장기계획으로 천명했다. 그런데 지금까지 사례들로 보자면 동아시아 해역의 실크로드는 경제와 자본으로 포장된 기업을 대외적으로 먼저 내세우고, 국가와 정부의 생각은 나중에 슬그머니 들어가는 식이다. 그래서 현실적으로 호주가 다윈항 조차계약을 원래대로 뒤집을 방법은 거의 없어 보인다.

동아시아 해역에서 촘촘해지는 미국 중심의 '안보적 포위망'에 대해 중국은 거점항구를 하나씩 사들여서 '경제적 구멍'을 내고 있다. 하지만 시간이 지날수록 부작용은 쌓일 것이다. 미국과 호주를 포함한 동아시아 우방국들은 이를 뒤늦게 알아채고, 크게 반발하면서 아시아·태평양 안보동맹을 강화하는 모양새로 보인다. 예상컨대, 중국의 해양실크로드 방식도 숨고르기는 불가피할 것이다. 하지만 지정학적 요소로 해역과 항구가 변하지 않는 것처럼, 향후 이를 뺏고 지키려는 패권적 욕심도 변하지 않을 것이다. 해역과 항구에서 신흥패권과 기존패권의 충돌은 불가피하다.

넷째, 호주 다윈항의 사례로 볼 때 적어도 동아시아 정세는 이제 그 대상이 '육지의 국경'에서 '해역과 항구'로 바뀌면서, '지정학적 전환(Geopolitical Turn)'을 가져오고 있다는 점을 시사한다. 호주는 일단 다윈항을 중국에 내주었지만, 여전히 해법을 계속 찾을 것으로 보인다. 대외적으로는 태평양 안보동맹인 미국을 완전히 믿지 않으면서도 중국에 대해서는 당당한 입장을 취하려 노력할 것이다. 이론적으로 보자면, 양자택일(Either-or)의 상황을 벗어나 양자병합(Both-and)의 상황으로 가려 노력하고 있다. 하지만 동맹과 경제 사이에서 이것마저도 쉽지는 않아 보인다.

다만, 호주 다윈항의 사례는 안보나 국제관계의 문제가 항구 스스로의 경제적 존립과 별개가 아님을 말해준다. 다윈항과 비슷한 처지의 동아시아 항구와 도시들은 지역개발과 안보 사이에서 외줄타기에 직면할 가능성이 있다. 또한 동아시아의 해양안보와 해양영토는 더 이상 국가적 차원이 아니라, 실제 그 현장이 되고 있는 도시와 항구를 중심으로 사고해 봐야 하는 현실을 대변해 준다.

결론적으로 여기에서 제안한 해역과 항구의 지정학은 동아시아 지역에서는 일정한 설명력을 가질 수 있을 것으로 생각된다. 물론 일반화에는 조심스럽다. 다윈항이라는 동아시아의 주변부에서 현재 진행되고 있는 중국과 미국의 충돌은 아직 잠재된 단계로 보이기 때문이다. 21세기 동아시아 주변부 해역과 항구의 미·중 패권경쟁이 어떻게 진행될지는 두고 볼 일이다.

하지만 호주 다윈항을 통해 우리나라와 동북아시아도 크게는 해역과 항구의 지정학, 크게는 신(新) 해양지정학에서 제3의 해답을 찾아볼 가능성이 생긴다. 나아가 해역과 항구의 지정학은 전통적 해양지정학이 말하는 대륙세력이냐, 해양세력이냐의 이분법적 사고에서도 벗어나야 할 당위성을 제공한다.

중국의 다윈항 조차 과정과 호주 및 미국의 대응으로만 보면, 과거 긴장감 높은 군사적 해양패권주의 충돌과는 확연히 다른 양상이 열리고 있기 때문이다. 그리고 이는 미국과 중국 사이의 동아시아 패권경쟁에서 삼면이 바다인 우리나라가 처할 수도 있는 상황과 유사하다는 점에서도 한번쯤 깊이 주목할 만하다. 이 책의 이 장에서는 이 정도의 변화를 제안하는 것에 큰 의미를 두려 한다.

제8장

한국의 극지외교와
국제질서의 쟁점

Ⅰ. 머리말

우리가 흔히 사용하는 말 중에서 '오대양(五大洋), 육대주(六大洲)'라는 말이 있다. 땅과 바다로 나눈 지구에서 오대양은 "5개의 큰 바다"를 말하고, 육대주는 "6개의 큰 대륙"을 말한다. 이 중에서 오대양에는 태평양, 대서양, 인도양, 북극해, 남극해가 포함된다.

세계의 큰 바다를 뜻하는 '다섯 대양(五大洋, The Five Oceans)'에 극지 지역의 두 바다가 확실히 포함되지만, 북극해와 남극해는 혹한의 자연환경으로 인해 사람들의 관심이 상대적으로 적었다. 북극해는 사람이 살고 있는 연안육지와 여러 국가들의 '국경(border line)'으로 둘러싸여 있어 그나마 상황이 나은 편이다. 하지만 남극해는 어디까지가 바다이고, 어디부터 대륙인지 그 지리적 경계도 분명하지 않아서 판단이 모호하다.

그렇다면 지구상에서 '북극해'과 '남극해'는 과연 누구의 것인가? 역사적으로 20세기가 거의 끝날 때까지 남극과 주변 바다의 가치는 학자나 전문가들조차 구체적인 검증을 하지 않았다. 21세기에 들어 북극해에서는 얼음이 녹아 새로운 항로가 열리고 있으며, 천연자원이 확보되는 등의 이유로 국제사회와 강대국들의 관심이 매우 커졌다. 하지만 남극은 아직도 그렇지 못하다.

Ⅱ. 극지 지역의 개관 및 국제질서의 흐름

1. 북극과 주변 해역의 개관

북극해는 북극점을 중심으로 유라시아와 북아메리카로 둘러싸인 거대한 바다로서, 이른바 '북빙양(北氷洋)'이라고도 한다. 지리적 좌표로는 그린란드 인근 북위 67°이상, 베링해 인근 북위 60°이상에 있는 북극권의 바다이다. 즉 북극해는 '북극권(Arctic Circle)'의 바다지역이면서도 대개 유라시아 대륙, 북미 대륙, 그린란드 등으로 둘러싸인 모양을 나타낸다.

북극해는 5대양의 하나로, 지중해 크기의 4배에 달하는 대양이기도 하다. 해양학(Oceanography)에서는 북극해를 대서양의 일부로 보기도 하는데, 실제 그 넓이는 약 1,400만㎢로 다섯 대양 중에서는 가장 작다. 넓은 지역이 만년 해빙(海氷)으로 덮여 있으며, 매서운 추위로 인간의 발걸음을 쉽게 허락하지 않는 자연환경으로 둘러 싸여 있다.

북극해 권역은 지구 면적의 약 6%를 차지하며, 총 2,100만㎢의 면적 중 800만㎢는 대륙, 700만㎢는 수심 500m 이하의 대륙붕으로 이루어져 있다. 북극해는 수심 1,000㎞를 넘는 해역이 무려 70%에 달하며, 나머지 30%는 육지 연안의 광대한 대륙붕으로 이루어져 있다. 북극해의 해수는 그린란드와 노르웨이 사이의 해역을 통해 대서양과 연결되며, 그린란드 동쪽에 있는 프람해협을 통해 북극해 해수와 해빙이 대서양으로 유출된다. 또한 캐나다의 메켄지강, 시베리아의 오비강 및 예니세이강, 레나강 등을 통해 민물들이 북극해로 유입되고 있다.

과거 혹독한 자연조건으로 사람이 살지 않았던 변방으로서의 북극해 연안지역은 1980년대까지 국제적으로 별다른 주목을 받지 못했다. 21세기에 접어들어서 북극해는 상당기간 동안 세계의 이목과 관심의 사각지대에 놓여 있었다.

북극해 주변에는 사람이 살지 않고 누구에게도 소유권이 없는, 규제나 지배가 전혀 없는 '미지(未知)의 지역'이라는 오해가 있었다. 그러나 이미 약 4백만 명 이상의 사람들이 북극권에 거주하고 있다. 게다가 시간이 지나면서 북극해 지역에 상당량의 석유와 천연가스가 매장되어 있다는 사실이 알려지면서, 에너지 안보 및 수송차원에서 연안에 대한 중요성이 부각되기 시작하였다.

미국과 캐나다간 보퍼트해, 러시아와 캐나다간 북극해, 캐나다와 덴마크 혹은 그린란드간 북극해, 러시아와 노르웨이간 북극해 일부는 해양경계가 획정되지 않은 상황으로 조금이라도 넓은 해양영토를 확보하기 위한 연안국 사이의 경쟁이 치열하게 전개되고 있다. 북극해의 해양경계는 경계가 획정된 지역과 미획정되지 않은 지역으로 나뉘어져 있다.

해양경계가 비교적 정확하게 획정이 완료된 지역은 미국과 러시아간의 북극해와 베링해(Bering Sea), 러시아와 노르웨이간 바렌츠 해(Barents Sea), 캐나다와 덴마크간 한스섬을 제외한 배핀 만(Baffin Bay), 덴마크 혹은 그린란드와 노르웨이간 북극해 지역이다.

〈그림 34〉 북극의 중앙 해역권 영역

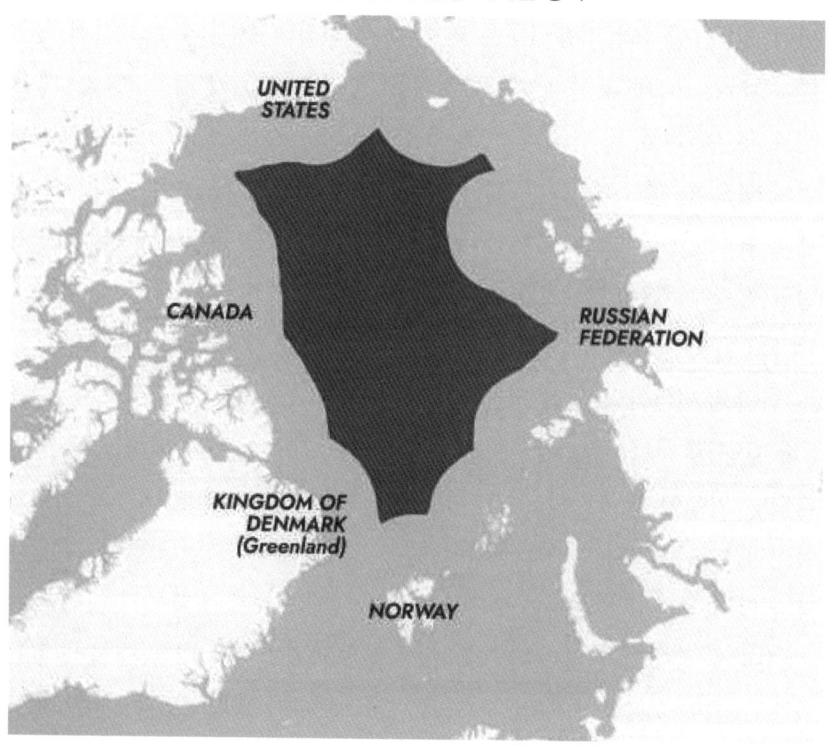

2. 남극과 주변 해역의 개관

남극은 "남위 66도 33분 이남"의 지역이며, 인류의 손길이 아직 제대로 미치지 못한 지구상의 유일한 지역이다. 남극의 영역을 어떻게 정의할 것인가에 대해 그간 국제사회에서 많은 논의들이 있었다. 남극대륙 및 그 주변의 섬들을 남극이라 하기도 하고, 남극 유빙의 한계선인 "남위 45도 이하"의 전체 지역을 남극으로 부르기도 한다. 그러나 국제법상으로 '남극조약(Antarctic Treaty, 1959)'이 적용되는 지리적 영역인 "남위 60도 이남"을 남극지역으로 보는 것이 가장 적절한 것으로 보인다. 지리적으로 남극은 얼음으로 덮인 육지와 '남극해(南極海)' 혹은 '남빙양(南氷洋, Antarctic Ocean)'이라고 불리는 해양으로 구성된다.

남극의 대륙 면적은 약 1천 4백만㎢ 정도이며, 거의 전부는 얼음으로 덮여 있다. 남극의 얼음대륙은 지구 육지 면적의 10분의 1 크기에 달한다. 우리가 5대양의 하나인 남극지역을 '바다'로 부르지 않고, 종종 '대륙'으로 부르는 이유는 남극의 98% 이상이 '빙상(Ice Sheet)'과 '빙하(Glacier)'로 덮여 있으며, 평균적으로 두께가 약 1.6㎞에 이르기 때문이다. 그래서 전 세계 담수(민물)의 약 90%가 남극에 얼음의 형태로 보존되어 있다. 반면에 남극의 강수량은 연간 200mm 정도로 사막보다 비가 적으며, 지금까지 남극의 육지 지역에 인간이 정착한 거주지는 없는 것으로 알려져 있다.

남극 주변바다의 정식 명칭은 '남대양(南大洋, Southern Ocean)'이며, 세계 5개 대양 중 하나이다. 남극이 발견되기 전까지 남극해는 태평양 혹은 남태평양 일부에 붙여지던 이름이었으며, 지금까지 남대양으로 그 의미가 이어지고 있는 것이다. 남극의 바다는 태평양, 대서양, 인도양 등 다른 대양과 달리 육지로 둘러싸여 있지 않아, 지리적 경계가 명확하지 않다.

지리적 장애물이 없어 경계가 애매해 보이지만 아무런 장애물이 없는 관계로 강한 '순환형 해류(Ocean Current Circulation)'가 형성되었다. 남위 60도

인근을 따라 원형으로 돌아가는 이런 '남극환류(南極環流)'를 경계로 하여, 해양기후와 생태계가 북쪽 태평양과 크게 다른 특징이 있다. 국제수로기구(IHO)에서는 이러한 특성을 감안하여, 지난 2000년에 우리나라를 포함하여 남극조약당사국회의(ATCM) 27개국의 찬성을 얻어 남위 65도 남쪽의 바다를 '남극해'로 최종 지정했다

〈그림 35〉 남극 해역의 지리범주와 남극기지

Ⅲ. 한국의 극지외교 현황과 국제질서

1. 북극에 대한 극지외교 현황

북극해는 천연자원이 절대적으로 부족한 우리나라에게 향후 '자원의 신대륙'이나 다름이 없다. 또한 북극항로를 이용한 물류비용의 절감은 국

가경쟁력을 한 단계 높일 수 있는 획기적 전환점으로 평가된다. 그러나 무한한 가능성의 크기만큼 본격적인 개발까지는 난제가 산적해 있다. 이 것은 우리가 앞으로 북극해를 둘러싼 국제적 논의와 분쟁의 상황을 잘 지켜봐야 하는 이유가 될 것이다.

글로벌 국가 사이의 위기와 편익을 동시에 증가시키고 있는 소위 '북극해의 역설(The Paradox of the Arctic Ocean)'은 빠르게 나타났다. 2000년 이 후부터 북극해 항로의 상용화 및 북극해 연안지역 자원개발 가능성이 현실화됨에 따라 주요 국가들의 북극개발에 대한 관심도 점차 증대되었다. 북극해는 엄청난 자원의 보고(寶庫)이자, 무한한 경제적 잠재가치를 가지고 있기 때문이다. 최근 북극해에서는 해빙(解氷)으로 원유와 가스 등 자원개발의 소위 '콜드러시(Cold Rush)'가 진행되고 있으며, 혹자는 이를 새로운 '신북극시대(The New Arctic Age)'의 도래로 본다.

그런데, 북극해 질서와 국제적 거버넌스 구조에서 기존 북극권 국가들의 배타적이고 이기적인 움직임이 있어온 것은 누구도 부정할 수 없다. 북극해의 대부분 해역은 연안 5개국인 러시아, 캐나다, 미국, 노르웨이, 덴마크의 영토로부터 배타적 경제수역으로 인정받을 수 있는 200해리보다 멀리 떨어져 있다.

하지만 이들은 자기 나라의 육지가 바다 깊은 대륙붕으로 이어져 있으면 200해리 이상에서도 권한을 확보할 수 있다는 예외 조항을 이용해 영유권을 주장하고 있다. 나아가 북극해의 혹독한 자연환경을 극복하고, 개발과 관리상의 위험과 부담을 최대한 분산시키기 위해서, 이들이 외부와 공동의 노력도 충분히 병행하고 있음에 우리는 더욱 주목해야 한다.

2017년부터 북극이사회에서 가장 영향력 높은 노르웨이, 러시아와 북극권 양자협의를 우리나라와 각각 정례화 하였으며, 아이슬란드가 주관하는 북극서클에서는 2016년부터 한국소개행사와 '북극협력주간(Arctic Partnership Week)' 개최를 추진하는 등의 다각적 협력을 진행한 점은 긍정적이다.

다만 여러 방면으로 협력기반을 구축하려는 노력에 비하여 아직 성과
는 초기단계에 머무르고 있다. 실상 이러한 문제를 제기하는 학자나 전문
가가 국내에 부족한 것도 우리의 불편한 현실이다. 일본과 중국에서도 이
런 사정들이 크게 다르지 않았다. 최근 동북아시아에서 한국, 중국, 일본
의 북극협력을 위한 대화는 그런 취지에서 시작되었다.

〈그림 36〉 한국, 중국, 일본의 북극협력대화

일부에서는 이미 분쟁이 표면화한 북극 지역과 그 바다에서의 러시아
와 서방간의 대립이 군사적 갈등으로 치닫고 이에 따라 미국과 캐나다가
새로운 대 러시아 제재를 추진할 수도 있는 만큼 동북아시아와 우리나라
의 신중하고 유연한 대응이 필요하다는 주장도 있다. 따라서 정부와 학계
는 보다 장기적인 안목으로 북극의 해양영토분쟁 상황과 그에 관한 국제
질서가 우리에게 요구하는 책무를 성실히 수행하면서 준비를 철저히 해야
할 것이다.

우리나라는 북극지역의 기후변화에 따른 전지구적인 환경 및 생태적 도전에 적극 대처하고, 북극항로 개발 등 우리나라 기업의 북극 진출을 적극 지원하기 위하여 북극권 국가 및 북극이사회, 북극서클 등 유관 국제기관과의 협력을 보다 강화해나갈 계획이다. 하지만 더 중요한 문제는 우리가 북극이사회 및 북극서클 등과 실질적인 협력관계로 발전하기 위해서는 회원별 특성을 고려한 전략적인 협력방안과 맞춤형 접근법이 마련될 필요가 있다는 점이다.

우리나라가 북극해에서 활동영역을 넓히기 위해서는 북극이사회의 지속적 참여가 필수적이다. 무엇보다도 여러 워킹그룹 내에서의 지속적 활동과 기여도가 중요해 보인다. 즉 우리나라가 북극이사회 내에서 활동을 강화하고 이사회의 여러 작업반이나 프로젝트 참여로 실질적인 기여를 하는 것이 북극해 진출을 통한 국익확보의 선결요건이 될 것이다.

2. 남극에 대한 극지외교 현황

우리나라는 1996년 1월에 환경보호에 관한 남극조약의정서를 비준하였고, 1998년부터 국내법적 효력을 갖게 되었다. 남극조약의정서는 조약의 성격상, 현재 이를 비준한 53개 당사국국이 아닌 국가에 대해서는 법적인 구속력이 전혀 없다. 물론 우리나라는 당사국으로서 의정서 발효 직후부터 그 충실한 이행과 국제협력을 위해 국내법과 제도 정비에 나섰다.

환경보호에 관한 남극조약의정서(1991)에 근거하여 우리나라는 1998년 '남극활동 및 환경보호에 관한 법률(약칭 남극활동법, 법률 제15787호; 2018년 일부개정)', '남극활동 및 환경보호에 관한 법률시행령(대통령령 제29685호; 2019년 일부개정)' 등을 제정하였다. 그래서 남극은 현재 대한민국여권법 이외의 별도의 법률로 국민의 출입을 원칙적으로 제한하고 있는 지역이며, 외교부의 심사와 허가를 따로 받아야 한다. 우리나라와 대부분 국가들은 국가과학연구(national scientific programs)의 일환으로 남극을 방문하지만, 자국의 허가와 함께 남극방문에 대한 국제지침(guideline) 및 주의사항을 엄격히 지켜야 한다.

현재 남극으로 이동하는 국가별 관문으로는 남아프리카공화국의 케이프타운(Cape Town), 호주의 호바트(Hobart), 뉴질랜드의 크라이스트처치(Christchurch), 아르헨티나 우수아야(Ushuaia) 등이 있다. 칠레의 푼타아레나스는 그 중에서 가장 거리가 짧으며, 1940년대 남극기지 활동 초창기부터 주요 국가들의 탐사와 이동 경로로 활용되었다. 푼타아레나스는 2020년부터 국제남극연구센터 운영을 시작하였으며, 우리나라도 세종과학기지의 출입은 전적으로 칠레와 협력하고 있다.

우리나라는 남극 세종기지와 장보고기지를 중심으로 향후 '백두봉', '한라봉'과 같은 우리 고유지명을 표기한 부채꼴 모양의 지도를 제작하기 위해 노력하고 있는 상황이다. 국제적으로 논란이 되고 있는 부채꼴 패러다임을 따라가는 것은 규범적으로 옳지 않지만, 일단 우리 정부는 실효적 지배를 하는 주류 집단의 논리에 동조하고 있는 것이다. 그래서 향후 국내에서도 이 문제에 대한 논의는 반드시 필요해 보인다.

남극조약협의당사국 지위가 20년이 넘었고, 이제 '극지진출 중견국'으로 인정받고 있다. 북극에 1개, 남극에 2개 기지를 갖고 있으면서, 쇄빙연구선까지 운영한다. 하지만 실제 당사국회의나 의사결정구조에서 그 존재감은 강하지 않은 것 같다. 특히 현지에서 거둔 성과를 체계적으로 정리하여, 새로운 남극이슈를 기획하는 노력은 다른 당사국들보다 상대적으로 적었다. 향후에는 남극의 환경과 과학활동에 대한 우리의 내용을 키워서 그 기여 부분을 확대하거나 홍보할 필요가 있다.

우리는 미래에 남극에서의 자원개발 연고권 경쟁 및 글로벌 지구환경 활동에 적극 참여하기 위해 앞으로 남극 관련 이슈에 적극적으로 투자하고 대응하는 자세가 필요하다. 우리나라 남극진출 역사는 민간인으로 구성된 한국남극 관측 탐험단이 파견된 1985년부터이며, 생각보다 오래 되었다. 당시에는 남빙양의 크릴새우를 잡겠다는 의지가 남극의 해역조사로 이어졌다. 그리고 지난 30년 넘는 세월동안 우리나라는 '남극조약' 제도권 내의 역량을 키웠다.

〈그림 37〉 남극 세종과학기지의 전경

실제로 남극조약협의회의당사국지위(ATCP), 남극연구과학위원회 (Scientific Committee on Antarctic Research, SCAR), 국가남극프로그램운영자위원회(Council of Managers of National Antarctic Programs, COMNAP)의 정회원 지위를 모두 획득하였다. 우리나라의 남극 제도권 진출의 역사는 차곡차곡 쌓여 온 것이다.

그래서 우리는 과거 30년과 같이, 향후 30년 동안에도 정부의 꾸준한 투자를 통해 남극에서의 지분과 영향력을 주장할 수 있는 '제도권의 힘'을 계속 키워야 한다. 그래야만 남극에 대한 국가적 투자에 상응하는 우리의 위상도 2048년 남극조약이 만료되는 시점에 찾아볼 수 있을 것이다.

3. 북극과 남극의 국제질서 변화

우선 북극해를 선점하다시피 하고 있는 주요 해양강국들의 움직임은 최근으로 올수록 심상치 않은 것으로 알려지고 있다. 이들의 북극해 연안에 대한 정책은 초기부터 정부지원 하에 통합적이고 강력한 방향으로 수립되었으며, 무엇보다 국익증진에 기반을 둔 국제적인 교섭과 제한적 협력을 추진하고 있다.

그런 점에서 이미 북극해 활용은 더 이상 관련 연안국의 문제가 아닌 국제적 관심사이자, 전 지구적으로 논의되어야 할 이해충돌의 사안이 되고 있는 것이다. 하지만 다양한 분야와 연계되어 있는 북극해 문제의 복잡성으로 인해 효과적인 협력구조나 국제질서, 글로벌 협치나 거버넌스 체제를 구축하기 쉽지 않다.

북극해의 거버넌스는 정부중심에서 점점 민간부문과 전문가 집단, 학계의 네트워크로 확산되고 있는 것이 특징적이다. 특히 이러한 움직임은 환경과 과학분야에서 가장 두드러지고 있다. 최근 대두되기 시작한 북극권 지역의 대기, 해양, 토양 등의 오염문제는 대체로 해당 지역에 사는 원주민들이 유발한 것이 아니기 때문이다. 북극해가 오염이 되면 대류에 의한 급속한 확산으로 인하여 생태계 파괴가 급속도로 일어나는 한편, 미비한 인프라 시설 및 열악한 기후조건으로 인하여 복구가 쉽지 않다는 문제점이 있다. 게다가 북극권은 인간이 거주하는 지역임을 인식하여 원주민의 지문화적 가치를 중심으로 수많은 학술적 주장들이 등장하여 세계적 이목을 집중시켰다.

현재 비북극권 지역에서 필요로 하는 북극의 자료나 현황의 대부분은 민간단체와 시민단체, 학계 및 전문가들의 손에 의해 만들어지고 있다. 물론 이것은 북극해 보전과 개발을 둘러싼 국가, 산업계 및 환경단체 사이의 갈등을 중재하는 중요한 기준이 되고 있다.

이런 상황에 비추어 보면, 현존하는 가장 강력한 지배구조인 북극이사회 중심의 현안해결은 쉽지 않아 보인다. 북극이사회의 지배와 문제해결형 거버넌스의 임의성과 비공식성은 상당히 높은 편이며, 연성적인 이니셔티브로 인하여 구속력과 효과성이 낮아진 상태로 유지되고 있다.

또한 북극해 협력을 확대시켜 온 글로벌 거버넌스는 합리적, 계획적이라기보다 시의적 필요에 따른 국제제도와 기구들이 임의로 혼합되는 특성을 보이고 있다. 2020년대 이후에도 북극 바다 연안국들은 폐쇄적인 동맹 체제를 강화하면서도, 다른 비연안국과의 갈등이나 분쟁도 점점 심화되고 있다.

한편, 남극의 경우는 국제질서의 변화가 더욱 복잡해지고 있는 상황이다. 현재 유엔(UN)은 남극조약당사국들에게는 국가관할권의 범위를 넘는 하나의 특별한 지역으로 남극을 규정하도록 설득하고, 미래에 영구적인 국제공동수역의 의미로 남극해를 유엔(UN) 전체의 관리 하에 두자는 입장이다.

하지만 이에 대해 영유권을 공식·비공식으로 주장하는 남극조약당사국 8개 나라와 미국, 러시아, 중국 등이 적극 반대하고 있다. 일례로 1985년 유엔(UN)창설 40주년 기념총회에서 '남극결의안'이 채택되었으나, 남극조약당사국들은 모두 동의하지 않았다. 오히려 마드리드 의정서가 1998년에 발효된 후, 정확히 50년이 되는 2048년에 그 효력이 만료되기를 기다리는 형국이다.

특히 마드리드 의정서의 향후 수정이나 개정절차를 명시한 제25조에는 이런 합리적 의심을 가능케 하는 조항이 들어 있다. 2048년 만료 이후에 의정서 체결 당사국의 요청이 있으면, 의정서 기탁국이었던 미국은 의

정서의 내용 개정과 새로운 남극 운영에 관한 검토회의를 개최해야 한다.

이 회의에서 제안되는 개정안은 의정서를 채택한 당사국 중 4분의 3을 포함한 과반수로 채택됨을 적시하고 있다. 채택된 향후 개정안의 발효를 위해서는 최초 의정서 채택 당시인 1991년의 모든 당사국을 포함시켜, 전체 당사국의 4분의 3이 다시 비준해야 한다. 2048년에는 지금과 크게 다른 새로운 남극레짐에 관한 조약 개정안이 제출될 것이 거의 확실시되는 이유다. 최근 각 국가들의 남극기지를 중심으로 광물자원의 탐사와 개발 가능성을 시사하는 언론과 미디어 보도들을 우리가 종종 접할 수 있는 원인도 여기에 있다.

남극에 과학기지를 보유한 국가는 30개 나라인데, 상설기지를 2개 이상 운영하는 국가는 10개국에 불과하다. 이 중에서 아르헨티나 13개, 칠레 11개, 러시아 10개, 영국 4개, 호주 4개, 중국 4개, 미국 3개, 인도 3개, 프랑스 2개, 한국 2개 등이다. 아르헨티나와 칠레는 가장 많은 기지를 운영하고 있으며, 이들은 남극에 과학조사 목적과 함께 자국의 주소와 이름을 부여하는 등의 실효적 행위를 계속 하고 있다.

또한 남극기지에 화재사고나 비상사태가 발생하면 가까운 아르헨티나와 칠레는 자국의 영토라는 이유로 서로의 군용기와 배를 경쟁적으로 출동시키고 있다. 우리나라는 남극기지 운영과 유사시에 주로 칠레 쪽의 군용기를 계속 이용했었는데, 여기에 아르헨티나는 크게 반대를 했었다.

Ⅳ. 맺음말

글로벌 경쟁과 자국우선주의의 등장으로 인해, 지금의 북극과 남극 국제질서 체제는 2030년 이후에 큰 위기를 맞을 가능성도 충분해 보인다.

이제 우리나라도 북극과 남극 문제에 대한 외교적 입장 및 패러다임의 타당성을 확실히 정리하고, 국익에 도움이 되는 국제적 대응책을 선제적으로 마련해야 한다.

우리나라 정부가 2004년에 만든 '극지연구소(極地硏究所, Korea Polar Research Institute, KOPRI)'는 해양수산부 산하 국책연구기관인 '한국해양과학기술원(KIOST)'의 부설기관이다. 현재 우리나라 유일의 극지전문기관임에도 불구하고, 조직의 규모가 작고 그 제도적 위상이 높지 않다. 국책연구원 부설기관 단위에서 남극과 북극 3개 기지를 전부 관리하고, 모든 극지정책 및 정보를 생산하고 있는 것이다.

반면에 중국, 일본, 호주, 남미국가들이 중앙정부의 상설부처 장관급으로 북극과 남극에 대한 극지정책을 총괄, 관장하고 있는 점은 우리에게 깊은 시사점을 준다. 우리나라는 극지 정책부서와 정부기관의 위상을 높이면서, 남극정책과 국제활동의 내실을 다져야 한다. 국가적으로 인적자원 확보와 예산 투입은 정책성공의 필요조건이다.

북극과 남극의 이해당사국은 모두 하나 같이 자국의 연구결과 및 정보를 극지의 '정책의제(Policy Agenda)'에 매년 반영시키고 있다. 나아가 새로운 탐사이슈나 과학프로그램으로 다시 환원시키면서 극지레짐의 주도권을 계속 유지, 강화하고 있다. 반면에 우리나라는 이제서야 '극지진출 중견국'으로 인정받고 있다. 북극에 1개, 남극에 2개 기지를 갖고 있으면서, 쇄빙연구선까지 운영한다.

하지만 우리나라는 실제 당사국회의나 의사결정구조에서 그 존재감은 강하지 않은 것 같다. 특히 현지에서 거둔 성과를 체계적으로 정리하여, 새로운 극지의 이슈를 기획하는 노력은 다른 당사국들보다 상대적으로 적었다. 향후에는 극지의 탐사와 과학 활동에 대한 우리의 내용을 키워서 그 기여분을 확대할 필요가 있을 것으로 본다. 향후 우리나라의 극지외교는 장기적 호흡과 안목에서 접근해야 한다는 것이 결론적인 생각이다.

부록

참고문헌
출전
찾아보기

참고문헌

1장 | 태평양 외교와 '태평양동맹(PA)'의 결성

도널드 프리먼(저) · 노영순(역)(2016), 『태평양: 물리환경과 인간사회의 교섭사』. 서울: 선인출판.

미야자키 마사카쓰(저) · 이수열 · 이명권 · 현재열(역)(2017), 『바다의 세계사』. 서울: 선인출판.

브라이언 블루엣 외(저) · 김희순 · 강문근 · 김형주(역)(2013), 『라틴아메리카와 카리브해: 주제별 분석과 지역적 접근』. 서울: 까치글방.

우양호(2008), "공유자원 관리를 위한 제도적 장치의 성공과 실패요인", 『행정논총』, 46(3): 173-205쪽.

우양호(2010), "해항도시(海港都市) 부산의 도시성장 특성에 관한 연구: 패널자료를 통한 성장원인의 규명(1965-2007)". 『지방정부연구』. 14(1): 135-157쪽.

우양호(2013), "해항도시간 국경을 초월한 통합의 성공조건: 북유럽 '외레순드(Oresund)'의 사례". 『도시행정학보』. 26(3): 143-164쪽.

우양호(2013), "지역사회 다문화 정책의 문제점과 발전방향: 해항도시 부산의 '다문화거버넌스' 구축 사례". 『지방정부연구』. 17(1): 393-418쪽.

우양호(2014), "유럽 해항도시 초국경 네트워크의 발전과 미래: '외레순드'에서 '페마른 벨트'로". 『해항도시문화교섭학』. 10: 239-264쪽.

우양호(2015), "초국적 협력체제로서의 해역(海域)". 『해항도시문화교섭학』. 13: 209-245쪽.

우양호(2018), "카리브해의 해역네트워크와 도서국가의 지역적 통합". 『해항도시문화교섭학』. 18: 205-232쪽.

우양호 · 정문수 · 김상구(2016), "'동해(東海)의 출구'를 둘러싼 다국적 경쟁과 협력의 구조: 중국과 북한의 '두만강 초국경 지역개발' 사례". 『지방정부연구』. 20(1): 109-133쪽.

정문수 · 류교열 · 박민수 · 현재열(2014), 『해항도시 문화교섭 연구방법론』. 서울: 선인출판.

폴 뷔텔(저) · 현재열(역)(2017), 『대서양: 바다와 인간의 역사』. 서울: 선인출판.

프랑수아 지푸루(저) · 노영순(역)(2014), 『아시아 지중해: 16세기-21세기 아시아 해항도시와 네트워크』. 서울: 선인출판.

Baquero-Herrera, M.(2005), Open Regionalism in Latin America: An Appraisal. *Law and Business Review of the Americas*, Vol.11, No.2, pp.139-183.

Briceno-Ruiz, J.(2017), Latin America Beyond the Continental Divide: Open Regionalism and Post-Hegemonic Regionalism Co-existence in a Changing Region. in *Post-Hegemonic Regionalism in the Americas*. Routledge, pp.87-112.

Briceno-Ruiz, J. and Morales, I.(2017), *Post-Hegemonic Regionalism in the Americas: Toward a Pacific-Atlantic Divide?*. Taylor & Francis, pp.1-39.

Bulmer-Thomas, V.(1998), The Central American Common Market: From Closed to Open Regionalism. *World Development*, Vol.26, No.2, pp.313-322.

Carranza, M. E.(2017), South American Free Trade Area or Free Trade Area of the Americas?: *Open Regionalism and the Future of Regional Economic Integration in South America*. in Open Regionalism and the Future of Regional Economic Integration in South America. Routledge, pp.25-59.

De Gouvea, R., Kapelianis, D., Montoya, M. J. R. and Vora, G.(2014), An Export Portfolio Assessment of Regional Free Trade Agreements: A Mercosur and Pacific Alliance Perspective. *Modern Economy*, Vol.5, No.5, pp.614-624.

Downey, C.(2014), MERCOSUR: A Cautionary Tale. *The International Business & Economics Research Journal*, Vol.13, No.5, pp1177-1186.

Duran Lima, J. E. and Cracau, D.(2016), The Pacific Alliance and its Economic Impact on Regional Trade and Investment: Evaluation and Perspectives. *Serie Comercio Internacional*. No.128, pp.56-65.

Flemes, D. and Castro, R.(2016), Institutional Contestation: Colombia in the Pacific Alliance. *Bulletin of Latin American Research*, Vol.35, No.1, pp.78-92.

Garzon, J. F.(2015), *Latin American Regionalism in a Multipolar world*. Robert Schuman Centre for Advanced Studies Research Paper RSCAS, No.23, pp.1-20.

Herreros, S.(2016), The Pacific Alliance: A Bridge between Latin America and The Asia-Pacific?. in *Trade Regionalism in the Asia-Pacific: Development and Future Challenges*, pp.273-294.

Hsiang, A. C.(2016), Power Transition: The US vs. China in Latin America. *Journal of China and International Relations*, Vol.10, No.1, pp.44-72.

Kotschwar, B. and Schott, J. J.(2013), The Next Big Thing? The Trans-Pacific Partnership & Latin America. *Americas Quarterly*, Vol.7, No.2, pp.80-87.

Monteagudo, M.(2018), The Pacific Alliance in Search for a Financial Integration: So Close and Yet So Far. *Global Trade and Customs Journal*, Vol.13, No.10, pp. 453-471.

Pena, F.(2015), Regional Integration in Latin America: The Strategy of Convergence in Diversity and the Relations between MERCOSUR and the Pacific Alliance. in *A New Atlantic Community: The European Union, the US and Latin America*, pp.189-198.

Phillips, N.(2003), The Rise and Fall of Open Regionalism? Comparative Reflections on Regional Governance in the Southern Cone of Latin America. *Third World Quarterly*, Vol.24, No.2, pp.217-234.

Ramirez, S.(2013), Regionalism: The Pacific Alliance. *Americas Quarterly*, Vol.7, No.3, pp.101-102.

Tvevad, J.(2014), *The Pacific Alliance: Regional Integration or Fragmentation. Policy Briefing. Policy Department, Directorate-General for External Policies*, Bruxelles, pp.1-30.

Urrego-Sandoval, C.(2014), *The Pacific Alliance and the Latin American Divide*. Dialogue-King College London Politics Society, No.9, pp.18-19.

Wei, S. J. and Frankel, J. A.(1998), Open Regionalism in a World of Continental Trade Blocs. *Staff Papers*, Vol.45, No.3, pp.440-453.

Yahuda, M.(2012), *The International Politics of the Asia Pacific*. Routledge, pp.1-67.

Yi, S. S.(1996), Endogenous Formation of Customs Unions under Imperfect Competition: Open Regionalism is Good. *Journal of International Economics*, Vol.41, No.(1-2), pp.153-177.

남미공동시장(2023), https://www.mercosur.int/en.

대한무역투자진흥공사(2023), http://www.kotra.or.kr.

대한민국기획재정부(2023), http://www.moef.go.kr.

대한민국외교부(2023), http://www.mofa.go.kr.

대한민국산업통상부(2023), http://www.motie.go.kr.

멕시코경제통상부(2023), https://www.gob.mx/se.

칠레정부포털(2023), https://www.gob.cl.

코트라해외시장뉴스(2023), https://news.kotra.or.kr.

콜롬비아투자진흥청(2023), http://www.coinvertir.org.

태평양동맹(2023), https://alianzapacifico.net/en.

페루외교부(2023), https://www.gob.pe/rree.

한국무역협회(2023), http://kita.net.

2장 | 카리브해 외교와 도서국 공동체의 결성

강석영(1992), "카리브해 도서국들의 구조와 특성".『중남미연구』. 8(1), 7-37쪽.

김달관(2005), "카리브해에서 인종과 정치의 혼종성".『국제지역연구』. 9(1), 25-49쪽.

김용호(2006), "흑인들의 문화적 기억을 통해 재구성한 초카리브 정체성".『이베로아메리카연구』. 17, 1-22쪽.

브라이언, W. 블루엣, 올린, M. 블루엣.(김희순·강문근·김형주 옮김)(2013), 『라틴아메리카v와 카리브해: 주제별 분석과 지역적 접근(원제: Latin America and The Caribbean: A Systematic and Regional Survey)』. 까치글방: 1-616쪽.

우양호(2012a), "월경한 해항도시간 권역에서의 국제교류와 성공조건: 부산과 후쿠오카의 초국경 경제권 사례".『지방정부연구』. 16(3): 31-50쪽.

우양호(2012b), '동북아시아 해항도시의 초국경 교류와 협력방향 구상: 덴마크와 스웨덴 해협도시의 성공경험을 토대로".『21세기정치학회보』. 22(3): 375-395쪽.

우양호(2013a), "해항도시간 국경을 초월한 통합의 성공조건: 북유럽 '외레순드(Oresund)'의 사례".『도시행정학보』. 26(3): 143-164쪽.

우양호(2013b), "해항도시의 월경협력모델 구축에 관한 연구: 한·일 해협의 초광역 경제권을 토대로". 『해항도시문화교섭학』. 9: 186-219쪽.

우양호(2014), "유럽 해항도시 초국경 네트워크의 발전과 미래: 외레순드에서 페마른 벨트로". 『해항도시문화교섭학』. 10: 239-264쪽.

우양호(2015a), "흑해(黑海) 연안의 초국적 경제협력모델과 정부간 네트워크: 동북아시아 해역(海域)에 주는 교훈과 함의". 『지방정부연구』. 19(1): 19-43쪽.

우양호(2015b), "초국적 협력체제로서의 '해역(海域)': '흑해(黑海)' 연안의 경험". 『해항도시문화교섭학』. 13: 209-246쪽.

Braithwaite, S.(2017), What Do Demand and Supply Shocks Say About Caribbean Monetary Integration?. *The World Economy*, Vol.40, No.5, pp.949-962.

Bravo, K. E.(2005), CARICOM, The Myth of Sovereignty, and Aspirational Economic Integration. *North Carolina Journal of International Law*, Vol.31, No.1, pp.145-206.

Brown, D. N. and Pomeroy, R. S.(1999), Co-management of Caribbean Community(CARICOM) Fisheries. *Marine Policy*, Vol.23, No.6, pp.549-570.

Braveboy-Wagner, J.(2007), *Small States in Global Affairs: The Foreign Policies of the Caribbean Community(CARICOM)*, Springer, pp.25-234.

Caserta, S. and Madsen, M. R.(2016), Caribbean Community-Revised Treaty of Chaguaramas-Freedom of Movement under Community Law-Indirect and Direct Effect of International Law-LGBT Rights. *The American Journal of International Law*, Vol. 110, No.3, pp.533-540.

Chakalall, B., Mahon, R. and McConney, P.(1998), Current Issues in Fisheries Governance in the Caribbean Community(CARICOM), *Marine Policy*, Vol.22, No.1, pp.29-44.

Chakalall, B., Mahon, R., McConney, P., Nurse, L. and Oderson, D.(2007), Governance of Fisheries and Other Living Marine Resources in the Wider Caribbean. *Fisheries Research*, Vol. 87, No.1, pp.92-99.

Economic Commission for Latin America and the Caribbean.(2017), *Economic Survey of Latin America and the Caribbean 2016*: The

2030 Agenda for Sustainable Development and the Challenges of Financing for Development, UN ECLAC, pp.1–231.

Greenidge, K., Drakes, L. and Craigwell, R.(2010), The External Public Debt in the Caribbean Community. *Journal of Policy Modeling*, Vol.32, No.3, pp.418–431.

Grenade, W. C.(2005), An Overview of Regional Governance Arrangements within the Caribbean Community(CARICOM). in *The European Union and Regional Integration: A Comparative Perspective and Lessons for the Americas*, University of Miami, Miami–Florida European Union Center of Excellence, pp.167–184.

Grenade, W. C.(2011), Regionalism and Sub–regionalism in the Caribbean: Challenges and Prospects: Any Insights from Europe?. *Robert Schuman Paper Series*, Vol.11. No.4, pp.1–20.

Griffith, W. H.(1990), CARICOM Countries and the Caribbean Basin Initiative. *Latin American Perspectives*, Vol. 17, No.1, pp.33–54.

Harding, A. and Hoffman, J.(2003), *Trade between Caribbean Community(CARICOM) and Central American Common Market(CACM) Countries: The Role to Play for Ports and Shipping Services(Vol. 52)*, United Nations Publications, pp.56–98.

Hall, K. O.(2003), *Re–inventing CARICOM: The Road to a New Integration*, A Documentary Record. Ian Randle Publishers, pp.11–301.

Heath–Brown, N.(2015), *Caribbean Community(CARICOM). The Statesman's Yearbook 2016: The Politics, Cultures and Economies of the World*, Palgrave Macmillan, pp.63–94.

Ito, M.(2016), The Caribbean Community Single Market and Economy. International *Journal of Human Culture Studies*, Vo. 26, pp.63–97.

Jessen, A. and Rodríguez, E.(1999), *The Caribbean Community: Facing the Challenges of Regional and Global Integration*, INTAL(Institute for the Integration of Latin America and the Caribbean)–ITD, Occasional Paper 2, pp.1–104.

Levitt, K.(2005), *Reclaiming Development: Independent Thought and Caribbean Community*. Ian Randle Publishers. pp.45–130.

Lowitt, K., Saint Ville, A., Keddy, C. S., Phillip, L. E. and Hickey, G. M.(2016), Challenges and Opportunities for More Integrated

Regional Food Security Policy in the Caribbean Community. *Regional Studies & Regional Science*, Vol. 3. No.1, pp.368-378.

Menon, P. K.(1996), *Regional Integration: A Case Study of the Caribbean Community(CARICOM)*. Convention of the International Studies Association, pp.1-67.

Newstead, C.(2009), Regional Governmentality: Neoliberalization and the Caribbean Community Single Market and Economy. Singapore *Journal of Tropical Geography*, Vol. 30, No.2, pp.158-173.

Pomeroy, R. S., McConney, P. and Mahon, R.(2004), Comparative Analysis of Coastal Resource Co-management in the Caribbean. *Ocean & Coastal Management*, Vol. 47, No.9, pp.429-447.

Scobie, M.(2016), Policy Coherence in Climate Governance in Caribbean Small Island Developing States. *Environmental Science & Policy*, Vol.58, No.1, pp.16-28.

Toba, N.(2009), Potential Economic Impacts of Climate Change in the Caribbean Community. *Assessing the Potential Consequences of Climate Destabilization in Latin America*. in W. Vergara(ed.) Assessing the Potential Consequences of Climate Destabilization in Latin America, World Bank, Washington, D. C., Working Paper. 32, pp.1-30.

대한민국외교부(2023), http://www.mofa.go.kr/regional/latin.

동카리브국가기구(OECS)(2023), http://www.oecs.org.

카리브해 서인도제도대학(2023), http://www.uwi.edu.

유엔(UN) 라틴아메리카 · 카리브해경제위원회(Economic Commission for Latin America and the Caribbean)(2023), http://www.cepal.org.

유엔(UN) 지속가능개발지식플랫폼(UN Sustainable Development Knowledge platform)(2023), https://sustainabledevelopment.un.org.

유엔(UN) 카리브해 연안 환경프로그램(UNEP The Caribbean Environment Program)(2023), http://www.cep.unep.org.

카리브공동체(CARICOM)(2023), http://www.caricom.org.

카리브국가연합(ACS(2023), http://www.acs-aec.org.

카리브개발은행(CDB(2023), http://www.caribank.org.

3장 | 중앙아시아 카스피해의 국제관계와 협력

강삼구(2008), "신 거대게임: 카스피해 에너지자원을 둘러싼 강대국간 지정학적 경쟁". 『전남대학교 세계한상문화연구단 국내학술대회논문집』. 133-151쪽.

김연규 · 엄구호(2007), "러시아, 미국, EU의 카스피해에너지 운송전략". 『슬라브학보』. 22(4): 185-219쪽.

문수언(1999), "러시아와 카스피해의 석유정치: 러시아의 선택과 "강대국 외교"의 허실". 『국제정치논총』. 39(1): 301-318쪽.

우양호(2015), "초국적 협력체제로서의 해역(海域): 흑해 연안의 경험". 『해항도시문화교섭학』. 13: 209-245쪽.

우양호(2018), "카리브해의 해역네트워크와 도서국가의 지역적 통합". 『해항도시문화교섭학』. 18: 205-232쪽.

우양호 · 이원일(2017), "북해(北海) 해역권의 형성과 월경적 협력체제의 구축: 공동협약과 협력프로그램을 중심으로". 『해항도시문화교섭학』. 17: 211-250쪽.

제성훈(2011), "카스피해에서 러시아의 국가이익과 경계획정 문제에 대한 입장변화". 『슬라브학보』. 26(1): 129-162쪽.

Arian, T., Rani, M. and Khosravi, M. A.(2019), The Legal Regime of Caspian Sea. *Global Journal For Research Analysis*, Vol.8, No.7, pp.44-51.

Bahgat, G.(2004), The Caspian Sea: Potentials and Prospects. *Governance*, Vol.17, No.1, pp.115-126.

Bajrektarevic, A. H. and Posega, P.(2016), The Caspian Basin: Geopolitical Dilemmas and Geoeconomic Opportunities. Geopolitics, *History and International Relations*, Vol.8, No.1, pp.237-264.

Bantekas, I.(2011), Bilateral Delimitation of the Caspian Sea and the Exclusion of Third Parties. *The International Journal of Marine and Coastal Law*, Vol.26, No.1, pp.47-58.

Contessi, N.(2015), *Traditional Security in Eurasia: The Caspian Caught between Militarisation and Diplomacy*. The RUSI Journal, Vol.160, No.2, pp.50-57.

Croissant, M. P. and Aras, B.(Eds)(1999), *Oil and Geo-Politics in the Caspian Sea Region*. Greenwood Publishing Group, pp.1-57.

Frappi, C. and Garibov, A.(2014), *The Caspian Sea Chessboard: Geo-Political, Geo-Strategic And Geo-Economic Analysis*. EGEA Spa, pp.1–67.

Ghafouri, M.(2008), The Caspian Sea: Rivalry and Cooperation. *Middle East Policy*, Vol.15, No.2, pp.81–96.

Grant, B.(2016), *The Captive and the Gift: Cultural Histories of Sovereignty in Russia and the Caucasus*. Cornell University Press: pp.51–92.

Hafeznia, M. R., Pirdashti, H. and Ahmadipour, Z.(2016), An Expert-Based Decision Making Tool for Enhancing the Consensus on Caspian Sea Legal Rregime. *Journal of Eurasian studies*, Vol.7, No.2, pp.181–194.

Janbaaz, D. and Fallah, M.(2019), Energy Resources of the Caspian Sea: The Role of Regional and Trans-regional Powers in Its Legal Regime. In *The Dynamics of Iranian Borders*. Springer, Cham, pp.69–93.

Kadir, R. A.(2019), Convention on the Legal Status of the Caspian Sea. *International Legal Materials*, Vol.58, No.2, pp.399–413.

Kapyshev, A.(2012), Legal Status of the Caspian Sea: History And Present. *European Journal of Business and Economics*, Vol.6, pp.25–28.

Kim, Y. and Blank, S.(2016), The New Great Game of Caspian Energy in 2013–14: Turk Stream, Russia and Turkey. *Journal of Balkan and Near Eastern Studies*, Vol.18, No.1, pp.37–55.

Kofanov, D., Shirikov, A. and Herrera, Y. M.(2018), Sovereignty and Regionalism in Eurasia. In *Handbook on the Geographies of Regions and Territories*. Edward Elgar Publishing, pp.10–88.

Lashaki, A. B. and Goudarzi, M. R.(2019), Evolution of the Post-Soviet Caspian Sea Legal Regime. In *The Dynamics of Iranian Borders*. Springer, Cham, pp.49–68.

Mehdiyoun, K.(2000), Ownership of Oil and Gas Resources in the Caspian Sea. *American Journal of International Law*, Vol.94, No.1, pp.179–189.

Mottaghi, A. and GharehBeygi, M.(2013), Geopolitical Facets of Russia's Foreign Policy with Emphasis on the Caspian Sea. *IAU International Journal of Social Sciences*, Vol.3, No.3, pp.53–59.

Rustemova-Demirzhi, S.(2012), Strategic Games over the Caspian. *The Caucasus & Globalization*, Vol.6, No.4, pp.82-86.

Zeinolabedin, Y., Yahyapoor, M. S. and Shirzad, Z.(2011), The Geopolitics of Energy in the Caspian Basin. *International Journal of Environmental Research*, Vol.5, No.2, pp.501-508.

Zimnitskaya, H. and Von Geldern, J.(2011), Is the Caspian Sea a Sea: And Why Does it Matter?. *Journal of Eurasian Studies*, Vol.2, No.1, pp.1-14.

대한무역투자진흥공사(2023), http://www.kotra.or.kr.

기획재정부(2023), http://www.moef.go.kr.

외교부(2023), http://www.mofa.go.kr.

산업통상자원부(2023), http://www.motie.go.kr.

위키미디어(2023), http://wikimedia.org/Caspianseamap.png.

지정학정보서비스(2023), https://www.gisreportsonline.com.

코트라해외시장뉴스(2023), https://news.kotra.or.kr.

한국무역협회(2023), http://kita.net.

4장 | 동남아시아 신남방정책의 해양외교적 평가

강명구.(2018). 신남방정책 구상의 경제·외교적 의의. 산은조사월보 제748호 (2018-03) 이슈분석: 64-75.

곽성일.(2017). 아시아 지역 국가 간 새로운 협력체제 구축 방안, 정책연구보고서 (국민경제자문회의 지원단-23). 1-78.

김병은.(2017). 아시아 인프라 수요와 AIIB, 한국국제협력단 이슈보고서 (Sectoral Issue Report Vol. 11(2017-11), 1-16.

김병은.(2018). 新남방정책: 그 맥락과 교통 ODA의 역할. 한국국제협력단 이슈보고서(Sectoral Issue Report Vol. 09(2018-09), 1-11.

김형종.(2018). 아세안 2017년: 민주주의 위기와 아세안 규범. 동남아시아연구. 28(2): 119-145.

대림검.(2017). 동아시아 공동체에 있어 해역 공간의 재인식. 아세아연구. 60(4): 205-236.

박제훈.(2017). 신고립주의와 아시아공동체에 관한 일고찰: 북핵 위기 해법을 중심으로. 비교경제연구. 24(2): 67-88.

윤진표 외.(2017). 한국과 아세안 청년의 상호 인식. 한-아세안센터, 한국동남아 연구소. 18-19쪽.

오경수.(2018). AEC 재조명을 통한 신남방정책의 시사점. 한국경제연구원 (KERI) 정책제언(18-05): 1-14.

이재현.(2017). 문재인 정부의 신남방 정책: 아세안을 통한 외교다변화. 국방대 학교 국가안전보장문제연구소 안보현안분석 Vol. 138

이재현.(2018). 신남방정책이 아세안에서 성공하려면?, The Asan Institute for Public Studies; Issue Brief(2018-04): 1-17.

통일부.(2018). 문재인의 한반도정책: 평화와 번영의 한반도. 2018년 국정홍보 자료: 1-32.

북방경제협력위원회.(2017). 북방경제협력에 대한 대국민 설문조사 보고서(한국 리서치)(https://www.bukbang.go.kr/bukbang/info_data).

신남방정책특별위원회.(2018). 전체회의 및 보도자료(2018.11.08).

Acharya, A.(2014). Constructing a Security Community in Southeast Asia: ASEAN and the Problem of Regional Order. Routledge: 1-314.

Acharya, A.(2017). The Myth of ASEAN Centrality?. *Contemporary Southeast Asia: A Journal of International and Strategic Affairs*. 39(2): 273-279.

Allison, L.(2015). The EU, ASEAN and Inter-regionalism: Regionalism Support and Norm Diffusion between the EU and ASEAN. Springer: 1-215.

Buszynski, L.(2014). ASEAN Regionalism: Cooperation, Values, and Institutionalization. Contemporary Southeast Asia. 36(1): 162-164.

Beeson, M., and Gerard, K.(2015). ASEAN, Regionalism and Democracy. Routledge Handbook of Southeast Asian Democratization, 54-67.

Caballero-Anthony, M.(2014). Understanding ASEAN's Centrality: Bases and Prospects in an Evolving Regional Architecture. *The Pacific Review*. 27(4): 563-584.

Chia, S. Y. and Plummer, M. G.(2015). ASEAN Economic Cooperation and Integration: Progress, Challenges and Future Directions. Cambridge University Press(Vol. 8): 1-87.

Chiew-Ping, H.(2018). Pivot to Southeast Asia? Republic of Korea's

New Southern Policy. International Workshop on Taiwans New Southbound Policy in Comparative Perspectives. The Institute of China Studies(University of Malaya): 1-10.

Choi, W. M.(2007). Legal Analysis of Korea-ASEAN Regional Trade Integration. J. World Trade. 41(3): 581-603.

Gilson, J.(2005). New Inter-regionalism? The EU and East Asia. European Integration. 27(3): 307-326.

Goh, E.(2011). Institutions and the Great Power Bargain in East Asia: ASEAN's Limited 'Brokerage' Role. International Relations of the Asia-Pacific. 11(3): 373-401.

Hashim, A., Kassim, S. M., and Firdaus, A. N. F. A.(2017). Centre of ASEAN Regionalism: An Introduction. Malaysian Journal of International Relations, 3(1) 171-176.

Henderson, J.(2014). Reassessing ASEAN. Routledge: 1-120.

Hyun, D. S.(2013). Ocean Policy of Japan: Focusing on the Relations with Pacific Island Nations. Ocean and Polar Research. 35(4): 355-371.

Kraft, H. J. S.(2017). Great Power Dynamics and the Waning of ASEAN Centrality in Regional Security. *Asian Politics & Policy*. 9(4): 597-612.

Lee, S. and Cho, B. K.(2017). Political Economy of the Changing International Order in East Asia: Issues and Challenges. KDI Research Monograph(2017-01): 1-525.

Masahiro, K. and Wignaraja, G.(2011). Asian FTAs: Trends, Prospects and Challenges. Journal of Asian Economics. 22(1): 1-22.

Narine, S.(2016). The ASEAN Regional Security Partnership: Strengths and Limits of a Cooperative System by Angela Pennisi di Floristella. Contemporary Southeast Asia. A Journal of International and Strategic Affairs. 38(1): 154-157.

Ravenhill, J.(2010). The New East Asian Regionalism: A Political Domino Effect. Review of International Political Economy. 17(2): 178-208.

Saito, S.(2018). Japan at the Summit: Its Role in the Western Alliance and in Asian Pacific Cooperation. Routledge: 1-234.

Stubbs, R.(2002). ASEAN Plus Three: Emerging East Asian Regionalism?. Asian Survey. 42(3): 440-455.

Tan, S. S.(2017). Rethinking "ASEAN Centrality" in the Regional Governance of East Asia. *The Singapore Economic Review*. 62(03): 721-740.

동남아시아국가연합(ASEAN).(2023). https://www.asean.org.

아세안(ASEAN)코리아.(2023). https://www.aseankorea.org/kor.

대한민국청와대.(2023). https://www1.president.go.kr.

외교부.(2023). https://www.mofa.go.kr.

통일부.(2023). https://www.unikorea.go.kr.

한국국제협력단.(2023). https://www.koica.go.kr.

국가통계포털.(2023). http://kosis.kr.

산업통상자원부.(2023). http://www.motie.go.kr

한국무역협회.(2023). https://www.kita.net.

5장 | 동북아시아 한국 · 일본 · 중국의 협력과 제도화

고상두.(2018). 한국의 동북아 지역연구: 한중일 갈등극복을 위한 모색. 정치정보연구, 21(1), pp.37-61.

김관옥.(2019). 한 · 중 · 일 지방정부 교류협력과 동북아 평화. 중국학논총, (61), pp.223-239.

김성한.(2015). 동북아 세 가지 삼각관계의 역학구도: 한 · 중 · 일, 한 · 미 · 일, 한 · 미 · 중 관계. 국제관계연구, 20(1), pp.71-95.

양기호.(2004). 동북아공동체 형성을 위한 대안으로서 한 · 중 · 일 지방간 국제교류. 일본연구논총. 20. pp.33-64.

우양호.(2010). 동북아 해항도시의 역사적 성장요인에 관한 연구: 한국, 일본, 중국의 사례(1989-2008) 역사와경계. 75. pp.57-90

우양호.(2010). 해항도시(海港都市) 부산의 도시성장 특성에 관한 연구 : 패널자료를 통한 성장원인의 규명(1965-2007) 지방정부연구. 14(1). pp.135-157

우양호.(2012). 동북아시아 해항도시의 초국경 교류와 협력방향 구상: 덴마크

와 스웨덴 해협도시의 성공경험을 토대로. 21세기정치학회보. 22(3). pp.375-395

우양호.(2013). 해항도시간 국경을 초월한 통합의 성공조건: 북유럽 '외레순드 (Oresund)'의 사례 도시행정학보. 26(3). pp.143-164.

우양호.(2014). 유럽 해항도시 초국경 네트워크의 발전과 미래: '외레순드'에서 '페마른 벨트'로. 해항도시문화교섭학. (10). pp.239-264 .

이용수·손예령.(2019). 초국가 도시네트워크로서 동아시아 문화공동체에 관한 연구. 아시아문화연구 51. pp.65-108.

이용수·오동욱.(2018). '동아시아문화도시' 프로젝트의 성공적 운영을 위한 전략 방안 연구. 지역과 문화. 5(3). pp.1-23.

이은주.(2018). 동북아 환경협력을 위한 사회적 학습과 인식공동체: 한중일 환경 장관회의(TEMM)와 한중일 환경교육네트워크(TEEN)를 통해. 환경교육, 31(1), 53-63.

천자현.(2019). 지방분권화 시대의 한·중·일 협력과 지방정부 간 교류. 통일연 구. 23(1). pp.155-179.

Jackson, V.(2014). Power, Trust, and Network Complexity: Three Logics of Hedging in Asian Security. *International Relations of the Asia-Pacific*, 14(3), 331-356.

Kan, K.(2014). Northeast Asian Trilateral Cooperation in the Globalizing World: How to Re-establish the Mutual Importance. *Journal of International Cooperation Studies*, 21(2-3), 41-61.

Muhui, Z.(2016). Growing Activism as Cooperation Facilitator: China-Japan-Korea Trilateralism and Korea's Middle Power Diplomacy. *The Korean Journal of International Studies*, 14(2), 309-337.

Pieczara, K.(2012). Explaining Surprises in Asian Regionalism: The Japan-Korea-China Trilateral Cooperation. GR:EEN Working Paper. No.24, pp.1-28.

Yeo, A. I.(2017). China-Japan-Korea Trilateral Cooperation: Is It for Real?. *Georgetown Journal of International Affairs*, 18(2): 69-76.

Yeo, A. I.(2018). Overlapping Regionalism in East Asia: Determinants and Potential Effects. *International Relations of the Asia-Pacific*, 18(2): 161-191.

Zhang, M.(2018). Institutional Creation or Sovereign Extension? Roles and Functions of Nascent China-Japan-South Korea Trilateral

Cooperation Secretariat. *International Relations of the Asia-Pacific*, 18(2), 249–278.

대한민국외교부.(2023). http://www.mofa.go.kr.

대한민국시도지사협의회.(2023). https://www.gaok.or.kr.

동아시아경제교류추진기구.(2023). http://oeaed.org/ko.

동아시아문화도시일본교토.(2023). http://eastasia2017.city.kyoto.lg.jp.

일본자치체국제화협회.(2023). http://korea.clair.or.kr.

한·중·일 지방정부 교류회의.(2023). https://www.gaok.or.kr.

한·중·일 공무원 협력 워크숍.(2023). https://kr.tcs-asia.org/ko.

한·중·일 3국협력사무국.(2023). https://tcs-asia.org.

6장 | 환동해권 북한·중국·러시아의 접경지역 개발

김주삼(2010). "중국 동북진흥계획이 한국에 미치는 영향: 창지투개발계획을 중심으로". 『동북아연구』. 25(1): 115–140쪽.

김천규·이상준·임영태·이백진·이건민(2014). "동북아 평화번영을 위한 두만강유역 초국경협력 실천전략 연구". 『국토연구원 연구보고서(2014-37)』: 1–195쪽.

신범식·박상연(2015). "러시아와 중국의 나진항 3호 부두 사용권 협상전략 비교". 『중소연구』. 39(2): 153–190쪽.

원동욱(2015). "변경의 정치경제학: 중국 동북지역 개발과 환동해권 국제협력 구상". 『아태연구』. 22(2): 27–62쪽.

우양호(2010). "동북아 해항도시의 역사적 성장요인에 관한 연구: 한국, 일본, 중국의 사례(1989-2008)". 『역사와 경계』. 75: 57–90쪽.

우양호(2012a). "월경한 해항도시간 권역에서의 국제교류와 성공조건: 부산과 후쿠오카의 초국경 경제권 사례". 『지방정부연구』. 16(3): 31–50쪽.

우양호(2012b). "동북아시아 해항도시의 초국경 교류와 협력방향 구상: 덴마크와 스웨덴 해협도시의 성공경험을 토대로". 『21세기정치학회보』. 22(3): 375–395쪽.

우양호(2013a). "해항도시간 국경을 초월한 통합의 성공조건: 북유럽 '외레순드(Oresund)'의 사례". 『도시행정학보』. 26(3): 143–164쪽.

우양호(2013b), "해항도시의 월경협력모델 구축에 관한 연구: 한·일 해협의 초광역 경제권을 토대로".『해항도시문화교섭학』. 9: 186-219쪽.

우양호(2014), "유럽 해항도시 초국경 네트워크의 발전과 미래: 외레순드에서 페마른 벨트로".『해항도시문화교섭학』. 10: 239-264쪽.

우양호(2015a), "흑해(黑海) 연안의 초국적 경제협력모델과 정부간 네트워크: 동북아시아 해역(海域)에 주는 교훈과 함의".『지방정부연구』. 19(1): 19-43쪽.

우양호(2015b), "초국적 협력체제로서의 '해역(海域)': '흑해(黑海)' 연안의 경험".『해항도시문화교섭학』. 13: 209-246쪽.

우양호·김상구(2014), "연안정부간 새로운 월경협력과 파트너십의 형성: 동남아시아 초국경 성장삼각지대의 사례".『한국거버넌스학회보』. 21(2): 79-100쪽.

우양호·정문수·김상구(2016), "동해(東海)의 출구를 둘러싼 다국적 경쟁과 협력의 구조: 중국과 북한의 두만강 초국경 지역개발 사례".『지방정부연구』. 20(1): 109-133쪽.

우양호·박민수·정진성.(2014),『해항도시와 초국경 네트워크: 새로운 월경지역의 형성』. 서울: 선인출판사.

이영훈(2015), "나선 경제특구 개발의 결정요인 및 전망".『제주평화연구원 정책포럼』. 168: 1-9쪽.

이진영(2013), "중국의 창지투계획과 조선족: 변방에서 중심으로 이동하는 디아스포라".『디아스포라연구』. 7(2): 7-26쪽.

최영진(2013), "중국의 동북지역 개발과 환동해권 진출의 교두보: 훈춘과 쑤이펀허 통상구의 비교 연구".『중소연구』. 37(1): 129-16쪽.

최우길(2010), "중국 동북진흥과 창지투(長吉圖) 선도구 개발계획: 그 내용과 국제정치적 함의".『한국동북아논총』. 57: 35-59쪽.

Beauchamp-Mustafaga, N.(2012), Prospects for Economic Reform in North Korea. *China Perspectives*. Vol. 4, pp.70-72.

Behrstock, H. A.(1995), Prospects for Northeast Asian Economic Development: UNDP's Conceptual and Practical Perspective. *Conference Proceedings of Fifth Meeting of Northeast Asian Economic Forum*, Niigata 16-17 February, pp.1-22.

Deas, I. and Lord, A.(2006), From a New Regionalism to An Unusual Regionalism?: The Emergence of Non-Standard Regional Spaces and Lessons for the Territorial Reorganization of the State.

Urban Studies. Vol. 43, No. 10, pp.1847-1877.

Hong, Li and Yu Zhang.(2010), Evaluation of High-Grade Highway Network Development of Changjitu Region. *International Conference on Mechanic Automation & Control Engineering*, pp.4531-4534.

Kim, D. J.(2014), The Greater Tumen Region Development Programme and Multilateral Policy Rationales: Geopolitical Factors Reconsidered. *Korean Journal of Defense Analysis*. Vol. 26, No. 3, pp.283-298.

Kim, J. C.(2006), The Political Economy of Chinese Investment in North Korea: A Preliminary Assessment. *Asian Survey*. Vol. 46, No. 6, pp.898-916.

Kim, W. B., Yeung, Y. and Choe, S. C.(2011), North Korea's Cross-border Cooperation. in *Collaborative Regional Development in Northeast Asia: Towards a Sustainable Regional and Sub-regional Future*. Hong Kong: Chinese University Press, pp.267-286.

Lee, N. J.(2011), Northeast Asian Economic Cooperation and the Korean Peninsula Economy: The Impact of the Changjitu Development Plan. *Korea Journal*. Vol. 51, No. 2, pp.130-163.

Lim, S. H.(2015), How Beneficial Would the Construction of a Rason-Hunchun Sub-Regional Economic Cooperation Zone in the Northeast Asian Borderlands Be?. *North Korean Review*. Vol. 11, No. 1, pp.63-81.

Marton, A., McGee, T. and Paterson, D. G.(1995), Northeast Asian Economic Cooperation and The Tumen River Area Development Project. *Pacific Affairs*. Vol. 68, No. 1, pp.8-33.

Moore, G. J.(2008), How North Korea Treats China's Interest: Understanding Chinese Duplicity on the North Korean Nuclear Issue. *International Relations of the Asia-Pacific*. Vol. 8, No. 1, pp.1-29.

Reilly, J.(2014), China's Market Influence in North Korea. *Asian Survey*. Vol. 54, No. 5, pp.894-917.

UNDP.(2002), *Tumen NET Strategic Action Programme: Eco-regional Cooperation on Biodiversity Conservation and Protection of*

International Waters in NE Asia, pp.1-96.

강원도동해안권경제자유구역(2023), http://www.efez.go.kr/hb/kor.

러시아연방정부통계청(2023), http://www.gks.ru.

연합뉴스(2023), http://www.yonhapnews.co.kr.

연해주투자프로젝트(2023), http://invest.primorsky.ru.

일본니가타현(2023), http://www.niigata.or.kr.

日本海學推進機構(2023), http://www.nihonkaigaku.org.

주간무역.(2023), http://www.weeklytrade.co.kr.

中國國家統計局(2023), http://www.stats.gov.cn.

中國國務院(2009), 『東北振興規劃』; 『中國圖們江區域合作開發規劃綱要－以長吉圖
　　爲開發開放先導區』.

中國延邊朝鮮族自治州(2023), http://www.yanbian.gov.cn.

中國吉林省人民政府(2023), http://www.jl.gov.cn.

中朝經濟貿易合作(2023), http://www.idprkorea.com.

통일뉴스(2023), http://www.tongilnews.com.

7장 | 호주와 동아시아의 새로운 해양지정학

강수정.(2020). 미중관계 전망 시나리오 분석: 2010년대 미국 싱크탱크들의 미
　　래 전망 보고서들을 중심으로. 아태연구, 27(2): 5-37.

김치욱.(2021). 아시아 지역패권의 정치경제: 중국의 외교적 지지기반 분석. 평
　　화연구, 29(1): 245-279.

김태균.(2016). 개발원조의 인식론적 전환을 위한 국제사회론: 국익과 인도주의
　　의 이분법을 넘어서. 한국정치학회보, 50(1): 105-131.

박휘락.(2020). 미국 '인도-태평양 전략'과 한국에 대한 함의 분석: '투키디데스
　　함정'의 위험. 국제정치연구, 23(2): 105-129.

반길주.(2020). 동아시아 공세적 해양주의: 공격적 현실주의 이론과 동북아 4강
　　의 해양전략. 전략연구, 27(2): 103-135.

백지운.(2018). '일대일로 (一帶一路)'와 제국의 지정학. 역사비평, 199-232.

설규상.(2018). 중국의 태평양 도서 지역에 대한 영향력 증대와 미국의 대응. 글

로벌정치연구, 11(1): 105-126.

이동선.(2017). 동아시아의 군비경쟁: 개념적 분석. 국제관계연구, 22(2): 157-174.

이동률.(2017). 시진핑 정부 '해양강국'구상의 지경제학적 접근과 지정학적 딜레마. 국제정치논총, 57(2): 367-401.

이삼성.(2007). 21세기 동아시아의 지정학: 미국의 동아태지역 해양패권과 중미관계. 국가전략, 14(1): 5-32.

이승주.(2017). 불확실성 시대의 국제정치경제 : 자유주의 국제질서의 위기?. 국제정치논총, 57(4): 237-271

정지형·김형근.(2019). 중국 해상실크로드 건설에 따른 연계방안 연구: 한국과 호주의 시각 비교. 중국지역연구, 6(2): 145-169.

정혜영.(2020). 중국의 지정학과 동남아 네트워크 협력구상: 대륙부·해양부 동남아국가와 중국의 일대일로를 중심으로. 국제지역연구, 24(1): 101-136.

차태서.(2020). 아메리카 합중국과 동아시아 지역 아키텍처의 변환: 네트워크 국가론의 시각. 한국동북아논총, 25(2): 5-26.

최영준·맹덕화.(2020). 일대일로 이니셔티브와 중국 해외직접투자 결정요인 분석. 아태연구, 27(3): 33-51.

최재덕.(2020). 미중패권경쟁의 전망과 한국의 외교전략-아세안과 신남방정책의 협력을 중심으로. 슬라브학보, 35(2): 173-204.

Barnes, P.(2015). Chinese Investment in the Port of Darwin: A Strategic Risk for Australia?, Australian Strategic Policy Institute: 1-45.

Blanchard, J. M. F. and Flint, C.(2017). The Geopolitics of China's Maritime Silk Road Initiative., *Geopolitics*, 22(2): 223-245.

Chen, P. S. L., Pateman, H., and Sakalayen, Q.(2017). The Latest Trend in Australian Port Privatisation: Drivers, Processes and Impacts. *Research in Transportation Business & Management*, 22: 201-213.

Drache, D., Kingsmith, A. T. and Qi, D.(2019). *One Road, Many Dreams: China's Bold Plan to Remake the Global Economy*. Bloomsbury Publishing: 1-32.

Drysdale, P., Armstrong, S. and Thomas, N.(2017). Chinese ODI and the Deficiencies of Australia's Foreign Investment Regime. *International Journal of Public Policy*, 13(3-5): 277-289.

Fanell, J. E.(2019). Asia Rising: China's Global Naval Strategy and Expanding Force Structure. *Naval War College Review*, 72(1): 10-55.

Ferguson, N.(2008). *The Ascent of Money: A Financial History of the World*. Penguin: 1-408.

Grigg, A.(2017). How Landbridge's Purchase of the Darwin Port Killed Perceived Wisdom on China. *Australian Financial Review*, 24(2): 1-13.

Iftikhar, M., and Zhan, J. V.(2020). The Geopolitics of China's Overseas Port Investments: A Comparative Analysis of Greece and Pakistan. *Geopolitics*, 25(3): 1-26.

MacHaffie, J.(2020). The Geopolitical Roots of China's Naval Modernisation. *Australian Journal of Maritime & Ocean Affairs*, 12(1): 1-15.

Mahan, A. T.(2020). *The Influence of Sea Power upon History, 1660-1783*. Good Press: 1-405.

McCarthy, G. and Song, X.(2018). China in Australia: The Discourses of Changst. *Asian Studies Review*, 42(2): 323-341.

Mead, W. R. (2014). The Return of Geopolitics: The Revenge of the Revisionist Powers. *Foreign Affairs*, 93(3): 69-79.

Jakobson, L.(2015). Darwin Port Row Shows Australia Doesn't Understand China, *The Australian*, 19: 1-12.

James, E.(2020). History in a Box-GW Goyder and Port Darwin. *Northern Territory Historical Studies*, 31: 91-92.

Oakley, S.(2011). Re-imagining City Waterfronts: A Comparative Analysis of Governing Renewal in Adelaide, Darwin and Melbourne. *Urban Policy and Research*, 29(3): 221-238.

Port of Darwin Select Committee.(2015). *Port of Darwin Lease Model*. Northern Territory Legislative Assembly Port of Darwin Select Committee: 1-76

Sumida, J.(1999). Alfred Thayer Mahan, Geopolitician. *The Journal of Strategic Studies*, 22(2-3): 39-62.

Wey, A. L. K.(2019). A Mackinder-Mahan Geopolitical View of China's Belt and Road Initiative. *RUSI Newsbrief*, 39(6): 1-3.

Wu, J.(2011). Between the Centre and the Periphery: The Development of Port Trade in Darwin, Australia. *Australian Geographer*, 42(3): 273-288.

나인네트워크호주(Nine Network)(2023). https://www.9now.com.au.

뉴스코프호주(NCAustralia)(2023). https://www.newscorpaustralia.com.

중화인민공화국외교부.(2023). https://www.fmprc.gov.cn.

한호일보(HANHO Korean Daily).(2023). http://www.hanhodaily.com.

호주다윈항(2023). https://www.darwinport.com.au.

호주다윈항(2023). https://www.darwinport.com.au.

호주다윈항백서(2023). Darwin Port Year in Review(2017/2021).

호주북부준주정부(2023). https://nt.gov.au.

호주북부준주백서(2023). Northern Greater Darwin Plan 2012.

호주다윈항개발주식회사(2023). Darwin Port Expansion Plan - Australia's Gateway to Asia.

호주다윈항안내서(2023). Darwin Port Handbook 2021.

호주연방정부(2023). https://www.dfat.gov.au.

호주전략정책연구원(Australian Strategic Policy Institute)(2023). https://www.aspi.org.au: Chinese Investment in the Port of Darwin: A Strategic Risk for Australia?

8장 | 한국의 극지외교와 국제질서의 쟁점

구민교.(2016). 「미·중간의 신해양패권 경쟁: 해상교통로를 둘러싼 '점-선-면' 경쟁을 중심으로」, 『국제지역연구』 25(3), pp.37-65.

김기순.(2010). 「남극과 북극의 법제도에 대한 비교법적 고찰」, 『국제법학회논총』 55(1), pp.13-53.

김지희.(2018). 「남극조약 체제의 발전과정과 환경보호위원회의 역할과 전망」, 『Ocean and Polar Research』 40(4), pp.259-270.

우양호.(2019). 「'바다'로 합의된 바다: 카스피해의 영유권 분쟁과 해결」, 『해항도시문화교섭학』 21: 149-188.

우양호.(2015). 「초국적 협력체제로서의 '해역(海域)': 흑해(黑海) 연안의 경험」,

『해항도시문화교섭학』13: 209-246.

우양호 · 이원일 · 김상구.(2017). 「북극해(北極海)를 둘러싼 초국경 경쟁과 지역 협력의 거버넌스: 최근의 경과와 시사점」, 『지방정부연구』 20(1): 85-113.

이영진.(2011). 「남극 및 주변해역의 환경보호와 신남극조약체제」, 『법학연구』 22, pp.121-154.

이정원.(2016). 「북극이사회 옵서버의 법적 지위에 대한 고찰」, 『한국법학원 저스티스』 157, pp.371-399.

Abdel-Motaal, D.(2016). *Antarctica: The Battle for the Seventh Continent*. ABC-CLIO: 1-156.

Bray, D.(2016). "The Geopolitics of Antarctic Governance: Sovereignty and Strategic Denial in Australia's Antarctic Policy." *Australian Journal of International Affairs*, 70(3): 256-274.

Chong, W.(2017). "Thawing the Ice: A Contemporary Solution to Antarctic Sovereignty." *Polar Record*, 53(4): 436-447.

Collis, C.(2017). "Territories beyond Possession?: Antarctica and Outer Space." *The Polar Journal*, 7(2): 287-302.

Dodds, K. and Hemmings, A. D.(2013). "Britain and the British Antarctic Territory in the Wider Geopolitics of the Antarctic and the Southern Ocean." *International Affairs*, 89(6): 1429-1444.

Dodds, K.(2017). "Awkward Antarctic Nationalism: Bodies, Ice Cores and Gateways in and Beyond Australian Antarctic Territory-East Antarctica." *Polar Record*, 53(1): 16-30.

Ferrada, L. V.(2018). "Five Factors that will Decide the Future of Antarctica." *The Polar Journal*, 8(1): 84-109.

Haward, M.(2017). "Contemporary Challenges to the Antarctic Treaty and Antarctic Treaty System: Australian Interests, Interplay and the Evolution of a Regime Complex." *Australian Journal of Maritime & Ocean Affairs*, 9(1): 21-24.

Haward, M. and Cooper, N.(2014). "Australian interests, bifocalism, bipartisanship, and the Antarctic Treaty System." *Polar Record*, 50(1), 60-71.

Heavens, S.(2016). "Brian Roberts and the Origins of the 1959 Antarctic Treaty." *Polar Record*, 52(6): 717-729.

Hemmings, A. D.(2017). "Antarctic Politics in a Transforming Gglobal Geopolitics." In *Handbook on the Politics of Antarctica*. Edward Elgar Publishing: 1-33.

Hemmings, A. D.(2014). "Re-justifying the Antarctic Treaty System for the 21st Century: Rights, Expectations and Global Equity." In *Polar Geopolitics?: Knowledges*, Resources and Legal Regimes: 55-73.

Hemmings, A. D., Chaturvedi, S., Leane, E., Liggett, D. and Salazar, J. F.(2015). "Nationalism in Today's Antarctic." *The Yearbook of Polar Law Online*, 7(1): 531-555.

Huang, J. and Korolev, A.(2015). *International Cooperation in the Development of Russia's Far East and Siberia*. Springer: 1-193.

Jakobson, L. and Melvin, N. J.(2016). *The New Arctic Governance*. Oxford University Press: 1-84.

Lukin, V. V.(2014). "Russia's Current Antarctic Policy." *The Polar Journal*, 4(1): 199-222.

Mancilla, A.(2018). "The Moral Limits of Territorial Claims in Antarctica." *Ethics & International Affairs*, 32(3): 339-360.

McGee, J. and Smith, D.(2017). "Framing Australian Antarctic policy: the 20-year Antarctic plan and beyond." *Australian Journal of Maritime & Ocean Affairs*, 9(1): 25-41.

Nyman, E.(2018). "Protecting the Poles: Marine Living Resource Conservation Approaches in the Arctic and Antarctic." *Ocean & Coastal Management*, 151: 193-200.

Portella Sampaio, D.(2019). "The Antarctic Exception: How Science and Environmental Protection provided Alternative Authority Deployment and Territoriality in Antarctica." *Australian Journal of Maritime & Ocean Affairs*, 11(1): 1-13.

Reed, J. A.(2017). "Cold War Treaties in a New World: The Inevitable End of the Outer Space and Antarctic Treaty Systems." *Air and Space Law*, 42(4): 463-486.

Rowe, E. W.(2011). "Russia's Northern Policy: Balancing an 'Open' and 'Closed' North." *Russian Analytical Digest*, 96(5): 2-5.

Saul, B. and Stephens, T.(2015). Antarctica in International Law.

Bloomsbury Publishing: 1-450.

Scott, S. V.(2018). "What Lessons does the Antarctic Treaty System Offer for the Future of Peaceful Eelations in the South China Sea?" *Marine Policy*, 87: 295-300.

Shadian, J. M.(2011). "Who Owns the Arctic?: Understanding Sovereignty Disputes in the North." *The American Review of Canadian Studies*, 41(2): 191-193.

Tedsen, E., Cavalieri, S. and Kraemer, A.(2016). *Arctic Marine Governance*. Springer-Verlag Berlin An: 1-45.

Vigni, P. and Francioni, F.(2017). "Territorial Claims and Coastal States." In *Handbook on the Politics of Antarctica*: 241-288.

남극조약사무국.(2023). https://www.ats.aq/seleccion.htm.

남극연대.(2023). https://www.asoc.org/index.php

노르웨이정부극지연구소.(2023). https://www.npolar.no/en/the-antarctic.

뉴질랜드정부남극위원회.(2023). http://www.antarcticanz.govt.nz.

대한민국외교부극지정책.(2023). http://www.mofa.go.kr/www/wpge.

대한민국극지연구소.(2023). https://www.kopri.re.kr.

브라질정부남극프로그램.(2023). http://www.mar.mil.br/secirm/proantar.htm.

영국정부남극위원회.(2023). https://www.bas.ac.uk.

칠레정부남극프로그램.(2023). https://www.comnap.aq.

프랑스정부남극포털.(2023). https://www.coolantarctica.com.

호주정부남극청.(2023). http://www.antarctica.gov.au.

아르헨티나정부남극청.(2023). http://www.dna.gov.ar.

중국국가해양국극지부.(2023). http://www.chinare.gov.cn.

미국국가남극프로그램.(2023). https://www.usap.gov.

출전(出典)

1장 태평양 외교와 '태평양동맹(PA)'의 결성

우양호.(2021). 해역네트워크와 개방형 지역주의의 결합 : '태평양동맹(PA)'의 사례. 해항도시문화교섭학, 25, 165-206.

2장 카리브해 외교와 도서국 공동체의 결성

우양호.(2018). 카리브해의 해역네트워크와 도서국가의 지역적 통합. 해항도시문화교섭학, 18, 205-232.

3장 중앙아시아 카스피해의 국제관계와 협력

우양호.(2019). '바다'로 합의된 바다 : '카스피해'의 영유권 분쟁과 해결. 해항도시문화교섭학, 21, 149-188.

4장 동남아시아 신남방정책의 해양외교적 평가

우양호.(2019). 동아시아 해역공동체를 향한 '신남방정책'의 의미와 평가. 인문사회과학연구, 20(2), 135-175.

5장 동북아시아 한국·일본·중국의 협력과 제도화

우양호.(2022). 동북아 해역 도시교류와 지역협력의 제도화 평가 : 한 · 중 · 일 3국 협력을 중심으로. 인문사회과학연구, 23(1), 171-208.

6장 환동해권 북한·중국·러시아의 접경지역 개발

우양호 외.(2016). '동해(東海)의 출구'를 둘러싼 다국적 경쟁과 협력의 구조: 중국과 북한의 '두만강 초국경 지역개발' 사례. 지방정부연구, 20(1), 109-133.

7장 호주와 동아시아의 새로운 해양지정학

우양호.(2021). 해역과 항구의 지정학: 호주 다윈항의 사례. 국제.지역연구, 30(3), 69-103.

8장 한국의 극지외교와 국제질서의 쟁점

우양호.(2020). 남극 해역의 영유권 분쟁과 국제질서의 방향: 제도, 이익, 패러다임의 충돌. 국제지역연구, 29(1), 1-35.

※ 본 저서는 상기의 논문을 수정 및 전재하였음을 밝힙니다.

찾아보기

ㅇ

ㅊ

▌저자 소개

우양호 (禹良昊)
한국해양대학교 국제해양문제연구소 부교수

부산대학교에서 행정학 박사학위를 취득하고, 현재 한국해양대학교 국제
해양문제연구소 부교수로 재직하고 있다. 한국지방정부학회 총무위원장
및 감사, 대한지방자치학회 편집위원, 지방자치인재개발원 외래교수 등을
역임했다. 현재는 부산광역시 시사편찬위원, 전국 규모 다수 학회의 이사
를 맡고 있다. 주요 관심분야는 도시 및 지방행정, 해양행정, 정책학, 공공
관리, 글로벌 지역연구 등이다.